红杂 14 番茄

红杂 16 番茄

红杂 18 番茄

红杂 20 番茄

中杂 8 号番茄

红杂 25 番茄

中杂 9 号番茄

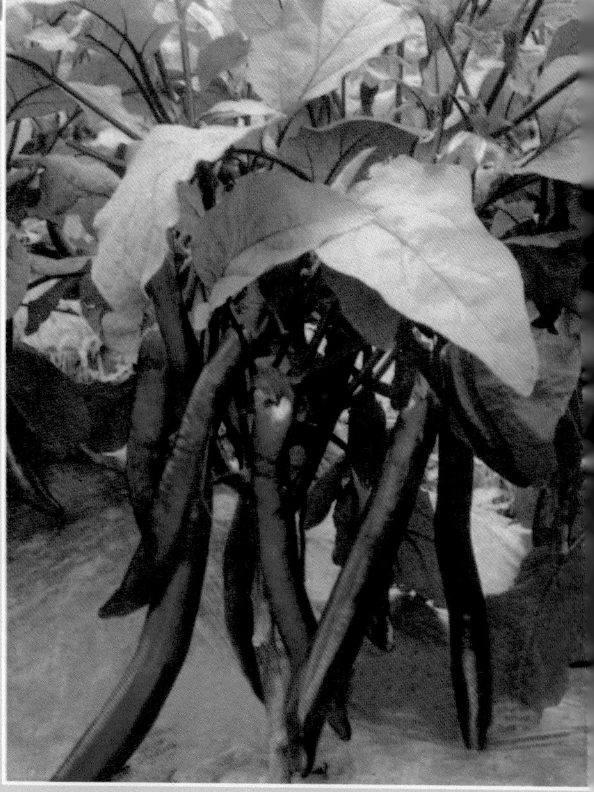

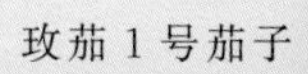

玫茄 1 号茄子

茄杂 2 号茄子

中椒 4 号甜椒

中椒 8 号甜椒

中椒 5 号甜椒

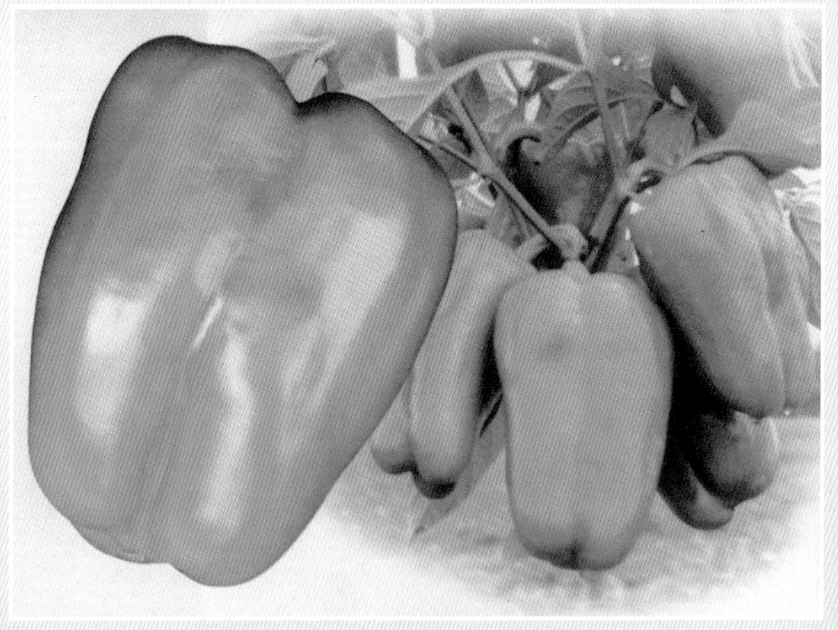

冀研 4 号甜椒

中椒 6 号辣椒

中椒 10 号辣椒

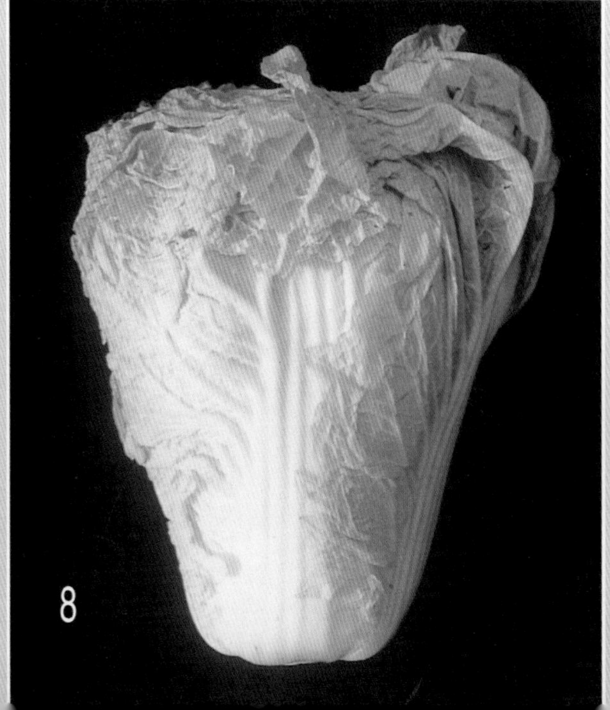

中白 1 号大白菜

中白 2 号大白菜

中白 4 号大白菜

中白 7 号大白菜

中白 19 大白菜

中白 81 大白菜

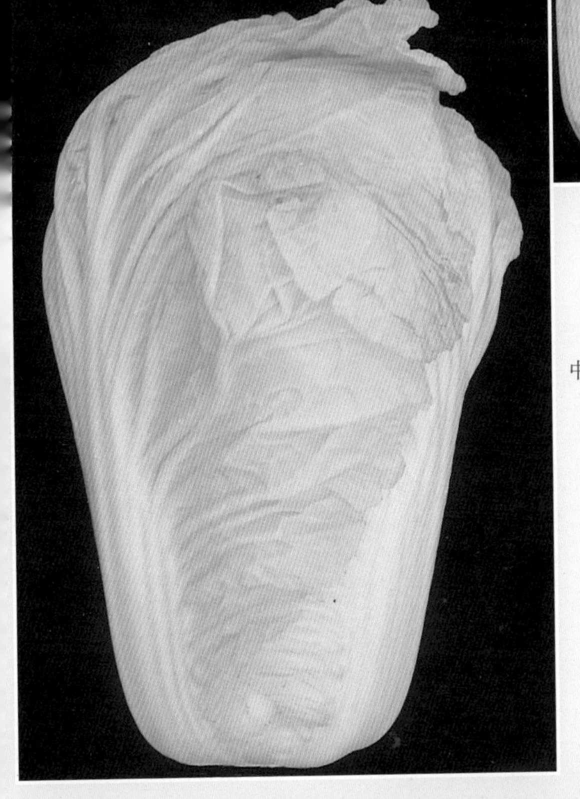

中白 65 大白菜

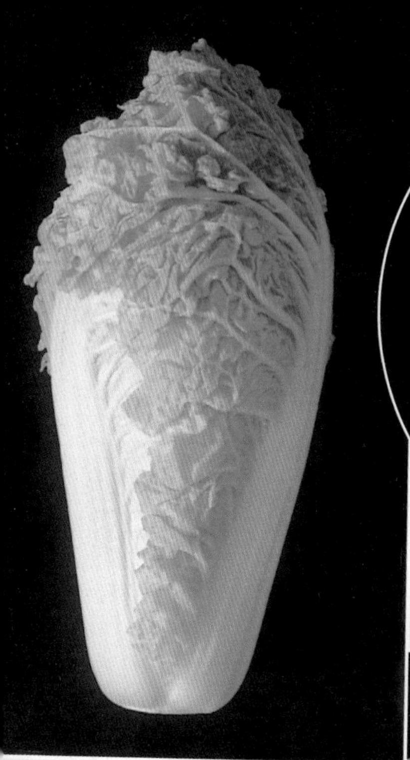

北京小杂 51 号大白菜

小杂 50 大白菜

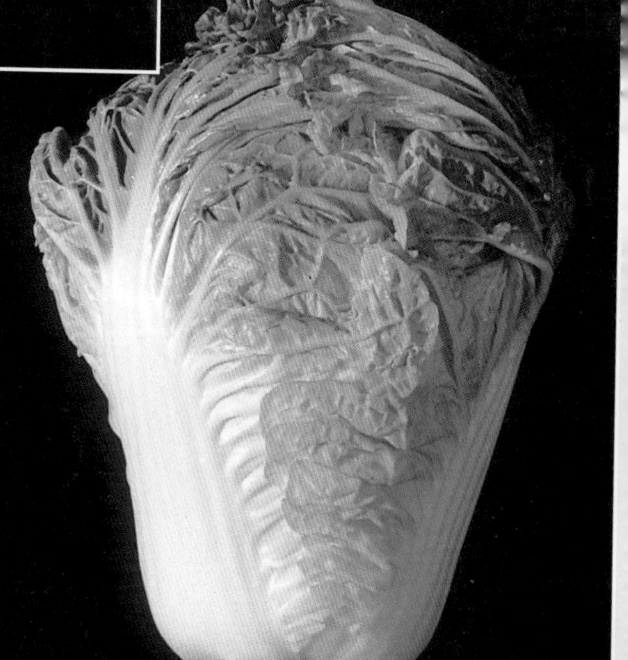

北京小杂 61 大白菜

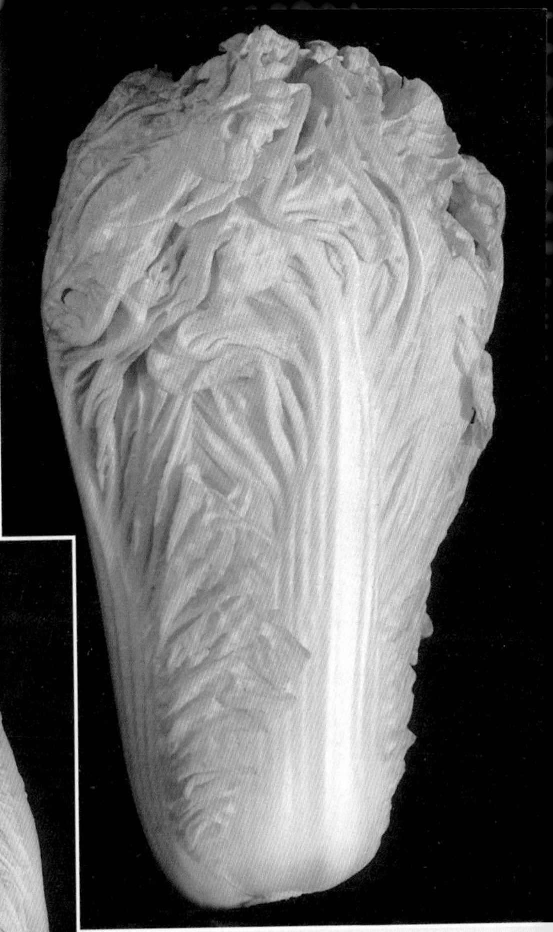

北京 75 号大白菜

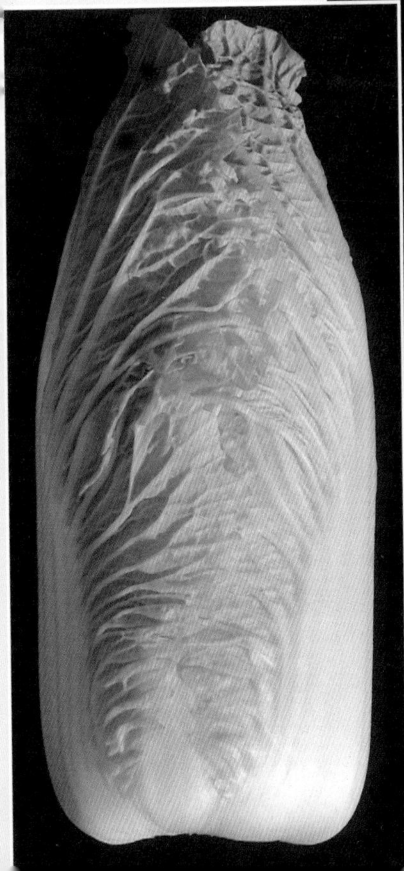

北京小杂 67(91—8)大白菜

北京新二号大白菜

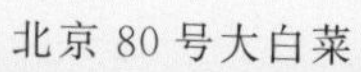

北京 80 号大白菜

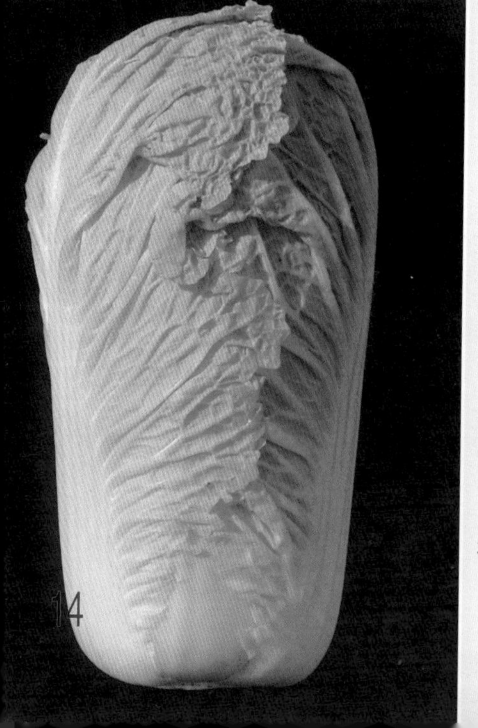

北京新三号大白菜

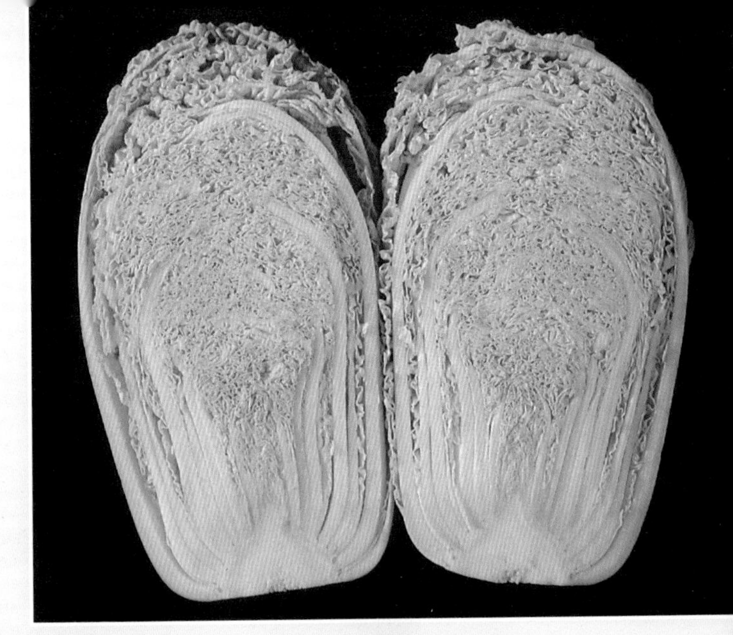

北京橘心红大白菜

秦白 4 号大白菜

秦白五号大白菜

秦白 6 号大白菜

中甘 15 号结球甘蓝

龙峰特大 80 天菜花

津雪 88 菜花

丰花 60 菜花

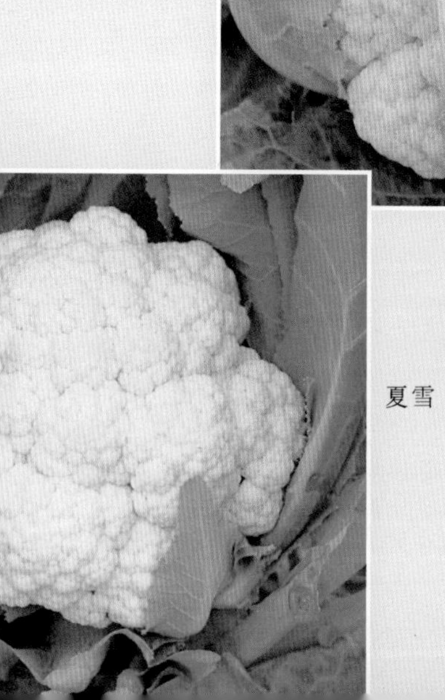

夏雪 40 菜花

中青 1 号青花菜

中青 2 号青花菜

中农 13 号黄瓜

翠绿 1 号大顶苦瓜

中农 8 号黄瓜

新编蔬菜优质高产良种

周永健　徐和金　编著

金 盾 出 版 社

内 容 提 要

本书由中国农业科学院蔬菜花卉研究所的专家编著。书中介绍了番茄、茄子、甜椒、辣椒、大白菜、结球甘蓝、花椰菜、青花菜、黄瓜、冬瓜、苦瓜、丝瓜、南瓜、西葫芦、西瓜、甜瓜、菜豆、长豇豆、豌豆、萝卜、胡萝卜、菠菜、芹菜、莴苣、洋葱、马铃薯等26种蔬菜477个优良品种。这些品种都是1991年以来经各省、自治区、直辖市农作物品种审定委员会审(认)定的品种。了解每个品种的来源、特征特性、种植地区、栽培要点等,对发展蔬菜生产,创造高效农业定会起到促进作用。本书适于广大农民、蔬菜种植专业户及蔬菜经销人员阅读参考。

图书在版编目(CIP)数据

新编蔬菜优质高产良种/周永健,徐和金编著.—北京:金盾出版社,2000.6
ISBN 978-7-5082-1074-2

Ⅰ.新… Ⅱ.①周…②徐… Ⅲ.蔬菜-品种-中国 Ⅳ.S630.2

中国版本图书馆CIP数据核字(1999)第50711号

金盾出版社出版、总发行
北京太平路5号(地铁万寿路站往南)
邮政编码:100036 电话:68214039 83219215
传真:68276683 网址:www.jdcbs.cn
彩色印刷:北京2207工厂
黑白印刷:北京金盾印刷厂
装订:兴浩装订厂
各地新华书店经销
开本:787×1092 1/32 印张:11.5 彩页:20 字数:242千字
2010年1月第1版第6次印刷
印数:38001—46000册 定价:19.00元

前　言

品种是指在一定的经济、自然、栽培条件等综合作用下，通过选育而创造出来的作物群体或家养动物群体。这个群体在经济性状和遗传性上具有相对的稳定性和一致性，对一定地区的自然、栽培条件和一定时期内人类的需要，具有相应的适应性。它是农业的重要生产资料，可通过它来获得高额稳定的产量和品质优良的产品。蔬菜品种是农作物品种中的重要一类，同样具有品种共有的特性。

优良品种在农业生产中的地位是众所周知的，它的重要性和实效性越来越被人们所重视。在相同的自然、栽培条件下，选用了优良品种，在不增加劳力、肥料及其他农业投入的情况下，可获得更多的优质产品和更高的经济效益。

通过推广蔬菜优良品种，可以不断提高蔬菜作物的产量，提早或延迟产品的成熟期，以满足蔬菜周年均衡供应；通过推广抗病虫的蔬菜新品种，可以增加对病虫害及其他不利环境条件的抵抗力，获得高产、稳产的优质产品，并可减少农用药械的费用，降低生产成本，以及减少由于农药残毒而引起的环境污染等。许多地区由于选用了不同特性和用途的优良蔬菜品种，从而迅速地解决了当地生产上存在的问题，使蔬菜生产面貌得到了显著的改观。

引种是普及推广蔬菜优良品种、提高农业生产水平、实施“菜篮子”工程的最快捷的一条途径，简便易行，经济有效。所谓引种，是指引入异地（包括国外）的品种，在本地区通过试种而更新农作物品种的方法。

我们曾在1990年编写了《蔬菜高产良种》一书，至今已发行近23万册。自该书出版发行以来，它对普及、推广、交流全国各地选育的蔬菜良种起到了较好的促进作用，扩大了新育成蔬菜良种在全国的种植比例，获得了较好的社会效益和经济效益。为了继续向广大菜农和蔬菜种植专业户推荐全国蔬菜育种单位自1991年以来育成并通过品种审定的新品种，我们又从《中国蔬菜》、《长江蔬菜》、《北京农业》等刊物及江苏、福建、安徽、吉林、浙江等省农作物品种审定委员会提供的资料上摘录了我国种植面积较大、栽培较为普遍，或在蔬菜周年生产供应中占有较重要地位，或具有特殊用途，或是近几年来品种更新速度较快的蔬菜26大类，477个优良品种，汇编了《新编蔬菜优质高产良种》一书。其中有茄果类的番茄、茄子、辣（甜）椒；白菜类的大白菜；甘蓝类的结球甘蓝、花椰菜、青花菜；瓜类的黄瓜、冬瓜、苦瓜、丝瓜、南瓜、西葫芦、西瓜、甜瓜；豆类的菜豆、长豇豆、豌豆；根菜类的萝卜、胡萝卜；绿叶菜类的菠菜、芹菜、莴苣（生菜）；葱蒜类的洋葱；薯类的马铃薯。本书简明扼要地逐一介绍了每个良种的品种来源、特征特性、栽培要点及适应地区。为便于读者查找和引种，本书还注明了良种的供种单位、详细地址及邮政编码。

本书在编写过程中，参阅、收集了一些有关书刊的资料，并得到了许多单位提供的良种照片，以及许多省、自治区、直辖市的种子管理部门、科研单位、大专院校的大力支持和协助，在此，一并表示感谢。由于编者水平有限，时间仓促，资料收集不全，可能还有一些已通过审定的良种没能汇编进来，敬请见谅。书中错漏之处，亦敬请读者批评指正。

编著者

2000年1月

目　录

一、番　茄

番茄又名西红柿、洋柿子。为茄科番茄属中以成熟多汁浆果为产品的草本植物。染色体数 2n＝2x＝24。果实营养丰富，富含维生素和无机盐。可以生食、熟食及加工制成番茄酱、番茄汁或整果罐藏。番茄是全世界栽培最普遍的一种蔬菜，适于露地和保护地栽培。我国各地均有种植，栽培面积逐年扩大。

番茄根系发达，主要分布在 30 厘米耕作层内，最深可达 1.5 米左右，根系再生能力强，移栽易成活。茎半蔓性或半直立性，分枝性强，需设支架扶持和整枝打杈。植株按生长和开花习性可分为：自封顶生长和无限生长两种类型。叶互生，为不规则羽状复叶，浅绿、绿及深绿色。自花授粉。果实有圆形、扁圆形、长圆形及洋梨形等。果呈红色、粉红色或黄色。

番茄喜温暖，不耐炎热，生长发育最适昼温为24～26℃，夜温为16～18℃，低于 10℃或高于 30℃则生长缓慢，低于 5℃或高于 35℃则生长停滞，甚至落花落果。因此，应根据其特性来制定栽培计划。如华北及江淮地区一般以春夏栽培为主，若秋季栽培，后期需加保护，若在高山冷凉地区可越夏栽培；华南地区以秋冬季栽培为主；东北、西北、内蒙古等地区只进行夏季栽培。各地在温室或塑料大棚内栽培时，多行冬春或秋冬两茬栽培。忌连作，可实行3～5 年轮作。

育苗方式，要根据栽培季节而定。各地春夏或夏季栽培，一般采用冷床或温床育苗；秋季栽培及华南的秋冬季栽培，可采用露地育苗；东北及西北一些地区大面积无支架栽培时，可直播。苗龄的长短，取决于育苗期的温度条件。北方冷床育苗，苗龄一般为60天，夏季高温季节育苗，苗龄约25～30天。苗床土要力求营养齐全，疏松通气，病原物少。苗床温度：出苗前昼温25～30℃，夜温15～20℃，出苗后昼温20～25℃，夜温15℃左右。

番茄半耐旱，但不耐涝。对土壤要求不严格，但以土层深厚、疏松肥沃、保水保肥力强和pH 6.0～6.5微酸性土壤为好。对氮、磷、钾吸收的比例为2.5∶1∶5。施肥时氮、磷、钾合理的配合比例为1∶1∶2。

定植密度：早熟品种每667平方米（1亩）栽5 000～6 000株，中晚熟品种每667平方米栽3 500株左右。双干整枝时株数可减少。

定植后的管理：栽苗后及时支架，并适时摘除侧枝和下部老叶。为防落花落果，可于初花期用10～20 ppm的2,4-D液浸花或涂花，或用20～30 ppm的水溶性防落素（番茄灵）喷花。适时追肥，一般在定植缓苗后施催苗肥；第一穗果开始膨大后追第二次肥；中晚熟品种还需在第一、第二穗果采收后施第三、第四次肥。在果实生长期间用1.5%的过磷酸钙或0.3%的磷酸二氢钾溶液进行叶面追肥。

病虫害及其防治。番茄是一种多病虫害的蔬菜，我国常见的病害有：病毒病、早疫病、晚疫病、青枯病、叶霉病、斑枯病、灰霉病、脐腐病及根线虫病等；虫害有：蚜虫、棉铃虫及白粉虱等。可通过选用抗病优良品种、实行轮作、培育壮苗、加强栽培管理、及时喷洒农药等综合措施进行防治。

1. 中蔬6号番茄

【种　源】 中国农业科学院蔬菜花卉研究所以强力米寿

791-4 选系为母本，以玛娜佩尔、ohio MR-9 等 8 个高秆抗病品种的混合花粉为父本杂交，经系统选育而育成的新品种。1991 年通过山西省农作物品种审定委员会认定。

【特征特性】 植株无限生长类型，叶量较大，叶色深绿，生长势强。第一花序着生在第八至第九节上，以后各花序间隔 3 叶，节间短。果实微扁圆形，红色，单果重约 147 克。果皮较厚，裂果少，较耐贮运。每百克果实含可溶性固形物 5 克，酸 0.51 克，维生素 C 17.6 毫克。品质优良。高抗番茄花叶病毒病。中熟种。每 667 平方米产 4 500～6 500 千克。适于春露地及春、秋大棚栽培。

【种植地区】 全国各地均可种植。

【栽培要点】 北京地区春季露地栽培，2 月上旬冷床播种，4 月下旬终霜后定植。行距 53～60 厘米，株距 33～36 厘米，每 667 平方米栽苗 3 000～3 500 株，每株留 4～5 个果穗。春大棚栽培，2 月上旬温室育苗，3 月下旬定植；秋大棚栽培，7 月上旬播种育苗，8 月上旬定植，留 2～3 序果摘心。

【供种单位】 中国农业科学院蔬菜花卉研究所科技咨询服务部。地址：北京市海淀区白石桥路 30 号。邮编：100081。

2. 中杂 7 号番茄

【种　源】 中国农业科学院蔬菜花卉研究所以 882-64 为母本、882-54 为父本配制的一代杂种。1994 年、1995 年分别通过北京市和天津市农作物品种审定委员会审定。

【特征特性】 植株无限生长类型，叶量较少，最大叶长 39 厘米。果实圆整，粉红色，大小均匀，幼果无绿色果肩，单果重 180 克左右。裂果轻，品质优良。高抗番茄花叶病毒病，抗叶霉病。中熟种。每 667 平方米产 4 000～6 000 千克。适于加温温室、日光温室和大棚栽培。

【种植地区】 北京及华北、东北、华东等地。

【栽培要点】 北京地区春大棚栽培，2 月中下旬温室育苗，3 月下旬定植。秋冬季温室栽培，8 月上旬播种，9 月上旬定植；春温室栽培，12 月下旬播种，翌年 2 月上旬定植。定植密度视留果穗多少而定，留 2～3 序果，每 667 平方米栽苗 3 500～4 000 株；留 4 序果，每 667 平方米栽苗 3 000 株左右。生长前期不能蹲苗过狠，要以促为主。

【供种单位】 同 1. 中蔬 6 号番茄。

3. 中杂 8 号番茄

【种　源】 中国农业科学院蔬菜花卉研究所以自交系 882-32 和 882-7 作亲本配制的一代杂种。1995 年通过山西省农作物品种审定委员会认定。

【特征特性】 植株无限生长类型，叶量中等，生长势强。坐果率高，每序坐果 4～6 个。果实近圆形，幼果有深绿色果肩，成熟果红色，果实均匀一致，单果重 160～230 克。畸形果率 0～1.9%，裂果率 0～1.5%，果实硬度 0.50～0.52 千克/平方厘米。每百克果实含可溶性固形物 5.0～5.3 克，维生素 C 12.9～20.6 毫克。甜酸适中，风味好，品质优。高抗番茄花叶病毒病，中抗黄瓜花叶病毒病，抗番茄叶霉病。中熟种。每 667 平方米产 5 000～7 000 千克。适于保护地栽培，露地栽培也表现较好。

【种植地区】 全国各地均可种植。

【栽培要点】 该品种生长势较强，叶量中等，果实较多而大，要求肥水充足，特别是后期不能脱肥。苗龄不宜过长。保护地栽培要注意用生长素蘸花，防止落花落果。

【供种单位】 同 1. 中蔬 6 号番茄。

4. 中杂 9 号番茄

【种　源】 中国农业科学院蔬菜花卉研究所用引自荷兰适于保护地栽培的一代杂种,经分离和多代选择,选出抗叶霉病和病毒病的自交系 892-43 为母本、自交系 892-54 作父本配制的一代杂种。1994 年、1995 年、1996 年及 1998 年分别通过河北省、天津市、北京市及全国农作物品种审定委员会审(认)定。

【特征特性】 植株无限生长类型,生长势较强。普通叶,叶色浓绿,叶量中等,单式花序,3 穗果株高 78 厘米左右。第一花序着生在第八至第九节上,坐果率高,每序坐果 4～6 个。幼果有绿色果肩,成熟果粉红色,果实近圆形,大小均匀整齐,单果重 140～200 克。畸形果、裂果少。果肉厚,果实硬度 0.54 千克/平方厘米。每百克果实含可溶性固形物 4.8～5.6 克,维生素 C 17.2～21.8 毫克。风味好,商品性好。高抗番茄花叶病毒病,中抗黄瓜花叶病毒病,抗叶霉病。中早熟种。每 667 平方米产 7 000 千克以上。适宜保护地栽培。

【种植地区】 北京、天津及华北、东北、华东等地。

【栽培要点】 北京地区春季温室栽培,12 月中下旬播种育苗,2 月上旬定植,每 667 平方米栽苗 2 500～3 000 株。春大棚栽培,1 月中下旬播种,3 月中下旬定植,留 2 穗果摘心,每 667 平方米栽苗 3 500～4 000 株;秋大棚栽培,6 月下旬播种,7 月中下旬定植,留 2 穗果摘心,每 667 平方米栽苗 4 000 株。该品种长势强,前期应适当控制灌水,适时追肥,及时整枝打杈。合理使用生长调节剂,注意保花保果。

【供种单位】 同 1. 中蔬 6 号番茄。

5. 红杂 16 番茄

【种　源】 中国农业科学院蔬菜花卉研究所以从亚洲蔬菜研究中心引进的“8753”作母本、红玛瑙 100 作父本配制的一代杂种。既适作罐藏加工，又可作鲜果远销。1992 年、1998 年分别通过北京市和宁夏回族自治区农作物品种审定委员会审定。

【特征特性】 植株自封顶生长类型，主枝一般着生 3～4 个花序后自行封顶。长势较强，株高 32～40 厘米。普通叶，绿色，叶量适中、舒展。第一花序着生在第五至第六节上，以后间隔 1～2 片叶着生 1 花序，每序着花 5～7 朵，坐果率高而集中。果实卵圆形，果面光滑，果脐、梗洼极小，幼果绿白色，无绿色果肩，成熟果鲜红色，着色均匀一致，单果重 50～60 克。果肉厚 0.7～0.8 厘米，果肉、胎座及种子外围胶状物均为粉红色。果肉较紧实，抗裂，耐压，田间无裂果，单果耐压力 5.75 千克。每百克果实含可溶性固形物 5.2 克，酸 0.62 克，番茄红素 9.7 毫克。高抗番茄花叶病毒病。早熟种。每 667 平方米产 4 000 千克以上。适于矮架密植及无支架栽培。

【种植地区】 华北、西北、东北及广西、湖南、湖北、云南等地。

【栽培要点】 矮架栽培，每 667 平方米栽苗 5 500 株左右，双秆整枝；无支架栽培，每 667 平方米栽苗 2 800～3 200 株，垄距 110～120 厘米，每垄栽双行。

【供种单位】 同 1. 中蔬 6 号番茄。

6. 红杂 25 番茄

【种　源】 中国农业科学院蔬菜花卉研究所配制的罐藏

番茄专用一代杂种。1994年、1998年分别通过北京市和宁夏回族自治区农作物品种审定委员会审定。

【特征特性】 植株无限生长类型。叶色浓绿，生长势强。第一花序着生在第八至第九节上，以后每间隔3叶着生1花序，每序着花5～7朵，坐果率高达95%以上。果实长圆形，果脐略有尖突，幼果有浅绿色果肩，成熟果红色，着色均匀，单果重62～76克。果实加工性状好，果面光滑、美观，果脐、梗洼极小，果肉厚9.8毫米。每百克果实含可溶性固形物5.3～6.0克，番茄红素10.2～10.5毫克，糖3.02～3.43克，酸0.41～0.54克，pH值4.26。果实紧实，抗裂，耐压，单果最大耐压力可达7.17千克，果实硬度0.52～0.59千克/平方厘米。高抗番茄花叶病毒病，中抗黄瓜花叶病毒病。中熟种。每667平方米产4 200～6 200千克。

【种植地区】 北京、黑龙江、山东、河北、宁夏、内蒙古、广东、云南及海南等地。

【栽培要点】 北京地区春露地栽培，2月中旬温床或温室播种育苗，3月中下旬分苗1次，4月下旬终霜后定植，苗龄60～70天。采用高架栽培，行宽株密，每667平方米栽苗4 000～4 500株。单秆整枝，每株留5～6序果。植株生长中后期，注意灌水追肥，防止空果。及时喷药防治蚜虫及棉铃虫；遇有连阴雨天，要注意对早疫病及晚疫病的防治；及时摘除基部老叶、病叶，加强通风透光。

【供种单位】 同1. 中蔬6号番茄。

7. 红杂18番茄

【种　源】 中国农业科学院蔬菜花卉研究所以红213为母本、黄苗试材9375为父本配制的适宜罐藏加工及远途鲜销的一代杂种。1997 年通过北京市农作物品种审定委员会审定。

【特征特性】 植株自封顶生长类型，一般着生 2～4 序花自行封顶，生长势强。第一花序着生在第六至第七节上，坐果率高。果实卵圆形，幼果有浅绿色果肩，成熟果红色，着色均匀一致，单果重 50～70 克。果肉厚，果实紧实，单果耐压力 8.4 千克，果实硬度 0.59 千克/平方厘米，抗裂，耐压，耐贮运。每百克果实含可溶性固形物 5.0～5.1 克，番茄红素 8.05 毫克，pH 值 3.9～4.3。抗番茄花叶病毒病、枯萎病。早熟种。每 667 平方米产 4 000 千克以上。

【种植地区】 新疆、甘肃、宁夏、内蒙古、广西、云南等地。

【栽培要点】 支架栽培，一般畦(垄)宽 1.1 米，每畦(垄)栽双行，株距 22～25 厘米，每 667 平方米栽苗 5 000～5 500 株。无支架栽培，垄宽 1.1～1.2 米，垄高 15～20 厘米，每垄栽双行，株距 35～40 厘米，每 667 平方米栽苗 2 800～3 200 株。无支架栽培，因枝叶茂密，不易追肥，应施足基肥。支架栽培，蹲苗期不宜过长，第一花序上的果实长有大枣大小时即可结束蹲苗，开始浇水、追肥。无支架栽培，要严格掌握蹲苗期，必须在主枝第一花序上的果实长有乒乓球大小、侧枝第一花序开始坐果时，方可结束蹲苗，进行浇水、追肥。

【供种单位】 同 1. 中蔬 6 号番茄。

8. 红杂 14 番茄

【种　源】 中国农业科学院蔬菜花卉研究所以红 100 作母本、黄苗试材 95401 作父本配制的罐藏专用一代杂种。1998 年通过北京市农作物品种审定委员会审定。

【特征特性】 植株自封顶生长类型，一般着生 3～4 序花自行封顶，生长势较强。第一花序着生在第六至第七节上，坐果率高达95%以上。果实长圆形，幼果无绿色果肩，成熟果红色，着色均匀一致，果面光滑，果形美观，单果重50～60克。果脐、梗洼极小，果肉厚0.8～0.9厘米，种子腔小，果实紧实，抗裂，耐压，单果耐压力5.75千克，果实硬度0.58千克/平方厘米，耐贮运。每百克果实含可溶性固形物5.0～5.2克，番茄红素9.07毫克，pH值4.35。高抗番茄花叶病毒病，中抗黄瓜花叶病毒病，抗枯萎病。早熟种。每667平方米产4000千克以上。

【种植地区】 北京、广西、甘肃、新疆、黑龙江、宁夏、湖北等地。

【栽培要点】 参见7.红杂18番茄。

【供种单位】 同1.中蔬6号番茄。

9. 红杂20番茄

【种　源】 中国农业科学院蔬菜花卉研究所以8753为母本、红144为父本配制的罐藏加工与鲜果兼用的一代杂种。1998年通过宁夏回族自治区农作物品种审定委员会审定。

【特征特性】 植株无限生长类型。生长势强，叶量适中，叶片舒展，叶色深绿。第一花序着生在第七至第八节上，以后每间隔3叶着生1花序，每序着花6～7朵，坐果5～6个，坐果率高。果实高圆形，幼果绿色，成熟果红色，单果重80～100克。果面光滑，果脐、梗洼极小；果肉厚0.7～0.8厘米，果肉、胎座及种子外围胶状物均为粉红色。果实紧实，果皮较厚，抗裂，耐压，单果耐压力5.18千克。每百克果实含可溶性固形物5.1～5.6克，番茄红素8.9～10.7毫克。高抗番茄花叶病毒病。中熟种。每667平方米产5000千克以上。

【种植地区】 华北、西北、华中及华南等部分地区均可种植。

【栽培要点】 参见6. 红杂25番茄。

【供种单位】 同1. 中蔬6号番茄。

10. 红玛瑙213番茄

【种 源】 中国农业科学院蔬菜花卉研究所选育的罐藏番茄新品种。1999年通过北京市农作物品种审定委员会审定。

【特征特性】 植株自封顶生长类型，一般着生2～3个花序后自行封顶。节间短，株型紧凑，生长势强。第一花序着生在第六至第七节上，以后每间隔1～2片叶着生1花序，每序着花4～6朵，坐果率高达90%以上。果实方圆形，幼果有浅绿色果肩，成熟果红色，着色均匀，单果重60～70克。果肉厚0.8～0.9厘米，种子腔小，果实紧实，果皮坚韧，抗裂，耐压，耐贮运，单果耐压力7.84千克。每百克果实含可溶性固形物5.2克，番茄红素9毫克以上。较抗病。早熟种。每667平方米产3500千克以上。

【种植地区】 西北、华北、东北、华南等部分地区均可种植。

【栽培要点】 参见7. 红杂18番茄。

【供种单位】 同1. 中蔬6号番茄。

11. 佳粉15番茄

【种 源】 北京蔬菜研究中心以自交系89-17-98为母本、自交系59为父本配制的适合保护地栽培的一代杂种。1995年通过北京市农作物品种审定委员会审定。

【特征特性】 植株无限生长类型,生长势强,叶量中等。第一花序着生在第八至第九节上,花序间隔3片叶,坐果力强,果实易膨大,上下层果实大小均匀。果实圆形或稍扁圆形,幼果有绿色果肩,成熟果粉红色,单果重200克左右,最大可达500克。品质优。抗病毒病、叶霉病。中熟种。每667平方米产4 500～5 500千克。适于冬春日光温室、加温温室及春秋大、中、小棚栽培。

【种植地区】 北京、辽宁、内蒙古、河北、山东、山西、江苏等地。

【栽培要点】 冬春保护地栽培,以苗龄70～75天、幼苗定植时已现蕾、定植后7～10天开花为最佳。秋保护地栽培,以苗龄20～30天为宜。苗期夜温最低控制在13～15℃之间,以防夜温过低产生畸形花。苗期采取"控水不控温"的方式管理。

【供种单位】 北京蔬菜研究中心。地址:北京市海淀区板井村。邮编:100089。

12. 霞粉番茄

【种　源】 江苏省农业科学院蔬菜研究所利用黄粉选6株系作母本、8512作父本配制的一代杂种。1994年通过江苏省农作物品种审定委员会审定。

【特征特性】 植株自封顶生长类型,一般着生2～3序花后自行封顶。株高70～90厘米,生长势强。第一花序着生在第六至第七节。果实圆整,成熟果粉红色,单果重150～180克。单株平均坐果20个左右,坐果率高。畸形果少,风味佳。高抗番茄花叶病毒病,中抗黄瓜花叶病毒病。早熟种。春季露地栽培,每667平方米产5 000千克左右。也可作保护地早熟栽培及秋季露地栽培。

【种植地区】 江苏、安徽、浙江、江西、上海、湖北、山东、天津等省市。

【栽培要点】 长江流域春季栽培，11～12月份播种育苗，苗龄60天左右，翌年4月上旬定植。每667平方米栽苗3 500株，双秆整枝；若进行春季早熟栽培，宜采用单穴双株，单秆整枝，每667平方米栽苗6 000株左右。花期及时用生长调节剂蘸花。注意防治早疫病。

【供种单位】 江苏省农业科学院蔬菜研究所。地址：南京市孝陵卫。邮编：210014。

13. 简易支架18番茄

【种　源】 江苏农学院园艺系选育的罐藏番茄专用新品种。1991年通过江苏省农作物品种审定委员会审定。

【特征特性】 植株自封顶生长类型，一般着生2～3个花序后自行封顶。株矮，分枝多，茎秆粗壮，长势较强。第一花序着生在第七至第八节上，以后每间隔1～2片叶着生1花序，单株结果40～60个。果实高圆形，成熟果红色，单果重65克。果肉厚0.7～0.8厘米，果皮厚，抗裂。每百克果实含可溶性固形物5.4克，番茄红素11.47毫克。抗番茄花叶病毒病。中早熟种。每667平方米产3 500～4 000千克。适宜露地栽培。

【种植地区】 江苏、浙江等省。

【栽培要点】 扬州地区，12月下旬或1月上旬冷床育苗，移苗1次，4月上旬定植。高畦单行栽植，每667平方米栽苗1 700～1 900株。搭简易支架，不整枝，不打杈。

【供种单位】 江苏农学院园艺系。地址：江苏省扬州市苏农路。邮编：225001。

14. 西粉3号番茄

【种　源】 西安市蔬菜科学研究所利用117和203配制的一代杂种。1991年通过陕西省农作物品种审定委员会审定。

【特征特性】 植株自封顶生长类型，一般着生3个花序后自行封顶。株高55～60厘米，生长势较强。第一花序着生在第七节上。果实圆整，粉红色，幼果有绿色果肩，单果重115～132克。果肉厚，甜酸适中，商品性好。耐低温。高抗番茄花叶病毒病，中抗黄瓜花叶病毒病和早疫病。早熟种。每667平方米产5 000千克左右。适宜保护地栽培。

【种植地区】 全国各地均可种植。

【栽培要点】 西安地区春季薄膜覆盖栽培，1月上旬播种，3月上中旬定植，苗龄60～70天。行距45厘米，株距33厘米，每667平方米栽苗4 500～5 000株。双秆整枝。

【供种单位】 西安市蔬菜研究所。地址：西安市南郊西姜村。邮编：710054。

15. 西粉1号番茄

【种　源】 西安市蔬菜研究所利用117和960201配制的一代杂种。1992年通过陕西省农作物品种审定委员会审定。

【特征特性】 植株自封顶生长类型，一般着生3～4个花序后自行封顶。株高60～70厘米。第一花序着生在第七至第八节上。果实高圆形，粉红色，幼果有绿色果肩，单果重200克左右。果肉厚，酸甜适口，风味佳。抗番茄花叶病毒病，中抗黄瓜花叶病毒病，抗枯萎病。中早熟种。每667平方米产5 000

千克以上。适宜露地和保护地栽培。

【种植地区】【栽培要点】【供种单位】 同14. 西粉3号番茄。

16. 毛粉808番茄

【种　源】 西安市蔬菜研究所配制的一代杂种。1998年通过陕西省农作物品种审定委员会审定。

【特征特性】 植株为自封顶生长类型。有50%植株有茸毛。果实圆整，粉红色，单果重180克。脐小，肉厚，不裂果，品质极佳。抗叶霉病、枯萎病、病毒病，耐晚疫病。早熟种。每667平方米产6 800千克以上。适宜露地和保护地栽种。

【种植地区】 陕西、山西、河北、河南等地。

【栽培要点】【供种单位】 同14. 西粉3号番茄。

17. 强选1号番茄

【种　源】 西安市蔬菜研究所配制的一代杂种。1998年通过陕西省农作物品种审定委员会审定。

【特征特性】 植株自封顶生长类型，一般着生2～3序花后自行封顶，生长势强。第一花序着生在第七节上。果实圆整，粉红色，单果重170克。品质极佳。耐弱光，抗叶霉病、枯萎病、番茄花叶病毒病，中抗黄瓜花叶病毒病、晚疫病。早熟种。每667平方米产6 000～7 000千克。适宜春露地及保护地栽培。

【种植地区】 陕西、河北、山东、河南等地。

【栽培要点】【供种单位】 同14. 西粉3号番茄。

18. 东农705番茄

【种　源】 东北农业大学园艺系选配的一代杂种。1994

年通过黑龙江省农作物品种审定委员会审定。

【特征特性】 植株自封顶生长类型，一般着生 2～3 个花序后自行封顶，生长势中等。果实圆形，粉红色，单果重 135～200 克。抗番茄花叶病毒病，中抗黄瓜花叶病毒病。早熟种。每 667 平方米产 4 000～5 000 千克。适宜露地和保护地栽培。

【种植地区】 黑龙江及安徽、江苏、山东、河南等省。

【栽培要点】 哈尔滨地区，3 月下旬温床育苗，4 月下旬分苗 1 次，5 月下旬定植，每 667 平方米栽苗 3 400～4 000 株，采用改良式单秆整枝。

【供种单位】 东北农业大学园艺系。地址：黑龙江省哈尔滨市香坊区公滨路。邮编：150030。

19. 东农 706 番茄

【种　源】 东北农业大学园艺系选配的鲜食、罐藏加工兼用的一代杂种。1996 年通过黑龙江省农作物品种审定委员会审定。

【特征特性】 植株自封顶生长类型，一般着生 2～3 个花序后自行封顶。叶片皱缩，叶色浓绿，生长势强。果实高圆形，鲜红色，单果重 60～70 克。耐贮运。每百克果实含可溶性固形物 5.5 克，番茄红素 8.5 毫克。高抗病毒病。早熟种。每 667 平方米产 3 500 千克以上。适宜露地支架和无支架栽培。

【种植地区】 东北地区及山东、新疆、广西、广东等地。

【栽培要点】【供种单位】 同 18. 东农 705 番茄。

20. 齐番 6 号番茄

【种　源】 黑龙江省齐齐哈尔市蔬菜研究所选育的新品种。1995 年通过黑龙江省农作物品种审定委员会审定。

【特征特性】 植株自封顶生长类型，一般着生3～4个花序后自行封顶，株高55～70厘米。第一序花着生在第五至第六节上。果实圆形，粉红色，有绿色果肩，单果重130克。耐病毒病。极早熟种，从播种至始收95天。每667平方米产4 000千克左右。适宜露地栽培。

【种植地区】 适宜黑龙江省的中部、南部及东北其他地区种植。

【栽培要点】 黑龙江省中、南部地区3月下旬或4月上旬播种育苗，苗龄45～50天，5月中下旬定植；行距65厘米，株距30厘米。采用单秆整枝，留3穗果摘心。

【供种单位】 齐齐哈尔市蔬菜研究所。地址：黑龙江省齐齐哈尔市富拉尔基区。邮编：161041。

21. 齐研矮黄番茄

【种　源】 黑龙江省齐齐哈尔市蔬菜研究所选育的新品种。1997年通过黑龙江省农作物品种审定委员会审定。

【特征特性】 植株自封顶生长类型，一般着生3个花序后自行封顶。茎直立、粗壮，节间短，株高55～65厘米。薯叶，叶色浓绿。果实圆整，橘黄色，单果重150～170克。果肉甜酸适口。抗病毒病、疫病。早熟种，从播种至始收110天。每667平方米产2 900千克以上。适宜露地及保护地栽培。

【种植地区】 黑龙江省各地。

【栽培要点】 参见18. 东农705番茄。

【供种单位】 同20. 齐番6号番茄。

22. 88-14番茄

【种　源】 东北农业大学园艺系选配的一代杂种。1994

年通过黑龙江省农作物品种审定委员会审定。

【特征特性】 植株自封顶生长类型。株高50厘米左右。果实高圆形,粉红色,单果重128～150克,畸形果及裂果较少。抗番茄花叶病毒病,中抗黄瓜花叶病毒病。早熟种。每667平方米产5 000～6 000千克。适宜露地及大棚栽培。

【种植地区】 东北、西北及华北等部分地区均可种植。

【栽培要点】【供种单位】 同18. 东农705番茄。

23. 金丰1号番茄

【种　源】 广州市蔬菜科学研究所利用83-6和82066配制的一代杂种。1991年通过广东省农作物品种审定委员会审定。

【特征特性】 植株无限生长类型。第一花序着生在第九至第十节上。果实圆形,鲜红色,单果重100克左右。果肉厚0.75～0.84厘米,果实紧实,品质优,耐贮运。抗寒,耐涝,较抗青枯病。中早熟种。每667平方米产3 000千克。适宜春、秋、冬季露地种植。

【种植地区】 广东、海南、福建、广西等地。

【栽培要点】 广州地区春季种植,1～2月份播种;秋植8～9月份播种;冬植10～12月份播种。每667平方米栽苗2 200～2 600株,单秆整枝,每株留5～6穗果摘心。

【供种单位】 广东省广州市蔬菜研究所。地址:广东省广州市海珠区新港东路151号。邮编:510315。

24. 丰顺号番茄

【种　源】 华南农业大学园艺系选配的一代杂种。1993年通过广东省农作物品种审定委员会审定。

【特征特性】 植株自封顶生长类型，株高110～120厘米，生长势强。果实圆形，红色，果面光滑，单果重75～100克。果实抗裂，耐压。高抗青枯病，苗期抗黄瓜花叶病毒病。早熟种。每667平方米产4000千克左右。适宜春秋露地栽培。

【种植地区】 广东、广西、海南、福建等地。

【栽培要点】 广州地区春季栽培，1月中下旬播种育苗；秋季栽培，8月上旬播种育苗。

【供种单位】 华南农业大学园艺系。地址：广东省广州市石牌五山。邮编：510642。

25. 红牡丹番茄

【种　源】 华南农业大学园艺系选配的一代杂种。1994年通过广东省农作物品种审定委员会审定。

【特征特性】 植株无限生长类型，株高150厘米以上。果实卵圆形，红色，单果重80～110克。果肉厚，果实抗裂、耐压、耐贮运。高抗番茄花叶病毒病，中抗黄瓜花叶病毒病。中早熟种。每667平方米产3400千克左右。适宜春、秋露地栽培。

【种植地区】 广东、福建、海南、广西等地。

【栽培要点】【供种单位】 同24. 丰顺号番茄。

26. 粤星番茄

【种　源】 广东省农业科学院蔬菜研究所选配的一代杂种。1994年通过广东省农作物品种审定委员会审定。

【特征特性】 植株自封顶生长类型。果实椭圆形，幼果有浅绿色果肩，成熟果红色，单果重80～100克。抗番茄花叶病毒病，中抗黄瓜花叶病毒病和青枯病。耐热，较耐湿，耐贮运。早熟种。每667平方米产3000～3500千克。适宜春、秋露地栽培。

【种植地区】 广东、广西、福建、海南等地。

【栽培要点】 广州地区春季栽培，1月上旬播种；秋季栽培7月下旬至8月上旬播种。每667平方米栽苗2500～2800株。

【供种单位】 广东省农科院蔬菜研究所。地址：广州市石牌五山。邮编：510640。

27. 浙杂805番茄

【种　源】 浙江省农业科学院园艺研究所以T402为母本、浙红101-87-117为父本配制的一代杂种。1993年通过浙江省农作物品种审定委员会审定。

【特征特性】 植株自封顶生长类型，一般着生3个花序后自行封顶。叶片大而厚，叶色浓绿。第一花序着生在第六至第七节上，以后每间隔1～2片叶着生1花序，结果多而集中。果实扁圆形，幼果有绿色果肩，成熟果鲜红色，着色一致，单果重150克左右。果皮较厚，果脐小，果蒂中等大小，耐贮运。每百克果实含可溶性固形物5.2克，番茄红素8.25毫克，酸甜适中。高抗番茄花叶病毒病，中抗黄瓜花叶病毒病。早熟种。每667平方米产4500千克以上。适宜春、秋露地栽培。

【种植地区】 长江流域各地均可种植。

【栽培要点】 杭州地区春季栽培，一般11月中下旬播种，苗龄80～100天，翌年3月下旬定植，每667平方米栽苗3000～3300株。秋季栽培，7月中旬播种，8月中旬定植，每667平方米栽苗2000株左右。采用双秆整枝。注意防治蚜虫和早疫病、灰霉病等。使用防落素喷花，防止落花落果。

【供种单位】 浙江省农科院园艺研究所。地址：杭州市石桥路 48 号。邮编:310021。

28. 红玫 12 番茄

【种　源】 浙江农业大学园艺系选育的新品种。1994 年通过浙江省农作物品种审定委员会审定。

【特征特性】 植株自封顶生长类型,一般着生 2～3 序花后自行封顶。第一花序着生在第七至第八节上,各花序间隔 1～2 片叶。果实高圆形,红色,单果重 140 克左右。果皮较厚,抗裂,耐贮运。抗病性强。早熟种。每 667 平方米产 3 000 千克左右。适宜秋季露地栽培。

【种植地区】 浙江、江苏、湖北、安徽、福建等省。

【栽培要点】 长江中下游地区,7 月上中旬播种,采用遮荫降温育苗,苗龄 20～25 天。深沟高畦栽培,定植后畦面覆盖稻(麦)草。双秆整枝,简易支架。

【供种单位】 浙江农业大学园艺系。地址:杭州市华家池。邮编:310029。

29. 新番 4 号(新红 718)番茄

【种　源】 新疆农业科学院园艺研究所利用引-6 和美东作亲本配制的加工番茄专用一代杂种。1994 年通过新疆维吾尔自治区农作物品种审定委员会审定。

【特征特性】 植株自封顶生长类型,一般着生 2～4 个花序后自行封顶。株型紧凑,生长势强,叶色深绿。第一花序着生在第六至第七节,花序间隔 1～2 片叶。果实长圆形,红色,着色均匀,单果重 71.4 克。果肉厚 0.98 厘米,硬度好,不易裂果。每百克果实含可溶性固形物 5.65 克,番茄红素 12.63 毫克,糖 3.2 克,酸 0.43 克。后期结果性能好,供果期长。抗番茄花叶病毒病,中抗黄瓜花叶病毒病。早熟种。每 667 平方米产 5 000～7 000 千克。适宜无支架栽培。

【种植地区】 新疆各地。

【栽培要点】 采用地膜覆盖直播栽培法,4 月中下旬播种,3～4 片叶时定苗,每 667 平方米留苗 3 200 株左右。坐果后每 667 平方米追施复合肥 15～20 千克,尿素 10～15 千克。生长期内注意防治病虫害。

【供种单位】 新疆农业科学院园艺所。地址:乌鲁木齐市南昌路 38 号。邮编:830000。

30. 新番 5 号番茄

【种　源】 新疆乌鲁木齐市蔬菜研究所以中蔬 6 号为母本、以含不成熟基因 Nor 的 0307 为父本配制的一代杂种。1995 年通过新疆维吾尔自治区农作物品种审定委员会审定。

【特征特性】 植株无限生长类型,生长势较强。普通叶,叶色深绿。第一花序着生在第八至第十节上,以后每间隔 3 片叶着生 1 花序。果实近圆形,红色,幼果有绿色果肩,单果重 140～160 克。果皮厚,耐贮运,抗裂性好。果肉厚,味浓。耐贮藏,秋季室内自然条件下贮藏 70～90 天,好果率仍在 70%以上。较抗病毒病。中晚熟种。每 667 平方米产 6 000～7 000 千克。适宜露地栽培。

【种植地区】 新疆、黑龙江、吉林、宁夏等地。

【栽培要点】 新疆地区露地栽培,4 月中下旬播种,6 月上旬定植。每 667 平方米施基肥 5 000～6 000 千克,追施复合肥 30 千克或随水施入腐熟人粪尿。注意防治病虫害。留 5～6 序果摘心,8 月底采收红熟果,9 月中下旬初霜来临采收绿白果或红果贮藏。

【供种单位】 新疆乌鲁木齐市蔬菜研究所。地址:乌鲁木齐市。邮编:830011。

31. 黑格尔 87-5 番茄

【种　源】 新疆石河子蔬菜研究所选育的罐藏番茄专用品种。1995 年通过新疆维吾尔自治区农作物品种审定委员会审定。

【特征特性】 植株自封顶生长类型,一般着生 4 序花后自行封顶,株高 60 厘米左右,侧枝 5~6 个。果实长圆形,红色,单果重 50~60 克。每百克果实含可溶性固形物 4.7~4.9 克,番茄红素 9 毫克。果实抗裂、耐压、耐贮运。早熟种。每 667 平方米产 3 500~4 000 千克。适宜无支架栽培。

【种植地区】 新疆、甘肃、宁夏等地。

【栽培要点】 参见 29. 新番 4 号(新红 718)番茄。

【供种单位】 新疆石河子蔬菜研究所。地址:新疆石河子市北子午路口。邮编:832000。

32. 津粉 1 号番茄

【种　源】 天津市种子公司选配的一代杂种。1997 年通过天津市农作物品种审定委员会审定。

【特征特性】 植株自封顶生长类型,一般着生 3 序花后自行封顶,生长势较强。第一花序着生在第六至第七节上,以后每间隔 1~2 片叶着生 1 花序。果实扁圆形,粉红色,单果重 150~200 克。果面光滑,品质好。较抗番茄花叶病毒病。早熟种。每 667 平方米产 4 000~5 000 千克。适宜保护地及露地栽培。

【种植地区】 天津市及相同气候条件地区。

【栽培要点】 苗龄60天左右。每667平方米栽苗5 000～5 500株。适当疏果,喷生长素保花保果。

【供种单位】 天津市种子公司。地址:天津市河西区友谊路西园道5号。邮编:300061。

33. 鲁番茄5号

【种　源】 山东省青岛市农业科学研究所从四川省农业科学院引进的川sp+5材料中,经系谱选择育成的新品种。1994年通过山东省农作物品种审定委员会审定。

【特征特性】 植株自封顶生长类型。幼苗绿茎,普通叶,叶色黄绿。果实圆整,红色,单果重110克。果肉厚,耐贮运。较抗病毒病。中晚熟种。每667平方米产3 300千克。适宜秋季栽培。

【种植地区】 山东省各地。

【栽培要点】 青岛地区,7月中旬播种,直播或育苗均可,8月上旬定植,每667平方米栽苗5 500株左右。苗期注意遮荫、防雨、防虫;定植田施足有机肥,定植后尽量不要中耕,及时浇水,适时使用生长素保花保果,一般每株留2穗果。

【供种单位】 山东省青岛市农业科学研究所。地址:青岛市崂山区李村九水路85号。邮编:266100。

34. 鲁番茄7号

【种　源】 山东省烟台市农业科学研究所选配的一代杂种。1997年通过山东省农作物品种审定委员会审定。

【特征特性】 植株自封顶生长类型,一般着生2～3个花序后自行封顶。第一花序着生在第六节上。果实圆整,粉红色,单果重150克。高抗病毒病,耐疫病。早熟种。每667平方米产 5 000 千克。适宜保护地栽培。

【种植地区】 山东、河南、河北、安徽、江苏、天津、北京等地。

【栽培要点】 山东地区大棚栽培，1 月下旬播种育苗，3 月下旬定植，每 667 平方米栽苗 5 000 株左右。

【供种单位】 烟台市农业科学研究所。地址：山东省烟台市福山区大沙埠。邮编：265500。

35. 历强粉番茄

【种　源】 山东省济南市农业科学研究所选育的新品种。1992 年通过山东省农作物品种审定委员会审定。

【特征特性】 植株无限生长类型，生长势强。第一花序着生在第八至第九节上，各花序间隔 3 片叶，每序平均坐果 3.4 个。果实扁圆形，粉红色，甜酸适口，浓郁多汁，品质佳，单果重 260 克。抗病性强。中晚熟种。越夏栽培，每 667 平方米产 12 000 千克以上。适宜露地栽培。

【种植地区】 山东、河北、河南等省。

【栽培要点】 济南地区春季露地栽培，1 月上旬冷床播种育苗，2 月下旬分苗，4 月上中旬终霜后定植。行距 53～60 厘米，株距 33～36 厘米。单秆整枝。施足底肥，增施磷钾肥，生长期间追肥 3 次。勤中耕，适当蹲苗。

【供种单位】 济南市农业科学研究所。地址：山东省济南市西郊机场路。邮编：250023。

36. 晋番茄 1 号

【种　源】 山西省农业科学院棉花研究所园艺室选配的一代杂种。1993 年通过山西省农作物品种审定委员会审定。

【特征特性】 植株无限生长类型。叶片稍宽大,黄绿色,生长势强。第一花序着生在第七至第八节上,各花序间隔3片叶。果实扁圆形,红色,单果重200克左右。果皮厚,耐贮运。较抗病毒病、早疫病、晚疫病。中早熟种。每667平方米产5 500千克。适宜春露地栽培。

【种植地区】 山西省各地。

【栽培要点】 太原地区,3月上旬冷床播种育苗,4月上旬分苗,5月上旬定植。每667平方米栽苗3 500～4 000株。前期注意蹲苗,第一穗果长至核桃大小时开始浇水、追肥,促使果实膨大。

【供种单位】 山西省农业科学院棉花研究所园艺室。地址:太原市农科北路6号。邮编:030031。

37. 晋番茄3号

【种　源】 山西省农业科学院蔬菜研究所选育的新品种,原名太原大红,又名矮架大红。1996年通过山西省农作物品种审定委员会审定,定名晋番茄3号。

【特征特性】 植株自封顶生长类型,一般着生2～3序花后自行封顶,株高56厘米,生长势强。第一花序着生在第六至第七节上,一般每序花坐果6～7个,坐果率高。果实近圆形,幼果有绿色果肩,成熟果红色,单果重192克。酸甜适中,品质好,耐贮运。耐病毒病、疫病。早熟种。每667平方米产6 200千克。适宜露地及保护地栽培,也可作秋季(接麦茬)栽培。

【种植地区】 山西省各地。

【栽培要点】 太原地区3月上旬播种,4月上中旬分苗1次,5月上中旬定植,每667平方米栽苗5 000株。

【供种单位】 山西省农业科学院蔬菜研究所。地址：太原市农科北路6号。邮编：030031。

38. 河南5号番茄

【种　源】 河南省农业科学院园艺研究所利用矮T作母本、密植红作父本配制的一代杂种。1991年通过河南省农作物品种审定委员会认定。

【特征特性】 植株自封顶生长类型。第一花序着生在第六至第七节上，各花序间隔1～2片叶。果实扁圆形，有绿色果肩，成熟果红色。果面光滑，果脐小。酸甜适中。抗热性较强，不抗早疫病。早熟种。春季每667平方米产6 000～7 000千克；夏季每667平方米产4 500～6 000千克。适宜春夏秋露地和保护地栽培。

【种植地区】 河南省各地。

【栽培要点】 河南地区春露地栽培，1月中下旬温室育苗，4月上中旬定植；夏季栽培，5月上中旬播种育苗，6月上中旬定植；秋季栽培，7月中旬育苗，8月上中旬定植。露地栽培每667平方米栽苗4 500株。保护地栽培每667平方米栽苗5 000～6 000株。早春、盛夏和秋末要用2，4-D或番茄灵保花、保果。

【供种单位】 河南省农业科学院园艺研究所。地址：郑州市农业路1号。邮编：450002。

39. 豫番1号番茄

【种　源】 河南省郑州市蔬菜研究所选配的一代杂种。1994年和1996年分别通过河南省及黑龙江省农作物品种审定委员会审定。

【特征特性】 植株自封顶生长类型，一般着生3～4序花后自行封顶。第一花序着生在第六至第七节上，以后各花序间隔1～2片叶。果实圆形，粉红色。肉厚质沙，甜酸可口。高抗病毒病、早疫病，耐晚疫病。早熟种。每667平方米产4 600千克以上。适宜露地栽培。

【种植地区】 河南、黑龙江、江西等全国16个省(区、市)均可种植。

【栽培要点】 郑州地区，1月底至2月初播种育苗，终霜后定植。每667平方米栽苗5 000株左右。

【供种单位】 郑州市蔬菜研究所。地址：河南省郑州市王胡寨北京广路。邮编：450001。

40. 豫番3号番茄

【种　源】 河南省农业科学院园艺研究所选配的一代杂种。1995年通过河南省农作物品种审定委员会审定。

【特征特性】 植株自封顶生长类型，一般着生2～4序花后自行封顶。第一花序着生在第六至第七节上，各花序间隔1～2片叶。果实扁圆形，粉红色，有绿色果肩，单果重215克。甜酸适中，不裂果，品质好。高抗病毒病，抗疫病。早熟种。每667平方米产5 000千克以上。适宜露地及春秋保护地栽培。

【种植地区】 河南、江苏、安徽、江西、陕西、山东、黑龙江等省。

【栽培要点】 参见38. 河南5号番茄。

【供种单位】 同38. 河南5号番茄。

41. 豫番5号番茄

【种　源】 河南省洛阳市农业科学研究所选配的一代杂

种。1997年通过河南省农作物品种审定委员会审定。

【特征特性】 植株无限生长类型。第一花序着生在第七至第九节上，以后各花序间隔2～3片叶。果实近圆形，粉红色，单果重200克。抗热，耐寒，高抗病毒病，抗晚疫病、叶霉病。中晚熟种。每667平方米产7 000～10 000千克。适宜春露地及保护地栽培。

【种植地区】 河南、北京、甘肃、陕西等地。

【栽培要点】 郑州地区春露地栽种，1月下旬至2月上旬播种育苗，4月中旬终霜后定植，每667平方米栽苗3 500株左右。

【供种单位】 河南省洛阳市农业科学研究所。地址：河南省洛阳市洛北。邮编：471000。

42. 渝抗4号番茄

【种　源】 重庆市农业科学研究所选育的新品种。1993年通过重庆市农作物品种审定委员会审定。

【特征特性】 植株自封顶生长类型，株高95厘米左右，生长势强。普通叶，叶色浓绿，叶片肥大。第一花序着生在第八至第九节上，以后每间隔1～2片叶着生1花序。果实圆形，红色，单果重170克，最大果重375克。结果多，商品性好，耐贮运。抗枯萎病、番茄花叶病毒病。早熟种。适宜春秋两季栽培。

【种植地区】 重庆、四川、贵州等地。

【栽培要点】 四川东部地区冷床育苗，11月上旬至12月下旬播种；温床育苗，12月下旬播种。苗龄50～90天。翌年2月下旬至3月上旬定植。

【供种单位】 重庆市农业科学研究所。地址：重庆市南坪东路 5 号。邮编:630060。

43. 华番 1 号番茄

【种　源】 华中农业大学利用转基因技术将乙烯形成酶(EEE)反义基因导入到番茄中获得耐贮藏番茄系统 D_2,再以 D_2 和 A53 为亲本配制的一代杂种。1998 年通过湖北省农作物品种审定委员会审定。

【特征特性】 植株无限生长类型。叶色深绿,生长势强。果实圆形,红色,果面光滑,无绿色果肩,单果重 100～120 克,单株结果 18～25 个。含耐贮基因,在常温条件下(13～30℃)可贮藏 45 天左右。品质好。南方一般每 667 平方米产 2 500 千克;高山(越夏)栽培,每 667 平方米产 5 000 千克以上。适宜春秋两季栽培。

【种植地区】 湖北、安徽、浙江、广东、广西、河南、河北、陕西、辽宁、吉林、新疆等地。

【栽培要点】 长江中下游地区春季栽培,1 月份播种育苗,3 月下旬至 4 月上旬定植露地,6 月上旬至 7 月上旬收获,贮藏至 7～9 月份供应市场;秋季栽培,7 月中旬播种,8 月中下旬定植于露地,10～12 月份在果实转色时采收,贮藏在室内,亦可在植株上延迟收获,于 12 月份至翌年元旦期间供应市场。田间管理与其他番茄相类似。

【供种单位】 华中农业大学。地址:湖北省武汉市武昌南湖。邮编:430070。

44. 湘番茄 3 号

【种　源】 湖南省蔬菜研究所和湖南省技术服务站配制的一代杂种。1998 年通过湖南省农作物品种审定委员会审定。

【特征特性】 植株自封顶生长类型，株高 75 厘米。果实扁圆形，红色，单果重 110～120 克。抗寒，耐弱光，高抗青枯病。早熟种。每 667 平方米产 2 800 千克以上。适宜露地栽培。

【种植地区】 湖南省各地。

【栽培要点】 湖南地区，12 月下旬至翌年 1 月上旬保护地播种育苗，4 月上旬定植，每 667 平方米栽苗 3 000 株左右。

【供种单位】 湖南省蔬菜研究所。地址：长沙市东郊马坡岭。邮编：410125。

45. L401 番茄

【种　源】 辽宁省农业科学院园艺研究所选配的一代杂种。1992 年通过辽宁省农作物品种审定委员会审定。

【特征特性】 植株无限生长类型，生长势中等，叶色浅绿。第一花序着生在第七至第九节上，各花序间隔 3 片叶，每序着花 5～6 朵。果实扁圆形，幼果有浅绿色果肩，成熟果粉红色，单果重 200 克左右。果脐小，果肉厚，质沙味甜。果实硬度大，耐贮运。较抗病毒病。中早熟种。每 667 平方米产 6 500 千克左右。适宜保护地栽培。

【种植地区】 东北地区及山东、河北等省。

【栽培要点】 辽宁地区塑料大棚栽培，苗龄 65～70 天；日光温室栽培，苗龄 70～80 天。现大蕾时定植，每 667 平方米栽苗 4 500 株左右。定植后适当蹲苗，单秆整枝，第一穗花全部开放时打杈，第一穗果膨大时开始追肥、浇水，第三穗花开放时再追肥 1 次。

【供种单位】 辽宁省农业科学院园艺研究所。地址：沈阳市东陵路马官桥。邮编：110161。

46. 沈粉3号番茄

【种　源】 辽宁省沈阳市农业科学院选配的一代杂种。1991年通过辽宁省农作物品种审定委员会审定。

【特征特性】 植株无限生长类型，生长势强，叶色深绿。第一花序着生在第九至第十节上，以后每间隔3片叶着生1花序，每序着花5～6朵。果实扁圆形，粉红色，单果重200克左右。甜酸适中，品质佳。耐热，耐贮运。较抗叶霉病、病毒病。中熟种。每667平方米产7000千克左右。适宜春露地及春秋大棚栽培。

【种植地区】 东北地区及河北、北京等地。

【栽培要点】 沈阳地区春露地栽培，苗龄60～70天，每667平方米栽苗3400株；春大棚栽培，苗龄70～80天；秋大棚栽培，苗龄25～35天，每667平方米栽苗4000株。中期追肥1～2次，花期用生长素，防止落果。

【供种单位】 辽宁省沈阳市农业科学院。地址：沈阳市黄河北大街96号。邮编：110034。

47. 吉农早丰番茄

【种　源】 吉林农业大学园艺系从"早粉2号"×"吉农36S-6"杂交后代中经系统选择而育成的新品种。1993年通过吉林省农作物品种审定委员会审定。

【特征特性】 植株自封顶生长类型，生长势强。第一花序着生在第六至第七节上。果实扁圆形，粉红色，多心室，果肉较厚，单果重150～220克，品质中上。抗病，结果集中。早熟种，从出苗到始收约需100天。每667平方米产2000～4100千克。适宜露地栽种。

【种植地区】 吉林省各地。

【栽培要点】 吉林地区，3月下旬在温室或温床播种育苗，5月下旬终霜后定植，行距60厘米，株距30厘米，进行无支架或矮架栽培。施足底肥，一般每667平方米施农家肥5 000～7 000千克，生长期间每667平方米追施速效氮肥和磷钾肥各20～25千克。

【供种单位】 吉林农业大学园艺系。地址：长春市东环路南。邮编：130118。

48. 长春早粉番茄

【种　源】 吉林省蔬菜花卉研究所选育的新品种。1991年通过吉林省农作物品种审定委员会审定。

【特征特性】 植株自封顶生长类型，一般着生2个花序后自行封顶。第一花序着生在第六至第七节上。果实圆形，粉红色，单果重120克。果面光滑，果脐小。中熟种。每667平方米产2 100～2 800千克。适宜露地栽培。

【种植地区】 吉林省各地。

【栽培要点】 参见47. 吉农早丰番茄。

【供种单位】 吉林省蔬菜花卉研究所。地址：长春市自由大路200号。邮编：130031。

49. 内番3号番茄

【种　源】 内蒙古自治区农业科学院蔬菜研究所用大黄1号为母本、大同156为父本配制的一代杂种。1991年通过内蒙古自治区农作物品种审定委员会审定。

【特征特性】 植株无限生长类型，生长势强。普通叶，叶色深绿。第一花序着生在第七至第八节上，以后每隔3片叶着生1花序,每序着花5～6朵。果实圆球形,黄色,单果重200克左右。果面光滑,果脐稍大。果肉黄色,较厚,品质优。较抗病毒病和早疫病。中晚熟种。每667平方米产5000千克左右。适宜春季露地栽培。

【种植地区】 内蒙古大部分地区。

【栽培要点】 呼和浩特地区,3月中下旬播种,5月下旬定植,行距50厘米,株距35～40厘米,每667平方米栽苗3200～3500株。单秆整枝。

【供种单位】 内蒙古农业科学院蔬菜研究所。地址:内蒙古呼和浩特市南郊。邮编:010031。

50. 陇番7号番茄

【种　源】 甘肃省农业科学院蔬菜研究所以84-M_2-4自交系为母本、394为父本配制的一代杂种。1994年通过甘肃省农作物品种审定委员会审定。

【特征特性】 植株无限生长类型,生长势强。普通叶,叶片绿色。第一花序着生在第七至第八节上,各花序间隔3～4片叶。果实扁圆形,红色,有绿色果肩,单果重149.3克。果面光滑,果脐小,果形美观,酸甜适中,品质优。抗番茄花叶病毒病,耐早疫病。中晚熟种。每667平方米产6500千克以上。适宜保护地及露地栽培。

【种植地区】 西北地区。

【栽培要点】 兰州地区春大棚栽培,1月下旬播种育苗,3月下旬定植,苗龄60～65天,每667平方米栽苗3500株左右。单秆整枝。花期须用2,4-D或番茄灵蘸花保果。

【供种单位】 甘肃省农业科学院蔬菜研究所。地址:兰州市安宁区刘家堡。邮编:730070。

51. 陇番3号番茄

【种　源】 甘肃省农业科学院蔬菜研究所选配的一代杂种。1994年通过甘肃省农作物品种审定委员会审定。

【特征特性】 植株自封顶生长类型，一般着生2～3个花序后自行封顶，株高约60厘米，生长势中等。普通叶，叶片浅绿色。第一花序着生在第六至第七节上，各花序间隔1～2片叶。果实扁圆形，红色，单果重135～150克。果面光滑，无裂果。早熟种，从开花到始收约45天。每667平方米产5000千克左右。适宜春季大棚及日光温室栽培。

【种植地区】 甘肃及宁夏、青海、内蒙古等地。

【栽培要点】 苗龄60天左右，每667平方米栽苗4500～5000株。定植后应始终掌握壮秧促果措施，蹲苗期不宜过长。生长中后期适当增肥，防止空果。

【供种单位】 同50. 陇番7号番茄。

52. 陇番5号番茄

【种　源】 甘肃省农业科学院蔬菜研究所选配的一代杂种。1992年通过甘肃省农作物品种审定委员会审定。

【特征特性】 植株自封顶生长类型，一般着生2～3序花后自行封顶，生长势强。第一花序着生在第六至第七节上，各花序间隔2～3片叶。果实扁圆形，红色，单果重131～143克。无裂果，耐贮运。较抗病毒病，耐早疫病。中熟种。每667平方米产6000千克以上。适宜露地及保护地栽培。

【种植地区】 甘肃及湖北、山东、北京、黑龙江等地。

【栽培要点】 甘肃地区塑料大棚栽培，1月中旬至2月下旬播种，苗龄55～65天，3月下旬至4月上旬定植，每667

平方米栽苗 3 600～4 000 株；露地栽培，2 月中下旬播种，4 月下旬定植，每 667 平方米栽苗 4 000～4 500 株。

【供种单位】 同 50. 陇番 7 号番茄。

53. 春雷 2 号番茄

【种　源】 天津市园艺工程研究所选配的一代杂种。1997 年通过天津市农作物品种审定委员会审定。

【特征特性】 植株无限生长类型，叶量适中。第一花序着生在第六至第七节上，每序着花 5～6 朵。果实近圆形，粉红色，单果重 215.8 克。果面光滑，畸形果少，酸甜适口，品质较好，商品性好。耐低温弱光，抗灰霉病和筋腐病的能力强。中早熟种，从开花到始收 40～50 天。每 667 平方米产 5 000 千克左右。适宜保护地和露地栽种。

【种植地区】 天津、河北、山东和内蒙古等地。

【栽培要点】 天津地区温室栽培，11 月下旬至 12 月上旬播种育苗，翌年 1 月下旬至 2 月上旬定植，每 667 平方米栽苗 4 000～4 500 株；露地栽培，1 月中下旬播种，3 月上中旬分苗，4 月中下旬终霜后定植，每 667 平方米栽苗 5 000 株左右。

【供种单位】 天津市园艺工程研究所。地址：天津市南开区航天道 26 号。邮编：300192。

54. 鉴 18 番茄

【种　源】 江苏农学院园艺系选育的罐藏番茄新品种。1991 年通过江苏省农作物品种审定委员会审定。

【特征特性】 植株无限生长类型，生长势强。第一花序着生在第十节，以后每间隔 2～3 节着生 1 花序。果实高圆形，红色，单果重 50 克以上。果肉、胎座及种子外围胶状物均为粉红色。每百克鲜果含可溶性固形物5.5克，番茄红素10.28毫克。高抗番茄花叶病毒病。耐贮运，不裂果。中晚熟种。每667平方米产4 500千克。适宜露地栽培。

【种植地区】 长江流域。

【栽培要点】 长江流域春露地栽培，12月下旬至翌年1月上旬冷床播种，移苗1次，4月上旬定植，行距70厘米，株距25厘米，每667平方米栽苗3 500～4 000株。采用单秆整枝或一秆半整枝。定植缓苗后果实开始膨大时及始收期各追肥1次，并注意定期喷药，防治病虫害。

【供种单位】 江苏农学院园艺系。地址：江苏省扬州市。邮编：225001。

55. 扬粉931番茄

【种　源】 江苏农学院园艺系选配的一代杂种。1999年通过江苏省农作物品种审定委员会审定。

【特征特性】 植株自封顶生长类型，一般着生2～3个花序后自行封顶，侧枝较多。第一花序着生在第七节上。果实圆整，粉红色，畸形果极少，单果重100～130克。抗番茄花叶病毒病，不抗叶霉病。早熟种。每667平方米产3 400千克以上。适宜保护地栽培。

【种植地区】 江苏省各地。

【栽培要点】 扬州地区春季塑料大棚栽培，11月下旬播种育苗，翌年2月中下旬定植；小棚栽培，12月中旬播种，翌年3月中下旬定植；每667平方米栽苗3 500～4 000株。双秆整枝。结果后追肥2～3次。注意防治叶霉病、早疫病及蚜虫、棉铃虫等。

【供种单位】 江苏农学院园艺系。地址：江苏省扬州市。

邮编:225001。

56. 江蔬番茄2号

【种　源】 江苏省农业科学院蔬菜研究所选配的一代杂种。1999年通过江苏省农作物品种审定委员会审定。

【特征特性】 植株无限生长类型。叶片深裂而舒展,长势强。第一花序着生在第八节上,以后每间隔3节着生1花序,每花序坐果4～5个。果实高圆形,粉红色,果面光滑,单果重180克以上。每百克鲜果含可溶性固形物5.1克。风味好。耐低温,耐弱光。高抗番茄花叶病毒病、叶霉病及枯萎病,中抗黄瓜花叶病毒病。中熟种。每667平方米产4 400～5 800千克。适宜保护地栽培。

【种植地区】 江苏省各地及长江中下游地区。

【栽培要点】 长江中下游地区,春季大棚栽培,12月份播种,苗龄80天左右,翌年3月上中旬定植。行距80厘米,株距30厘米,每667平方米栽苗3 500株。

【供种单位】 同12. 霞粉番茄。

57. 江蔬番茄3号

【种　源】 江苏省农业科学院蔬菜研究所选配的一代杂种。1999年通过江苏省农作物品种审定委员会审定。

【特征特性】 植株自封顶生长类型,一般着生4～5个花序后自行封顶,生长势强。第一花序着生在第七节上,以后每间隔2～3节着生1花序。果实圆整,果色鲜艳,果面光滑,单果重200克。畸形果少,裂果轻,商品性好。高抗番茄花叶病毒病、叶霉病、枯萎病等多种病害。早熟种。每667平方米产3 700～4 700千克。适宜保护地及露地栽培。

【种植地区】 江苏省各地。

【栽培要点】 南京地区春季大棚早熟栽培,10月上旬冷床播种或12月份在加温温室播种,翌年2月中旬至3月中旬定植,每667平方米栽苗3 500～4 000株。注意防治蚜虫及早、晚疫病等。

【供种单位】 同12. 霞粉番茄。

58. 薯叶早番茄

【种　源】 吉林省蔬菜花卉研究所选育的新品种。1994年通过吉林省农作物品种审定委员会审定。

【特征特性】 植株自封顶生长类型。薯叶,绿色。第一花序着生在第六至第七节上。果实圆形,粉红色,有绿色果肩,果面光滑,单果重130克左右。可溶性固形物含量在4.5%以上。果味酸甜适中,品质优良。较抗病毒病。早熟种。每667平方米产2 300～2 700千克。适宜露地栽培。

【种植地区】 吉林省各地。

【栽培要点】 长春地区春季露地栽培,3月中下旬播种育苗,5月下旬定植,行距60厘米,株距25～30厘米。双秆整枝。及时防治病虫害。

【供种单位】 同48. 长春早粉番茄。

59. 春番茄1号

【种　源】 吉林省蔬菜花卉研究所选配的一代杂种。1996年通过吉林省农作物品种审定委员会审定。

【特征特性】 植株自封顶生长类型。普通叶,绿色,长势中等。第一花序着生在第六节上。果实高圆形,粉红色,有绿色果肩,单果重150克左右。不易裂果。早熟种。每667平方米产 3 700～4 200 千克。适宜露地种植。

【种植地区】 吉林省各地。

【栽培要点】 苗龄一般 55～60 天。定植行株距 50 厘米×20 厘米，每 667 平方米栽苗 6 000 株左右。

【供种单位】 同 48. 长春早粉番茄。

60. 吉粉 2 号番茄

【种　源】 吉林省蔬菜花卉研究所选配的一代杂种。1997 年通过吉林省农作物品种审定委员会审定。

【特征特性】 植株无限生长类型。第一花序着生在第八至第九节上。果实高圆形，粉红色，有绿色果肩，单果重 200 克左右。可溶性固形物含量 5%。果皮厚，裂果轻，耐贮运。抗病毒病。中熟种。每 667 平方米产 4 000 千克以上。适宜早春日光温室和大棚栽培。

【种植地区】 吉林省各地。

【栽培要点】 参见 45. L401 番茄。

【供种单位】 同 48. 长春早粉番茄。

61. 吉粉 3 号番茄

【种　源】 吉林省蔬菜花卉研究所选配的一代杂种。1997 年通过吉林省农作物品种审定委员会审定。

【特征特性】 植株无限生长类型。第一花序着生在第九节上。果实近圆形，粉红色，单果重 220 克左右。可溶性固形物含量 4.6%。裂果轻。抗病毒病和叶霉病。中晚熟种。每 667 平方米产 5 000 千克。适宜春秋大棚栽培。

【种植地区】 吉林省各地。

【栽培要点】 参见 46. 沈粉 3 号番茄。

【供种单位】 同48.长春早粉番茄。

62. 吉农大粉番茄

【种　源】 吉林农业大学选育的新品种。1998年通过吉林省农作物品种审定委员会审定。

【特征特性】 植株无限生长类型,长势强。普通叶,绿色。第一花序着生在第八至第九节上。果实圆形,粉红色,单果重150克左右。果实裂果轻,酸甜适口,品质好。耐热。较抗病毒病、晚疫病及斑枯病。中晚熟种,从定植至始收需60天左右。每667平方米产2 200～3 100千克。

【种植地区】 吉林省各地。

【栽培要点】 长春地区春季露地栽培,3月下旬在温室或温床播种育苗,5月下旬终霜后定植,每667平方米栽苗3 500株左右。

【供种单位】 同47.吉农早丰番茄。

63. 穗丰番茄

【种　源】 广州市蔬菜研究所选配的一代杂种。1999年通过广东省农作物品种审定委员会审定。

【特征特性】 植株无限生长类型。果实圆形,大红色,单果重150克。高抗青枯病。中熟种。每667平方米产4 500千克。适宜露地种植。

【种植地区】 广东省各地。

【栽培要点】【供种单位】 参见23.金丰1号番茄。

64. 豫番茄2号

【种　源】 河南省农业科学院园艺研究所选配的一代杂

种。1994 年通过河南省农作物品种审定委员会审定。

【特征特性】 植株无限生长类型，长势强。普通叶，叶绿色。第一花序着生在第七至第九节上，以后每间隔 3 叶着生 1 花序。果实扁圆形，粉红色，有绿色果肩，果面光滑，单果重 153 克，最大可达 500 克。风味佳。高抗番茄花叶病毒病。中晚熟种。每 667 平方米产 5 000～6 000 千克。适宜春夏露地及保护地栽培。

【种植地区】 河南省各地。

【栽培要点】 郑州地区春露地栽培，1 月中下旬～2 月下旬播种，3 月中下旬分苗，4 月中下旬定植，行距 60 厘米，株距 30 厘米，每 667 平方米栽苗 3 700 株左右；夏季栽培，4 月下旬～5 月上旬播种，遮雨，6 月上中旬定植；日光温室越冬栽培，9 月上中旬播种，10 月下旬至 11 月上旬定植。

【供种单位】 同 38. 河南 5 号番茄。

二、茄　子

茄子又名落苏、酪酥、昆仑瓜、小菰、紫膨脝。为茄科茄属以浆果为产品的一年生草本植物，热带为多年生。染色体数 $2n=2x=24$。可炒、煮、煎食、干制和盐腌。含有少量特殊苦味物质茄碱甙，有降低胆固醇、增强肝脏生理功能的作用。

茄子为直根系，大部分根系分布在 30 厘米耕作层内，根深 50 厘米左右。根易木质化，发生不定根能力弱。茎直立，木质化程度高，不需支架栽培。单叶互生，卵圆或长卵圆形，紫或绿色。自花授粉作物，自然杂交率 3%～7%。果实卵圆形、扁圆形、圆形或长筒形。皮黑紫色、紫色、紫红色、绿色或绿白色。果肉白色，为海绵状胎座组织。

茄子喜温，不耐霜冻。生长发育最适昼温25～30℃，夜温16～20℃。低于15℃果实生长缓慢，低于10℃生长停滞，在35～40℃时，茎叶虽能正常生长，但花器发育受阻，果实畸形或落花落果。要求有中等程度光照条件。据此，茄子的适宜种植时间是：华南全年栽培；长江流域、华北地区于终霜后露地育苗或终霜前2～3个月用冷床、温床育苗，终霜后露地定植；东北、西北等无霜期不足150天的寒冷地区，都于终霜前在温室或温床育苗，春末夏初定植。

茄子耐肥，不耐旱和涝，生长期长，宜在土层深厚、保水性强、pH 6.8～7.3的肥沃壤土或粘壤土中种植。平畦或高畦栽植均可。

定植密度：早熟品种每667平方米栽3 000～4 000株，中晚熟品种每667平方米栽2 000～2 500株。

定植后的管理：定植后即行浇水，及时中耕，减少土壤水分蒸发，保持土壤通气，促进根系生长。门茄坐果前，不宜多浇水，避免茎叶徒长、根系发育不良和落花落果。门茄坐果后，植株进入果实旺盛生长时期，应保持土壤湿度达田间最大持水量80%为好。如此时干旱，落花率高，停止结果。但水分过多或空气湿度过大，则易患病害。要及时摘除主茎门茄下各叶腋发生的侧枝。当气温低于15℃时，为防落花，可用萘乙酸10 ppm或水溶性防落素25～30 ppm涂抹、蘸花或喷花。结果期需肥量大，每采收1次，应即追肥1次。

病虫害及其防治。主要病害有：立枯病、褐纹病及黄萎病等；虫害有：红蜘蛛、茶黄螨和茄白翅野螟等。可通过选用抗病品种、实行轮作、床土消毒、培育壮苗、加强田间管理及喷洒农药等措施进行防治。

1. 湘茄2号茄子

【种　源】 湖南省蔬菜研究所选配的一代杂种。1996年通过湖南省农作物品种审定委员会审定。

【特征特性】 植株半直立，株型较紧凑，株高73厘米左右。茎秆与叶脉深紫色，并着生少量刺毛。果实长棒形，长23厘米左右，横径4.5厘米，单果重约156克。果皮紫红色，有光泽。果肉细嫩，品质好。对青枯病、绵疫病有较强抗性，较耐寒，耐涝。早熟种，从定植至始收30天左右。每667平方米产2 500～3 000千克。

【种植地区】 适于长江流域春季作早熟栽培。

【栽培要点】 苗龄85～100天，2～3片真叶时分苗1次。保护地栽培，行距50厘米，株距35厘米；露地栽培，行距50厘米，株距40厘米，每667平方米栽苗2 600～2 800株。定植至开花前追肥2～3次；门茄采后重施1次追肥，以后每采收1次，施肥1次。后期高温干旱时加强水分管理。

【供种单位】 湖南省蔬菜研究所。地址：长沙市东郊马坡岭。邮编：410125。

2. 鲁茄3号茄子

【种　源】 山东省济南市种子公司选配的一代杂种。1997年通过山东省农作物品种审定委员会审定。

【特征特性】 植株生长势强，株高1.4～1.6米，开展度1.2米×1.2米。门茄着生在第九至第十节上。果实卵圆形，果皮紫黑色，单果重500～600克。耐热、耐涝、耐运输，抗病性和适应性较强。品质一般。中晚熟种，定植后55～60天开始采收。每667平方米产7 659.4千克。

【种植地区】 山东及华北部分地区。

【栽培要点】 施足底肥,结果期加强水肥管理。适当整枝,并深培土。雨季防涝。

【供种单位】 山东省济南市种子公司。地址:济南市七里山南村。邮编:250100。

3. 渝早茄1号茄子

【种　源】 重庆市农业科学研究所以142号和66号为亲本配制的一代杂种。1996年通过重庆市农作物品种审定委员会审定。

【特征特性】 株高70厘米,植株长势强。门茄着生在第九至第十节上,花为单花或2～3朵花簇生,节间短。着果力强,单株结果12个左右,单果重151克。果实棒形,纵径19厘米,横径5厘米,果皮黑紫色,有光泽,萼片下果皮浅紫色。果肉细嫩,微甜,籽少,品质好。耐寒,较耐弱光。早熟种。每667平方米产2 158千克。适宜中、大棚等保护地栽培。

【种植地区】 重庆、四川、山东、湖南、云南、贵州、陕西等地。

【栽培要点】 重庆地区春季早熟栽培,10月中旬冷床育苗,翌年3月上中旬定植,行距67厘米,株距47厘米,每667平方米栽苗2 400～2 600株。施足底肥,及时追肥,在开花期、始收期、盛果期各追肥1次。

【供种单位】 重庆市农业科学研究所。地址:重庆市南坪东路5号。邮编:400055。

4. 蒙茄3号茄子

【种　源】 内蒙古包头市农业科学研究所选配的一代杂种。1997年通过内蒙古自治区农作物品种审定委员会审定。

【特征特性】 植株高78.5厘米，生长势强。叶片倒卵形，深绿色。果实卵圆形，纵径13.2厘米，横径10.8厘米，果皮紫色，单果重378.6克。果肉黄白色，细嫩味甜，籽较少，商品性好。较抗黄萎病。早熟种。每667平方米产4500～5000千克。适宜露地和保护地栽培。

【种植地区】 内蒙古、甘肃、河北、山西等地。

【栽培要点】 苗龄70～80天，定植时幼苗带花蕾。露地栽培，每667平方米栽苗3200株，行距50厘米，株距42厘米；保护地栽培，每667平方米栽苗4000株，行距50厘米，株距33厘米。

【供种单位】 内蒙古包头市农业科学研究所。地址：内蒙古包头市麻池乡。邮编：014013。

5. 龙杂茄2号茄子

【种　源】 黑龙江省农业科学院北方茄子研究中心以7411为母本、37号为父本配制的一代杂种。1992年通过黑龙江省农作物品种审定委员会审定。

【特征特性】 株高65～68厘米，开展度64厘米×68厘米，长势强。门茄着生在第七至第八节上。果实长棒形，果顶稍尖，果皮紫黑色，有光泽。果长25厘米左右，横径4.5～5.0厘米，单果重100～150克。果肉绿白色，细嫩松软。抗黄萎病。早熟种，从播种至采收需100天左右。每667平方米产3000～5000千克。适宜春露地地膜覆盖或保护地栽培。

【种植地区】 黑龙江及辽宁、吉林、内蒙古等地。

【栽培要点】 哈尔滨地区，3 月上旬播种，4 月上中旬分苗 1 次，5 月下旬定植，行距 60～70 厘米，株距 25～30 厘米；或穴栽，每穴栽双株，穴距 40 厘米。从四门斗开始坐果起，每 7～10 天追肥 1 次。

【供种单位】 黑龙江省农业科学院北方茄子研究中心。地址：哈尔滨市哈平路义发源。邮编：150069。

6. 华茄 1 号茄子

【种　源】 华中农业大学园艺系用 85-13 与 85-11 两个自交系配制的一代杂种。1993 年通过湖北省农作物品种审定委员会审定。

【特征特性】 植株分枝性强，坐果率高。门茄着生在第六至第八节上。果实长棒形，果长 25 厘米，横径 4 厘米，单果重 100 克左右。果面光滑，果皮紫色，有光泽，皮薄，粗纤维少。抗逆性强，抗绵疫病，耐弱光。极早熟种，从定植至采收仅 40 天左右。每 667 平方米产 2 500～3 000 千克，最高者可达 4 100 千克。

【种植地区】 湖北、湖南等全国 19 个省（区、市）。

【栽培要点】 参见 1. 湘茄 2 号茄子。

【供种单位】 华中农业大学园艺系。地址：湖北省武汉市武昌狮子山。邮编：430070。

7. 冀茄 2 号茄子

【种　源】 河北省农业科学院蔬菜花卉研究所以 E-901 为母本、E-902 为父本配制的一代杂种。1996 年通过河北省农作物品种审定委员会审定。

【特征特性】 叶缘波状。门茄着生在第九节上。果实高圆形,紫黑色,果面光滑,单果重 593 克。果肉白色,肉质细嫩、味甜,果肉长时间暴露在空气中不易变褐,种子少。早熟种,从开花至收获 15～17 天。每 667 平方米产 3354.8 千克,最高者达 6444.3 千克。适宜露地及保护地栽培。

【种植地区】 河北及华北大部分地区。

【栽培要点】 河北地区春大棚栽培,12 月下旬保护地播种育苗,翌年 3 月下旬定植;春露地栽培,1 月下旬播种育苗,4 月下旬定植露地并覆盖地膜,行距 53 厘米,株距 40 厘米,每 667 平方米栽苗 3000 株左右。

【供种单位】 河北省农业科学院蔬菜花卉研究所。地址:石家庄市机场路 24 号。邮编:050051。

8. 丰研 2 号茄子

【种　源】 北京市丰台区农业技术推广中心选配的一代杂种。1994 年通过北京市农作物品种审定委员会审定。

【特征特性】 株高 75 厘米左右,开展度 65 厘米×75 厘米,植株直立,叶稀,叶缘波浪状。门茄着生在第六节上。果实扁圆形,黑紫色,有光泽,果实横径约 10 厘米,单果重 500 克。品质好。较抗黄萎病。早熟种。每 667 平方米产 4553 千克。适合早春保护地栽培。

【种植地区】 华北、华东、东北等部分地区。

【栽培要点】 北京地区春大棚种植,12 月中下旬播种,苗龄 90 天,翌年 3 月中下旬定植。定植前 7～10 天进行幼苗锻炼。每 667 平方米栽苗 2900～3400 株。定植与缓苗水浇过后,进行中耕蹲苗,待门茄果径长至 2～3 厘米大小时再浇水、追肥。门茄、对茄收获前各追肥 1 次。开花时用生长素沾花,保花保果，并促使果实膨大。

【供种单位】 北京市丰台区农业技术推广中心。地址：丰台区丰台南路。邮编：100071。

9. 内茄1号茄子

【种　源】 内蒙古自治区呼和浩特市蔬菜研究所以玛瑙茄作母本、海红皮茄作父本配制的一代杂种。1991年通过内蒙古自治区农作物品种审定委员会审定。

【特征特性】 株高约75厘米，长势强。茎秆紫绿色。叶长卵圆形，绿色，有茸毛，叶脉紫色。门茄着生在第八至第九节上。果实近圆球形，外皮紫红色，色泽鲜亮，单果重400克左右，最大单果重1000克以上。果肉白色，质地较紧密，籽少。抗病虫能力较强，对肥水条件要求较高。适于露地和保护地栽培。中熟种。每667平方米产5000～6000千克。

【种植地区】 适于内蒙古中西部地区种植。

【栽培要点】 呼和浩特地区春露地栽培，2月下旬至3月上旬温室播种育苗，5月下旬终霜后定植，行距50厘米，株距40厘米，每667平方米栽苗3200株。施足基肥，加强中后期肥水管理，注意防治红蜘蛛。

【供种单位】 内蒙古呼和浩特市蔬菜研究所。地址：呼和浩特市郊区大台村。邮编：010070。

10. 内茄2号茄子

【种　源】 内蒙古自治区包头市农业科学研究所以七叶-1-1为母本、紫茄为父本配制的一代杂种。1991年通过内蒙古自治区农作物品种审定委员会审定。

【特征特性】 株高75厘米，开展度73厘米×73厘米，株形较开张。茎秆紫绿色。叶倒卵形,深绿色。门茄着生在第六至第七节上。果实卵圆形,外皮紫色,单果重310克左右。果肉黄白色,肉质较松软,品质好。中早熟种,定植至始收约47天。每667平方米产4000～5000千克。适于露地及保护地早熟栽培。

【种植地区】 内蒙古自治区各地。

【栽培要点】 参见9.内茄1号茄子。

【供种单位】 包头市农业科学研究所。地址:包头市麻池乡境内。邮编:014013。

11. 熊岳紫长茄

【种　源】 辽宁省熊岳农业高等专科学校选配的一代杂种。1993年通过辽宁省农作物品种审定委员会审定。

【特征特性】 株高100～110厘米,开展度110厘米×110厘米,长势强。叶长卵圆形,肥厚,叶脉深紫色,毛刺着生量中等。门茄着生在第八节上。果实长棒形,尖端稍翘,果长26厘米,横径5厘米,果皮深紫色,有光泽,单果重270克。果肉松软,种子少。抗褐纹病、绵疫病、黄萎病。中早熟种。每667平方米产4300～5400千克。适宜露地及保护地栽培。

【种植地区】 辽宁省各地。

【栽培要点】 苗龄80～85天,长有8～9片真叶时定植。2片真叶时移苗1次。

【供种单位】 辽宁省熊岳农业专科学校。地址:辽宁省盖州市熊岳镇。邮编:115214。

12. 豫茄1号茄子

【种　源】 河南省沈丘县种子公司从地方品种“长青茄”

中经过系统选育而育成的新品种。1997年通过河南省农作物品种审定委员会审定。

【特征特性】 株高90厘米,开展度80厘米×80厘米,长势强。门茄着生在第六至第七节上。花乳白色,多数单生,少量簇生。果实长圆形,果长17～20厘米,横径13～15厘米,单果重400～500克。果皮青绿色,果面光滑有光泽。果肉浅白色,质地柔嫩,粗纤维少,果皮薄,商品性好。抗逆性强,适应性广,宜春秋两季栽培。早熟种。每667平方米产5000千克。

【种植地区】 河南省各地均可栽种。

【栽培要点】 参见8. 丰研2号茄子。

【供种单位】 河南省沈丘县种子公司。地址:河南省沈丘县城。邮编:466300。

13. 金山长茄子

【种　源】 福建农业大学园艺系选配的一代杂种。1998年通过福建省农作物品种审定委员会审定。

【特征特性】 株高80厘米,长势强。茎紫绿色,株型紧凑,叶片数较多,叶片绿色带紫红色晕。果实顺直,色泽紫红而有光泽,单果重150～200克。果皮薄,果肉洁白,口感好。较抗高温。抗绵疫病、褐纹病。早熟种。每667平方米产3000～3500千克,高产者达5200千克。适宜春秋季露地栽培。

【种植地区】 长江以南地区。

【栽培要点】 福建省春季栽培,10月中旬至翌年1月上旬播种;秋季栽培,6月下旬至7月下旬播种育苗,苗龄25～30天。每667平方米栽苗1800株。栽培中应及时摘除门茄以下的侧枝。在高温季节应及时浇水追肥,以防早衰。

【供种单位】 福建农业大学园艺系。地址:福州市。邮编:350002。

14. 茄杂2号茄子

【种　源】 河北省农业科学院蔬菜花卉研究所选配的一代杂种。1998年通过河北省农作物品种审定委员会审定。

【特征特性】 株高80～90厘米,长势强。叶大,绿色。花较大,淡绿色。门茄着生在第八至第九节上。果实圆形,果皮紫红色,表面光滑,单果重546.7克。果肉浅绿白色,种子少,细嫩、味甜,品质优。较抗黄萎病。从开花至收获需15天左右。每667平方米产5 000～6 000千克。适宜春季栽培。

【种植地区】 河北、天津、山东、云南、安徽等地。

【栽培要点】 苗龄90～100天,8～9片真叶、30%植株带花蕾时定植。每667平方米栽苗1 700～2 300株。结果期视天气情况5天左右浇1次水,隔1次水施1次肥。

【供种单位】 河北省农业科学院蔬菜花卉研究所。地址:石家庄市。邮编:050051。

15. 94-1早长茄子

【种　源】 山东省济南市农业科学研究所选配的一代杂种。1996年通过山东省农作物品种审定委员会认定。

【特征特性】 植株生长势强,株型紧凑。茎及叶脉黑紫色,叶片狭长、舒展。门茄着生在第六至第七节上,簇生花占全株50%左右。果实长椭圆形,果长18～22厘米,横径6～8厘米,果皮黑紫色,油亮光滑,着色均匀,单果重300～400克。果肉致密,种子少,品质极佳。早熟种。露地种植,每667平方米产9 000千克以上;日光温室栽种,每667平方米产13 000千克以上。适宜中小拱棚、日光温室种植。

【种植地区】 山东省及华北部分地区。

【栽培要点】 参见8.丰研2号茄子。

【供种单位】 山东省济南市农业科学研究所。地址:山东省济南市西郊机场路。邮编:250023。

16. 玫茄1号茄子

【种　源】 福建省农业科学院选配的一代杂种。1998年通过福建省农作物品种审定委员会审定。

【特征特性】 植株生长势强,株高64.4厘米,开展度81.4厘米×81.4厘米,分枝性强。茎绿紫色,叶片绿色带紫晕。果形细长稍带弯,果长30～33厘米,果径4.0厘米,果皮紫红色,着色均匀光亮,单果重180克。果肉乳白色,肉质细嫩,商品性好。较抗绵疫病。早熟种。每667平方米产2 000～3 000千克,延后栽培产量更高。适宜露地栽培。

【种植地区】 福建、浙江、江西、广东等省。

【栽培要点】 福建省秋季栽培,10月中旬至11月上旬播种,幼苗长至3片真叶时适时假植越冬,假植的株行距以22厘米见方为佳。当气温低于10℃时,越冬苗及时用小拱棚或大棚保温。无霜期过后且幼苗现蕾时及时定植,并用地膜覆盖栽培。及时防治蚜虫、红蜘蛛、立枯病和绵疫病等病虫害。

【供种单位】 福建省农业科学院。地址:福州市。邮编:350003。

17. 鄂茄1号茄子

【种　源】 湖北省武汉市农业科学院利用87-25和87-16两个自交系配制的一代杂种。1996年通过湖北省农作物品种审定委员会审定。

【特征特性】 植株直立，株高70厘米，开展度60厘米×60厘米，分枝性强。门茄着生在主茎第六至第七节上，花浅紫色，多数簇生。果实长条形，长25～30厘米，横径3.0～3.5厘米，单果重110～150克。果面黑紫色，平滑有光泽。果肉白绿色，质地柔嫩，粗纤维少，略带甜味，商品性好。果皮薄，耐老。抗逆性强，适应性广，较耐低温。较抗绵疫病。早熟种，从定植至采收只需40天。每667平方米产3 500～5 000千克。适宜春秋两季栽培。

【种植地区】 长江流域。

【栽培要点】 武汉地区大棚栽培，10月上旬冷床育苗，2叶1心时分苗，翌年1月中下旬定植，每667平方米栽3 000株左右。采用高畦栽培，施足底肥。低温条件下开花时，可用生长素沾花。及时整枝打叶，注意防治病虫害。

【供种单位】 湖北省武汉市农业科学院。地址：武汉市。邮编：430065。

18. 蓉杂茄1号茄子

【种　源】 四川省成都市第一农业科学研究所选配的一代杂种。1998年通过四川省农作物品种审定委员会审定。

【特征特性】 株型直立，株高80厘米左右，开展度80厘米×80厘米，生长势强。茎深紫色，叶长卵圆形，叶柄及茎秆上有稀刺，叶脉紫色。门茄着生在第十节左右。果实长棒形，长约30厘米，果皮深紫色，有光泽，单果重270克左右。果肉质地细嫩，商品性好。耐寒，抗病。早熟种，从定植至始收需45天左右。每667平方米产3 500千克。适宜露地栽培。

【种植地区】 长江流域。

【栽培要点】 长江流域春季栽培，10月中旬至11月上旬冷床播种育苗，翌年3月下旬至4月上旬采用大苗定植。每667平方米栽苗2 500～3 000株。采收期及时追肥，每株采收6个鲜果后，及时摘除顶芽。

【供种单位】 四川省成都市第一农业科学研究所。地址：成都市。邮编：610072。

19. 沈茄1号茄子

【种　源】 吉林省长春市幸福乡农科站从沈阳市农业科学研究所引入。1993年通过吉林省农作物品种审定委员会审定。

【特征特性】 植株长势较强，株高60～70厘米，开展度50厘米×55厘米。果实长棒形，长25厘米，横径4厘米，单果重150～200克。果皮紫黑色，有光泽，果肉质地嫩软。早熟种，从播种至始收需110天。每667平方米产3 400～4 000千克。适宜春季露地栽培。

【种植地区】 吉林、辽宁等省。

【栽培要点】 长春地区3月上中旬播种育苗，5月下旬定植，每667平方米栽苗3 000株。施足底肥，及时整枝、打底叶。注意防治蚜虫。

【供种单位】 吉林省长春市幸福乡农科站。地址：吉林省长春市幸福乡。邮编：130000。

20. 吉茄二号茄子

【种　源】 吉林省蔬菜花卉研究所从长茄1号自然变异株中经系统选育而育成的新品种。1996年通过吉林省农作物品种审定委员会审定。

【特征特性】 植株长势强，株高100厘米左右，开展度

75厘米×80厘米。叶片绿色，茎紫色。门茄着生在第七至第八节上。果实细长棒形，果尖略带鹰嘴形，果长30～35厘米，横径4.5～5.0厘米，单果重120克。果皮黑紫色，有光泽。果肉细嫩，品质好。抗黄萎病，较抗褐纹病。早熟种，从定植至始收需35～38天。每667平方米产3000～3400千克。适宜露地及地膜、小拱棚覆盖栽培。

【种植地区】 吉林省各地。

【栽培要点】 长春地区春季露地栽培，2月下旬或3月中旬温床育苗，4月中旬分苗1次，5月下旬晚霜过后定植露地。采用垄栽，垄距60厘米，株距40厘米。及时中耕、整枝、打底叶。注意防治病虫害。

【供种单位】 吉林省蔬菜花卉研究所。地址：长春市自由大路200号。邮编：130031。

21. 吉农2号茄子（吉农早2）

【种　源】 吉林农业大学选育的新品种。1997年通过吉林省农作物品种审定委员会审定。

【特征特性】 植株长势中等，株型较开展。叶片绿色，茎紫色。门茄着生在第七至第八节上。果实长棒形，顶部钝尖，长20～40厘米，横径4.5～5.0厘米，单果重100克左右。果皮紫色，有光泽。果肉白色，细嫩。单株结果8～10个。高抗褐纹病。早熟种，从播种至始收需105天左右。每667平方米产3000～3200千克。适宜露地春茬栽培。

【种植地区】 吉林省各地。

【栽培要点】 参见20. 吉茄2号茄子。

【供种单位】 吉林农业大学。地址：长春市。邮编：130118。

22. 豫茄2号茄子(漯茄1号)

【种　源】 河南省漯河市农业科学研究所选配的一代杂种。1997年通过河南省农作物品种审定委员会审定。

【特征特性】 植株长势强,株高96.8厘米,开展度68.9厘米×68.9厘米。叶片宽大肥厚。果实长圆形,浅绿色,单果重415克。肉质细腻,味甜,适口性好。较抗黄萎病、绵疫病。早熟种。每667平方米产4000～5100千克。适宜春夏栽培。

【种植地区】 河南省各地。

【栽培要点】 河南地区春露地栽培,苗龄85～90天,夏播45天。2～3片真叶时分苗1次,5～6片真叶时定植,行距70厘米左右,株距40～50厘米,每667平方米栽苗1800～2500株。采用垄栽,垄高15～20厘米。春季地膜覆盖更好。

【供种单位】 河南省漯河市农业科学研究所。地址:河南省漯河市。邮编:462000。

23. 冷江红茄子

【种　源】 湖南省冷水江市蔬菜种子公司选育的新品种。1997年通过湖南省农作物品种审定委员会认定。

【特征特性】 植株直立,株高95厘米,开展度80厘米×80厘米;茎紫色,分枝多,长势强。叶绿色。门茄着生在第九至第十节上。果实长卵圆形,长22～25厘米,横径7～9厘米;皮紫红色,表面光滑,皮薄。肉白色,肉质紧密、细嫩,口感好,品质佳。抗黄萎病、绵疫病、青枯病。中晚熟种。每667平方米产5000千克以上。适宜春秋两季栽培。

【种植地区】 湖南省各地。

【栽培要点】 湖南地区春季露地栽培,1月中旬播种,3

月下旬至4月上旬定植,每667平方米栽苗2 500株左右。生长中期适当摘去侧枝、老叶、黄叶。

【供种单位】 湖南省冷水江市蔬菜种子公司。地址:冷水江市。邮编:417500。

三、甜　椒

甜椒又名青椒、菜椒,茄科辣椒属中能结甜味浆果的一个亚种,一年生或多年生草本植物。染色体数2n=2x=18。果肉厚而脆嫩,维生素C含量丰富。可生食、炒食、煮食、做馅、腌渍和加工制罐。

甜椒的根、茎性状基本与辣椒相同。唯叶片较长、宽。株型有紧凑和半松散两种。果实有扁圆形、长圆形、圆锥形和灯笼形等。嫩果浅绿色或深绿色,成熟果红色、黄色或橘黄色。果实表面光滑,常具纵沟。

甜椒喜温暖,不耐寒,怕霜冻。对温度、光照、土壤等外界条件的要求以及栽培季节、育苗方法、定植及定植后的管理、病虫害及其防治等,基本与辣椒相同。近年来,我国华北地区利用塑料大棚或小拱棚栽植的面积逐年扩大,它的播种期与定植期比露地栽培提前1～2个月,果实采收期也相应提早1～2个月。

1. 中椒4号甜椒

【种　源】 中国农业科学院蔬菜花卉研究所选配的一代杂种。1991年通过山西省农作物品种审定委员会审定。

【特征特性】 植株高约56厘米，开展度54厘米×54厘米，株型较直立，生长势强。第一果着生在主茎第十二至第十三节上。果实近方灯笼形，纵径8～10厘米，横径6.5～7.0厘米，果色深绿，单果重120～150克。果肉厚0.5～0.6厘米，3～4个心室，味甜，质脆，品质好。较抗病毒病。中早熟种。每667平方米产3 850千克。适于露地恋秋栽培。

【种植地区】 北京、天津、河北、河南、安徽、山西等地。

【栽培要点】 山西地区，2月上旬播种育苗，4月下旬或5月上旬终霜后定植，每667平方米栽苗4 000～4 500株。施足底肥，追肥要少施、勤施。进入雨季注意防雨排涝。生长期间及时防治蚜虫、茶黄螨和棉铃虫等。

【供种单位】 中国农业科学院蔬菜花卉研究所。地址：北京市海淀区白石桥路30号。邮编：100081。

2. 中椒5号甜椒

【种　源】 中国农业科学院蔬菜花卉研究所选配的一代杂种。1992年通过山西省农作物品种审定委员会认定。1994年又通过北京市农作物品种审定委员会审定。

【特征特性】 植株高55.0～61.6厘米，开展度47厘米×47厘米，生长势强。叶片卵形，花白色。第一果着生在主茎第九至第十一节上，连续结果能力强。果实灯笼形，纵径10.7厘米，横径6.9厘米，果色绿，果面光滑，单果重80～118克。果肉厚0.43厘米，3～4心室，味甜，质脆，风味佳。抗病、抗逆能力强。早熟种。每667平方米产3 300～4 950千克。适于露地和保护地栽培，同时也可越夏栽培。

【种植地区】 广东、广西、云南、北京、天津、山西等地。

【栽培要点】 培育壮苗，适时定植。北京地区，12月下旬或翌年1月上旬播种,3月下旬或4月上旬定植大棚;4月下旬定植露地。带蕾定植,每667平方米栽4 500～5 000穴,每穴栽1株。亦可每穴栽2株,每667平方米栽苗约4 000穴。

【供种单位】 同1. 中椒4号甜椒。

3. 中椒7号甜椒

【种　源】 中国农业科学院蔬菜花卉研究所用83077-1自交系为母本、83-163-8为父本配制的一代杂种。1994和1995年分别通过山西省及河北省农作物品种审定委员会认定。1997年又通过全国农作物品种审定委员会审定。

【特征特性】 植株长势强。露地栽培,株高37厘米,开展度44厘米×44厘米;保护地栽培,株高70厘米,开展度60厘米×60厘米。叶大,色深绿。第一果着生在主茎第八至第九节上。花大,花冠白色。果实灯笼形,纵径9.6厘米,横径7厘米,深绿色,果柄下弯,单果重100～120克。肉厚0.40～0.45厘米,3～4心室,味甜质脆,维生素C含量110毫克/100克。中抗烟草花叶病毒病、黄瓜花叶病毒病和疫病。早熟种,定植至采收约32天左右。每667平方米产2 600～4 200千克。适宜露地和保护地栽培。

【种植地区】 北京、河北、山西、山东、辽宁、浙江、广东、广西等地。

【栽培要点】 参见2. 中椒5号甜椒。

【供种单位】 同1. 中椒4号甜椒。

4. 中椒8号甜椒

【种　源】 中国农业科学院蔬菜花卉研究所选配的一代杂种。1998年通过山西省农作物品种审定委员会审定。

【特征特性】 植株长势强。果实灯笼形,果形美观,表面光滑,深绿色,单果重90～150克。果肉厚0.54厘米,3～4心室,味甜质脆,品质优良。抗病毒病,耐贮运。中晚熟种。每667平方米产4 000～5 000千克。适于露地恋秋栽培。

【种植地区】 北京、天津、山西等地。

【栽培要点】 京津地区,1月下旬或2月上旬播种,3月中旬分苗1次,4月下旬终霜后定植。畦宽1米,栽双行,穴距27～30厘米。每穴栽1株,每667平方米栽4 500穴左右;每穴栽双株,每667平方米栽4 000穴左右。

【供种单位】 同1. 中椒4号甜椒。

5. 甜杂3号甜椒

【种　源】 北京蔬菜研究中心用N118-2作母本、247-1为父本配制的一代杂种。1993年通过北京市农作物品种审定委员会审定。

【特征特性】 植株长势强,株高84.5厘米,三杈分枝。叶片深绿色。第一花着生在主茎第十二至第十三节上。果实灯笼形,深绿色,果柄下弯,单果重100克以上,最大果250克。果肉厚0.4厘米以上,3～4心室,味甜,质优,维生素C含量72毫克/100克。抗烟草花叶病毒病,中抗黄瓜花叶病毒病。中早熟种。每667平方米产2 500～4 500千克。适宜保护地和露地栽培。

【种植地区】 北京、河北、河南、江苏、浙江、山西、陕西、广东等地。

【栽培要点】 北京地区保护地栽培,12月中旬至翌年1月上旬播种,3月上旬至下旬定植;露地栽培,1月下旬至2月上旬播种,4月下旬定植。温床育苗,苗龄75天左右;冷床育苗，苗龄100天左右。小高垄栽培，垄距1米，栽双行（大小行），穴距36厘米，每667平方米栽3 600穴，每穴2株；或穴距27厘米，每667平方米栽5 000穴，每穴1株。施足底肥，前期适当蹲苗，中期适当追肥，全期追肥2～4次。及时摘除门椒以下的侧枝。及时喷药防治蚜虫、茶黄螨、棉铃虫等。

【供种单位】 北京蔬菜研究中心。地址：北京市海淀区板井村。邮编：100089。

6. 甜杂6号甜椒

【种　源】 北京蔬菜研究中心选配的一代杂种。1993年通过北京市农作物品种审定委员会审定。

【特征特性】 植株生长势较强，株高73.3厘米。叶片绿色。第一花着生在主茎第十一节上。果实灯笼形，绿色，果柄下弯，单果重80克，最大果重110克以上。果肉厚0.4厘米，味甜质脆，维生素C含量为73.4毫克/100克。坐果率高，连续结果性好。抗烟草花叶病毒病。早熟种。每667平方米产3 000～4 000千克。适宜保护地栽培。

【种植地区】 北京、河北、河南、山东、山西、江苏、广东等地。

【栽培要点】 小高垄栽培，垄宽1米，栽双行，穴距33厘米，每667平方米栽4 000穴，每穴2株；或穴距25厘米，每667平方米栽5 300穴，每穴1株。其他栽培措施参见5. 甜杂3号甜椒。

【供种单位】 同5. 甜杂3号甜椒。

7. 京椒1号甜椒

【种　源】 北京市种子公司用87-6-7和73-6作亲本配

制的一代杂种。1996年通过北京市农作物品种审定委员会审定。

【特征特性】 植株长势强，株型紧凑，株高70厘米，开展度65厘米×70厘米。叶面积大。果实灯笼形，绿色，果面光滑，果肉厚0.45～0.50厘米，单果重70～100克。坐果率高。抗病毒病。早熟种。每667平方米产2 700千克以上。

【种植地区】 北京、河北、河南、山西、山东、湖北、湖南、辽宁、天津等地。

【栽培要点】 参见6. 甜杂6号甜椒。

【供种单位】 北京市种子公司。地址：北京市海淀区北太平庄路15号。邮编：100088。

8. 兰椒2号甜椒

【种　源】 甘肃省兰州市农业科学研究所用自交系28作母本、32号作父本配制的一代杂种。1995年通过甘肃省农作物品种审定委员会审定。

【特征特性】 植株长势强，株高45厘米。第一花着生在主茎第九至第十节上。果实圆柱形，深绿色，长8.5厘米，果肩宽5.9厘米，果顶宽4.8厘米，果面光滑有光泽，单果重84克。果肉厚0.7厘米，3～4个心室。味稍甜，品质优。耐寒、耐旱，对病毒病、炭疽病有较强抗性。早熟种。每667平方米产4 000千克。适宜露地栽培。

【种植地区】 甘肃、陕西、新疆等地。

【栽培要点】 兰州地区，1月上旬播种，苗龄85天。采用双苗宽窄行垄栽。宽行66厘米，窄行33厘米，穴距45厘米。定植后小水勤灌。

【供种单位】 甘肃省兰州市农业科学研究所。地址：兰州市。邮编:730000。

9. 湘椒10号甜椒

【种　源】 湖南省蔬菜研究所以5905作母本、8540作父本配制的一代杂种。1996年通过湖南省农作物品种审定委员会审定。

【特征特性】 株高70厘米,开展度66厘米×66厘米。第一花着生在主茎第十三至第十五节上。果实灯笼形,长10厘米,横径4.5厘米,果顶圆凸,果面光滑,绿色,单果重50克左右。果肉厚0.34厘米,2～3心室。抗疮痂病、炭疽病,较耐热、耐旱。中晚熟种,从定植至始收约50天。每667平方米产3 000～3 500千克。适宜露地栽培。

【种植地区】 湖南省及全国部分地区。

【栽培要点】 长沙地区,4月中下旬定植,6月中下旬始收,7月份盛收。

【供种单位】 湖南省蔬菜研究所。地址:长沙市东郊马坡岭。邮编:410125。

10. 巨早85-1甜椒

【种　源】 辽宁省建平县向阳蔬菜研究所选育的新品种。1996年通过辽宁省农作物品种审定委员会审定。

【特征特性】 株高45厘米,开展度49厘米×49厘米,株型紧凑,茎秆粗壮,节间短。叶片肥大,浓绿色。第一花着生在主茎第九至第十一节上。果实灯笼形,最大纵径13.1厘米,横径14.5厘米,果面不平,深绿色有光泽,单果重225克,最大750克。果肉厚0.45厘米,3～4心室。味甜,质脆。早熟种。每667平方米产6 000千克以上。

【种植地区】 东北及华北部分地区。

【栽培要点】 参见2.中椒5号甜椒。

【供种单位】 辽宁省建平县向阳蔬菜研究所。地址:辽宁省建平县向阳店。邮编:122409。

11. 津椒2号甜椒

【种　源】 天津市蔬菜研究所选配的一代杂种。1991年通过天津市农作物品种审定委员会审定。

【特征特性】 植株生长势较强,株高67厘米,开展度62厘米×62厘米。第一花着生在主茎第八至第十节上,坐果率高,连续结果性能好。果实方灯笼形,纵径9.5厘米,横径7.1厘米,果面微皱,绿色,单果重83克左右,最大果重139克。果肉厚0.33厘米,3～4心室。味甜,质脆。抗病毒病。早熟种,从定植至始收约40天。每667平方米产3 000～4 000千克。适宜春季温室、大棚及露地栽培。

【种植地区】 天津、北京及华北部分地区。

【栽培要点】 天津地区春大棚栽种,12月上中旬冷床育苗,或翌年1月上旬温室育苗,3月下旬至4月上旬定植于大棚内。行距50厘米,株距40厘米,每667平方米栽苗3 300株。露地栽培,2月上旬温室育苗,4月下旬定植。单株栽植,行距50厘米,株距25厘米;双株栽植,行距50厘米,株距33厘米。

【供种单位】 天津市蔬菜研究所开发部。地址:天津市西青区津静公路。邮编:300381。

12. 牟农1号甜椒

【种　源】 河南省中牟农校选育的新品种。1991年通过河南省农作物品种审定委员会审定。

【特征特性】 株高57～75厘米，开展度50厘米×65厘米。第一花着生在主茎第十一至第十四节上。果实灯笼形，深绿色，单果重100～150克，最大果重250克。果肉厚0.4～0.5厘米，3～4心室。味甜，口感好。耐热，抗疫病和炭疽病，耐病毒病。中熟种，全生育期140～150天。每667平方米产3 000～5 000千克。适宜春季保护地和露地栽培。

【种植地区】 河南、河北及内蒙古等地。

【栽培要点】 河南地区，12月份育苗，翌年4月中旬定植。穴栽，每穴栽双株，每667平方米栽苗6 000～7 000株。门椒采收前适当控水，盛果期增加灌水，炎夏期间要小水勤灌。底肥要施足，追肥要及时。注意防治病虫害。

【供种单位】 河南省永城县种子公司。地址：河南省永城县中山西路三里道口。邮编：476600。

13. 海丰1号甜椒

【种　源】 北京市海淀区植物组培实验室选配的一代杂种。1991年通过北京市农作物品种审定委员会审定。

【特征特性】 株高80厘米左右，生长势中等。第一花着生在主茎第八至第十节上。果实长灯笼形，果面光滑，绿色，单果重75克。果肉厚0.35厘米，3～4个心室。味甜，质佳，风味好。耐病。早熟种。每667平方米产3 000～4 000千克。适宜春大棚栽培。

【种植地区】 北京及华北部分地区。

【栽培要点】 北京地区春大棚栽培，于12月中下旬播种，翌年3月中下旬定植。行距50厘米，株距27厘米。施足底肥。现蕾后防止温度过高或过低。开始采收后，加强肥水管理,注意防治病虫害。

【供种单位】 北京市海淀区海花生物技术开发公司。地址:北京市992信箱。邮编:100091。

14. 加配7号甜椒

【种　源】 上海市嘉定县蔬菜技术推广站选配的一代杂种。1991年通过上海市科委鉴定。

【特征特性】 株高65～75厘米,开展度50厘米×60厘米。叶片大。第一花着生在主茎第十二至第十三节上。果实灯笼形,纵、横径均为5厘米,棱沟不明显,深绿色有光泽,单果重50～75克。果肉厚0.36～0.38厘米,3～4个心室。早熟种。每667平方米产3000千克以上。适宜露地栽培。

【种植地区】 长江流域。

【栽培要点】 上海地区,10月中旬至11月上旬播种,翌年2月中旬至3月中旬定植,每667平方米栽苗2800～3000株。封垄前需在畦沟两边搭支架,防倒伏。

【供种单位】 上海市嘉定县蔬菜实业公司种子分公司。地址:上海市真北路802号。邮编:200333。

15. 哈椒4号甜椒

【种　源】 黑龙江省哈尔滨市农业科学研究所选配的一代杂种。1995年通过黑龙江省农作物品种审定委员会审定。

【特征特性】 植株生长势强,株高60～65厘米,开展度40厘米×45厘米,株型紧凑。果实发育速度快,连续坐果能力强。果实灯笼形,长10.2厘米,横径8.5厘米,果面光滑,深绿色。果肉厚0.25厘米,3～4个心室。质脆嫩,果皮薄。抗病毒病。早熟种,定植后20～25天始收。每667平方米产2300千克以上。

【种植地区】 东北地区。

【栽培要点】 宜密植,一般行距 65 厘米,穴距 25 厘米,每穴栽 2 株。坐果后适时追肥、灌水。注意及时防治蚜虫。

【供种单位】 黑龙江省哈尔滨市种子公司。地址:哈尔滨市香坊区香电街 15 号。邮编:150030。

16. 齐甜椒 1 号

【种　源】 黑龙江省齐齐哈尔市蔬菜研究所选配的一代杂种。1997 年通过黑龙江省农作物品种审定委员会审定。

【特征特性】 株高 45～50 厘米,开展度 50 厘米×55 厘米。叶片肥大。果实方灯笼形,长 7～8 厘米,横径 8.5～9.0 厘米,深绿色,单果重 75～100 克。早熟种。每 667 平方米产 1 600 千克以上。适宜露地栽培。

【种植地区】 黑龙江省各地。

【栽培要点】 哈尔滨地区,3 月上中旬播种,5 月下旬定植。穴栽,每穴栽双株,每 667 平方米栽苗 7 500～8 000 株。开花、结果期及时防治病虫害。

【供种单位】 黑龙江省齐齐哈尔市蔬菜研究所。地址:齐齐哈尔市。邮编:161000。

17. 冀研 4 号甜椒

【种　源】 河北省农林科学院蔬菜花卉研究所利用雄性不育系选育的一代杂种。1998 年通过河北省农作物品种审定委员会审定。

【特征特性】 株高 68 厘米,开展度 48 厘米×48 厘米,长势强。叶片较大,深绿色。第一花着生在第十三节左右,果实灯笼形，深绿色，果面光滑而有光泽，果形美观，单果重96～150克。果肉厚0.55厘米，质脆，味甜，商品性好。抗病毒病、日灼病，较抗炭疽病和疫病。中熟种。每667平方米产3 500千克。适宜春季露地及大、中拱棚栽培。

【种植地区】 河北省无霜期120天以上的地区。

【栽培要点】 参见11. 津椒2号甜椒。

【供种单位】 河北省农林科学院蔬菜花卉研究所。地址：石家庄市机场路24号。邮编：050051。

18. 冀研5号甜椒

【种　源】 河北省农林科学院蔬菜花卉研究所用AB91作母本、吉椒2号作父本配制的一代杂种。1998年通过河北省农作物品种审定委员会审定。

【特征特性】 植株长势强，株高65厘米，开展度60厘米×60厘米。果实长灯笼形，果面略有凹凸，绿色，单果重88克。果肉厚0.4厘米，3～4心室。味甜，品质好。较耐低温、弱光，耐热。抗病毒病和疫病。从定植至始收约40天。每667平方米产3 800千克左右。适宜露地栽培。

【种植地区】 华北及华南部分地区。

【栽培要点】 参见11. 津椒2号甜椒。

【供种单位】 同17. 冀研4号甜椒。

19. 吉椒4号甜椒

【种　源】 吉林省蔬菜花卉研究所选育的新品种。1995年通过吉林省农作物品种审定委员会审定。

【特征特性】 植株直立，株高约50厘米，开展度50厘米×50厘米左右。第一花着生在主茎第七节左右。果实牛角形，深绿色，2 心室，单果重 40～50 克。较抗病毒病。早熟种。每 667 平方米产 2 500～3 000 千克。适宜春季保护地栽培。

【种植地区】 吉林省各地。

【栽培要点】 长春地区春季大棚栽培，2 月上旬播种，3 月中旬分苗 1 次，4 月中旬定植。每 667 平方米栽苗 4 500 株左右。

【供种单位】 吉林省蔬菜花卉研究所。地址：长春市自由大路 200 号。邮编：130031。

20. 锡椒 2 号甜椒

【种　源】 江苏省无锡市蔬菜种子公司用上海圆椒和早熟 3 号作亲本配制的一代杂种。1993 年通过江苏省农作物品种审定委员会审定。

【特征特性】 植株长势强，株高 62 厘米，开展度 55 厘米×55 厘米，株型紧凑。第一花着生在主茎第十至第十一节上。果实灯笼形，浅绿色，果面平整，有光泽，单果重 52.2 克。果肉厚 0.35～0.40 厘米，3～4 个心室。商品性好。早熟种。每 667 平方米产 1 900～2 300 千克。适宜保护地及露地栽培。

【种植地区】 江苏省各地。

【栽培要点】 无锡地区保护地栽培，10 月中旬至 11 月中旬冷床育苗，翌年 3 月中旬定植大棚内，每 667 平方米栽苗 4 000～4 200 株。

【供种单位】 江苏省无锡市蔬菜种子公司。地址：无锡市曹张路 520-5。邮编：214023。

21. 北星 3 号甜椒

【种　源】 内蒙古农业科学院蔬菜研究所选配的一代杂

种。1999年通过内蒙古自治区农作物品种审定委员会审定。

【特征特性】 植株长势强，株高55～60厘米，开展度40厘米×50厘米。第一果着生在主茎第八至第九节上，连续结果性强。果实方灯笼形，果面光滑，绿色，纵径9.4厘米，横径9.1厘米，单果重120～150克。果肉厚0.5厘米，质地脆嫩，味甜，品质好。较抗病毒病，耐热。中早熟种，从定植至始收约需45天。每667平方米产5 500千克左右。适宜保护地栽培。

【种植地区】 内蒙古各地。

【栽培要点】 呼和浩特地区春保护地栽培，2月中旬温室育苗，3月中旬温室分苗，4月中旬定植，每667平方米栽苗4 000～4 500株。及时防治病虫害。加强肥水管理。

【供种单位】 内蒙古农业科学院蔬菜研究所。地址：呼和浩特市。邮编：010031。

22. 北星7号甜椒

【种　源】 内蒙古农业科学院蔬菜研究所选配的一代杂种。1999年通过内蒙古自治区农作物品种审定委员会审定。

【特征特性】 植株长势强，株高65厘米，开展度50厘米×55厘米。第一果着生在主茎第十一至第十三节上。果实长灯笼形，果面光滑，深绿色，纵径12.4厘米，横径7.5厘米，单果重130～200克。果肉厚0.55～0.60厘米，质脆，味甜，品质好，耐贮运。抗病毒病。中晚熟种，从定植至始收需55天。每667平方米产4 500千克。适宜露地栽培。

【种植地区】 华北地区。

【栽培要点】 呼和浩特地区春露地栽培，3月中旬温室播种，4月下旬分苗，5月下旬定植，覆盖地膜，每667平方米栽苗3 800～4 000株。

【供种单位】 同21.北星3号甜椒。

23. 豫椒2号甜椒

【种　源】 河南省开封市蔬菜研究所选育的新品种。1995年通过河南省农作物品种审定委员会审定。

【特征特性】 植株高61厘米,开展度44厘米×44厘米,株型紧凑。第一果着生在主茎第七至第八节上。果实灯笼形,果面光滑,深绿色,单果重100克。肉厚,味甜。早熟种。每667平方米产5000千克。适宜保护地栽培。

【种植地区】 河南省各地。

【栽培要点】 开封地区春日光温室栽培,10月下旬播种,翌年1月下旬至2月上旬定植;塑料大棚栽培,12月上旬播种,翌年3月中旬定植,4月底拆边膜,5月下旬拆顶膜。行距50厘米,穴距25厘米,每667平方米栽苗5300～6000穴,每穴2株。

【供种单位】 河南省开封市蔬菜研究所。地址:开封市。邮编:475003。

24. 甜杂4号甜椒

【种　源】 北京蔬菜研究中心选配的一代杂种。1999年通过北京市农作物品种审定委员会审定。

【特征特性】 植株长势强,叶片绿色。第一果着生在主茎第十三至第十四节上,花冠白色。果实方灯笼形,深绿色,3～4个心室,果面光滑,单果重100～160克。果肉厚0.5厘米,味甜,品质好。抗病毒病,耐运输。中晚熟种。每667平方米产2000～4500千克,高产者达7500千克。适宜露地栽培。

【种植地区】 北京、河北、内蒙古、山西、广东等地。

【栽培要点】 北京地区露地栽培,1 月下旬至 2 月上旬保护地播种育苗,4 月下旬至 5 月上旬定植。小高垄栽培,垄距 1.0～1.1 米,每垄栽双行,穴距 33 厘米,每穴栽 2 株;或穴距 27 厘米,每穴 1 株。重施基肥,增施磷钾肥,进入采收期要及时浇水追肥。

【供种单位】 同 5. 甜杂 3 号甜椒。

25. 甜杂 7 号甜椒

【种　源】 北京蔬菜研究中心选配的一代杂种。1999 年通过北京市农作物品种审定委员会审定。

【特征特性】 植株长势强,叶片绿色。第一果着生在主茎第十二节左右,花冠白色。果实灯笼形,果柄下弯,果面光滑,商品果绿色,老熟果红色,单果重 100～150 克。果肉厚 0.45 厘米,味甜,质脆,品质优良。耐病毒病。中熟种。每 667 平方米产 2 200～4 700 千克。适宜保护地及露地栽培。

【种植地区】 北京、河北、江苏、河南、陕西、广东等地。

【栽培要点】 北京地区保护地栽培,12 月中旬至翌年 1 月上旬播种,3 月上旬至下旬定植。小高垄或宽窄行栽培,行距 50～55 厘米,穴距 33 厘米,每穴栽 2 株;或穴距 27 厘米,每穴 1 株。

【供种单位】 同 5. 甜杂 3 号甜椒。

四、辣　椒

辣椒又名番椒、海椒、秦椒、辣茄。为茄科辣椒属中能结辣味浆果的一年生或多年生草本植物。染色体数 $2n=2x=24$。以嫩果或红熟果供生食、炒食或干制、盐腌和酱腌等。果实含有大量维生素 C，干辣椒则富含维生素 A。

辣椒主根不发达，根群多分布在 30 厘米耕作层内，根系再生能力比番茄、茄子弱，移栽时应尽量减少伤根。茎直立，基部木质化，较坚韧。叶片单叶互生，卵圆、披针或椭圆形。作物常异花授粉，自然杂交率高，繁种时不同品种应注意空间隔离，防止相互串花。果实有锥形、短锥形、牛角形、长形、圆柱形等。嫩果绿色或浅绿色，成熟果红色。

辣椒喜温。果实生长发育最适温度为 25～28℃，低于 15℃或高于 35℃都不利于结果。对光照要求不严格，但光照不足会延迟结果期并降低坐果率。高温、干旱、强光直射易发生果实日灼或落果。我国各地多冬春播种、育苗，终霜后定植，夏末或初冬采摘结束。长江中下游于 12 月份至翌年 1 月份冷床育苗，3～4 月份定植。北方地区多于 1～2 月份温床育苗，4～5 月份定植。华南地区多于秋冬播种育苗。幼苗生长缓慢，要求较高温度，多采用温床育苗移栽方式。根系再生力弱，宜采用营养钵或营养土块分苗。

辣椒宜选择土层深厚，富含有机质，保水保肥，排水良好，2～3 年未种茄科作物的地块种植。平畦或高畦栽培，也可先开沟定植后培土成垄栽培。

定植密度：每 667 平方米栽 5 000～10 000 株不等，一般是双株穴栽。北方栽培密度比南方稍大。

定植后的管理：定植缓苗后应及时追施提苗肥，促进发棵。初花期适当控水，结果期或高温干旱季节要增加灌水量并追肥，雨后要及时排水。氮肥不足或过多，或磷肥不足，以及持续阴雨，光照不足，均易造成落蕾、落花。花期可使用水溶性防落素喷花保果。第一花以下主茎上的侧枝于开花前应全部摘除,以后不再整枝。中期结合中耕,培土成垄。

病虫害及其防治。主要病害有:病毒病、炭疽病、白粉病、白绢病及疮痂病等;虫害有:蚜虫、烟青虫、红蜘蛛、茶黄螨和白粉虱等。通过选用抗病、耐病品种,薄膜覆盖,提早定植,适当密植,培育壮苗,雨季及时排水及喷洒农药等措施进行防治。

1. 中椒6号辣椒

【种　源】 中国农业科学院蔬菜花卉研究所选配的一代杂种。1994年通过山西省农作物品种审定委员会认定。

【特征特性】 植株长势强,株高约45厘米,开展度60厘米×60厘米。第一花着生在主茎第九至第十一节上。果实粗牛角形,绿色,果长12厘米,横径4厘米,单果重45～60克。微辣,维生素C含量100毫克/100克,风味佳。抗病毒病。中早熟种。每667平方米产3 000～5 000千克。适于露地栽培。

【种植地区】 北京、河北、山西、山东、河南、江苏、辽宁、内蒙古、广西、海南、云南等地。

【栽培要点】 北京地区,1月上中旬播种,苗龄90天,4月下旬终霜后定植露地,畦宽1米,每畦栽两行,株距27～30厘米,每667平方米栽苗4 500株。

【供种单位】 中国农业科学院蔬菜花卉研究所。地址:北京市海淀区白石桥路30号。邮编:100081。

2. 中椒10号辣椒

【种　源】 中国农业科学院蔬菜花卉研究所以90013-3和78-1-1两个自交系配制的一代杂种。1996年通过安徽省农作物品种审定委员会审定。

【特征特性】 植株生长势强，株高76.1厘米，开展度69厘米×81厘米。叶面平展。第一花着生在主茎第九至第十节上，花冠白色。果实长羊角形，长16.2厘米，横径3.1厘米，果柄下弯，绿色，果面光滑，单果重30.9克。果肉厚0.29～0.34厘米，2～3心室。微辣，质脆，口感好，品质优良。抗烟草花叶病毒病，中抗黄瓜花叶病毒病。耐寒，耐热。早熟种。每667平方米产2500～3500千克。适宜保护地和露地栽培。

【种植地区】 适于在北京、天津、河北、安徽、黑龙江等地作保护地和露地栽培；又可在广东、广西、海南等省南菜北运基地作露地越冬栽培。

【栽培要点】 京津地区保护地栽培，12月下旬至翌年1月上旬播种，3月下旬至4月上旬定植。

【供种单位】 同1. 中椒6号辣椒。

3. 都椒1号辣椒

【种　源】 北京蔬菜研究中心用N141和N73两个自交系配制的一代杂种。1996年通过北京市农作物品种审定委员会审定。

【特征特性】 植株长势强，坐果率高。第一花着生在主茎第十节上。果实长羊角形，长15～20厘米，绿色，单果重25～30克。辣味中等，维生素C含量81毫克/100克。抗烟草花叶病毒病，耐黄瓜花叶病毒病及疫病。每667平方米产3000～5000千克。适宜保护地及露地栽培。

【种植地区】 北京、陕西、河南、山东及广东等地。

【栽培要点】 参见2. 中椒10号辣椒。

【供种单位】 北京蔬菜研究中心。地址：北京市海淀区板井村。邮编:100089。

4. 苏椒6号辣椒

【种　源】 江苏省农业科学院蔬菜研究所配制的一代杂种。1993年通过江苏省农作物品种审定委员会审定。

【特征特性】 植株生长势较强,株高50～55厘米,开展度50厘米×50厘米,分枝能力强。第一花着生在主茎第八至第九节上。果实长灯笼形,长8.0～9.2厘米,横径3.9～4.5厘米,绿色,有光泽,老熟果鲜红色,单果重35克左右,最大果重60克。果肉厚0.23～0.25厘米,味较辣,维生素C含量118毫克/100克。耐热,抗病毒病、炭疽病。早熟种。每667平方米产3000～4000千克。适于保护地、露地栽培。

【种植地区】 江苏、安徽、浙江、四川及云南等地。

【栽培要点】 南京地区保护地栽培,10月上中旬保护地育苗,11月中旬分苗1次,翌年3月中旬定植于大棚内,行距30～35厘米,株距30厘米,每667平方米栽苗4000～6000株。

【供种单位】 江苏省农业科学院蔬菜研究所科技成果开发部。地址:南京市孝陵卫。邮编:210014。

5. 天椒1号辣椒

【种　源】 甘肃省天水市农业科学研究所用望都辣椒作母本、甘谷线椒作父本杂交,其后代种子用$^{60}Co\gamma$射线处理后经多代选择而育成的新品种。1993年通过甘肃省农作物品种审定委员会审定。

【特征特性】 株高69.9厘米,开展度64.3厘米×64厘米。第一花着生在主茎第九至第十节上。果实长羊角形,长

22.3 厘米，横径 1.72 厘米，果面皱，老熟果深红色，2 心室。味辣，维生素 C 含量 97.4 毫克/100 克。较抗疫病、病毒病、炭疽病。从定植至红熟约 83 天。每 667 平方米产鲜红椒 1 054～3 830 千克。适宜干制，也可鲜食。

【种植地区】 西北地区。

【栽培要点】 每 667 平方米栽苗 11 000～13 000 株，行距 43～50 厘米，穴距 23 厘米，每穴栽双株。

【供种单位】 甘肃省天水市农业科学研究所。地址：甘肃省天水市。邮编：741000。

6. 天椒 2 号辣椒

【种　源】 甘肃省天水市农业科学研究所选育的新品种。1993 年通过甘肃省农作物品种审定委员会审定。

【特征特性】 株高 68.1 厘米，开展度 67.3 厘米×67 厘米。叶长卵圆形，深绿色。第一花着生在主茎第八至第九节上。果实长羊角形，长 21.5 厘米，横径 2.01 厘米，嫩果绿色，老熟果深红色，果面有皱纹，有光泽。果肉厚 0.2 厘米，2 心室。辣味浓，维生素 C 含量 114.6 毫克/100 克。抗病毒病，较抗疫病。早熟种。每 667 平方米产 2 824 千克。适宜露地及保护地栽培。

【种植地区】 西北地区。

【栽培要点】 天水地区保护地栽培，12 月中下旬播种育苗；露地栽培，1 月下旬至 2 月上旬播种。每 667 平方米栽苗 11 000 株。生长期要勤浇、轻浇，忌大水漫灌。

【供种单位】 同 5. 天椒 1 号辣椒。

7. 新椒4号辣椒

【种　源】 新疆石河子蔬菜研究所选育的新品种。1995年通过新疆维吾尔自治区农作物品种审定委员会审定。

【特征特性】 株高60厘米左右，开展度30厘米×30厘米。叶长卵圆形，绿色。第一花着生在主茎第十一至第十三节上。果实单生或簇生，每簇1～3果。果长14～16厘米，横径1.2厘米左右，呈线形，细长，顶部渐尖，花萼下包果实基部，果面较皱，青熟果绿色，红熟果红色，制干后深红色。单果重3～5克。红熟鲜果干缩率30%～40%，味辛辣，易制干。每667平方米产干椒300千克以上。

【种植地区】 西北地区。

【栽培要点】 4～5叶时定植，穴栽，每穴栽2～3株，每667平方米栽苗30 000株左右。

【供种单位】 新疆石河子蔬菜研究所。地址：新疆石河子市。邮编：832000。

8. 苏椒5号辣椒

【种　源】 江苏省农业科学院蔬菜研究所选配的一代杂种。1993年通过江苏省农作物品种审定委员会审定。

【特征特性】 植株分枝多，连续结果性强。第一花着生在主茎第十节左右。果实长灯笼形，纵径10厘米左右，横径4厘米，单果重40克，最大果重70克。皮薄，肉嫩，微辣。抗病。极早熟种。每667平方米产3 500～5 000千克。

【种植地区】 江苏、浙江、安徽、山东、四川、广东及海南等省。

【栽培要点】 每667平方米栽苗4 000株。其他管理与

4. 苏椒 6 号辣椒基本相同。

【供种单位】 同 4. 苏椒 6 号辣椒。

9. 吉农 4 号尖辣椒

【种 源】 吉林农业大学园艺系从法国羊角椒自然杂交变异后代中经系统选择而育成的新品种。1992 年通过吉林省农作物品种审定委员会审定。

【特征特性】 植株长势中等,株型较开展,株高 40～47 厘米。叶绿色。第一花着生在主茎第九至第十一节上。单株结果 18～20 个。果实羊角形稍短,果面光滑,深绿色,果长 12.5 厘米,横径 3 厘米,单果重 50 克。肉较厚,微辣,宜鲜食。耐贮藏,抗病毒病。中晚熟种。每 667 平方米产 1 900～2 200 千克。

【种植地区】 吉林省各地。

【栽培要点】 吉林省大部分地区,3 月中下旬温床育苗,5 月下旬定植。垄作栽培,单株栽植,行距 60 厘米,株距 20 厘米;双株栽植,行距 60 厘米,株距 25～30 厘米。施足底肥,门椒坐住后开始追肥、灌水。

【供种单位】 吉林农业大学园艺系。地址:长春市东环路南。邮编:130118。

10. 九椒 4 号辣椒

【种 源】 吉林省吉林市农业科学研究所选育的新品种。1991 年通过吉林省农作物品种审定委员会审定。

【特征特性】 植株长势强,株型半开展,株高 50～70 厘米,开展度 45 厘米×45 厘米。叶片绿色。第一花着生在主茎第八至第十节上。单株结果 7～8 个。果实长灯笼形,长 8.5～

9.0 厘米，横径 7.6 厘米，青果绿色，果面光滑，单果重 70 克。果肉厚 0.35～0.40 厘米，味辣，质脆。耐贮运，耐病毒病。中熟种。

【种植地区】 吉林省各地。

【栽培要点】 吉林地区露地栽培，3 月上旬温床播种育苗，5 月下旬定植。垄作，单株栽植，行株距 60 厘米×20 厘米；双株栽植，行株距 60 厘米×30 厘米。畦作，畦宽 1.2 米，栽双行，株距 20 厘米。生长期间结合灌水追肥 1～2 次。忌重茬，不宜在涝洼地栽培。

【供种单位】 吉林市农业科学研究所。地址：吉林省吉林市九站街农研西路 1 号。邮编：132101。

11. 吉椒 3 号辣椒

【种　源】 吉林省蔬菜花卉研究所选育的新品种。1992 年通过吉林省农作物品种审定委员会审定。

【特征特性】 植株生长势强，株高 60～70 厘米，开展度 60 厘米×60 厘米，分枝多。果实方锥形，深绿色，单果重 80 克左右。果肉厚 0.3 厘米，3～4 心室。味辣质脆，维生素 C 含量 113.2～150.0 毫克/100 克。抗病毒病。中晚熟种。每 667 平方米产 3 500～4 500 千克。

【种植地区】 东北地区。

【栽培要点】 吉林省露地栽培，3 月上旬温床播种育苗，苗龄 80 天左右，5 月中下旬终霜后定植。施足底肥，生长期结合浇水追肥 2 次。注意防治蚜虫。

【供种单位】 吉林省蔬菜花卉研究所。地址：长春市自由大路 200 号。邮编：130031。

12. 辽椒6号辣椒

【种　源】 辽宁省农业科学院园艺研究所以87-14为母本、86-2为父本配制的一代杂种。1996年通过辽宁省农作物品种审定委员会审定。

【特征特性】 植株长势强，株高60厘米，开展度65厘米×65厘米，分枝多。叶色深绿。第一花着生在主茎第七至第八节上。果实粗长尖形，果尖似兔嘴，果长15～16厘米，果肩3.0～3.5厘米，果面不平，果深绿色，单果重31克。果肉厚0.35厘米，味较辣，维生素C含量103毫克/100克。抗病毒病，较抗疫病，耐低温。早熟种。每667平方米产4 506千克。适宜露地栽培。

【种植地区】 东北及华北部分地区。

【栽培要点】 苗龄80～90天。每667平方米栽苗8 000～9 000株。前期要促秧，立秋前后追肥1次。

【供种单位】 辽宁省农业科学院园艺研究所。地址：沈阳市东陵路马官桥。邮编：110161。

13. 沈椒3号辣椒

【种　源】 辽宁省沈阳市农业科学研究所选配的一代杂种。1991年通过辽宁省农作物品种审定委员会审定。

【特征特性】 植株生长势强，株高37厘米，开展度34厘米×34厘米。第一花着生在主茎第十至第十一节上。果实灯笼形，纵径8～9厘米，横径6～7厘米，果面较光滑，绿色，单果重55克左右。果肉厚0.30～0.35厘米，微辣，质脆嫩，宜鲜食，维生素C含量85.7毫克/100克。抗病毒病。早熟种，定植后35天采青熟果。每667平方米产鲜椒2 794.8千克。适宜保护地栽培。

【种植地区】 东北及华北地区。

【栽培要点】 沈阳地区地膜覆盖露地栽培，2月下旬播种，苗龄80天，5月中旬定植。行距57厘米，株距15～20厘米。定植后及时浇水，切忌大水漫灌。及时防治病虫害。

【供种单位】 辽宁省沈阳市农业科学研究所。地址：沈阳市黄河北大街96号。邮编：110034。

14. 沈椒4号辣椒

【种　源】 辽宁省沈阳市农业科学研究所用雄性不育两用系AB092为母本、自交系丰4-3为父本配制的一代杂种。1992年通过辽宁省农作物品种审定委员会审定。

【特征特性】 植株长势强，枝叶茂盛，株高40厘米，开展度36厘米×36厘米。叶片绿色。第一花着生在主茎第九至第十节上，单株结果13～15个。果实长灯笼形，果长11厘米，横径6厘米，果面略有沟纹，绿色，单果重60克左右。果肉厚0.35厘米，质脆，微辣，胎座较小，维生素C含量为100毫克/100克。抗病毒病。早熟种，播后94天始花，花谢后幼果膨大速度快，约16～19天采收嫩果。每667平方米产3 035.1千克。适宜保护地栽培。

【种植地区】 辽宁、吉林、内蒙古、河北、湖北、四川、新疆等地。

【栽培要点】 每667平方米栽苗6 000～8 000株。定植后小水勤浇，切忌大水漫灌。及时防治病虫害。

【供种单位】 同13. 沈椒3号辣椒。

15. 津椒3号辣椒

【种　源】 天津市农业科学院蔬菜研究所选配的一代杂种。1991年通过天津市农作物品种审定委员会审定。

【特征特性】 植株高65厘米，开展度60厘米×60厘米。株型较直立。叶片披针形，叶面微皱，绿色。第一花着生在主茎第八至第十节上。果实灯笼形，长8.2厘米，横径8.1厘米，果面微皱，深绿色，单果重87克左右。果肉厚0.33厘米，3～4个心室。果筋辣而肉甜，质脆，维生素C含量86.2毫克/100克。抗病毒病，耐低温。早熟种，定植后35天采收鲜果。每667平方米产2400千克。适宜保护地和露地栽培。

【种植地区】 天津、华北部分地区及新疆等地。

【栽培要点】 参见1. 中椒6号辣椒。

【供种单位】 天津市农业科学院蔬菜研究所。地址：天津市南开区红旗路航天道6号。邮编：300192。

16. 赣椒2号辣椒

【种　源】 江西省南昌市郊区蔬菜局与市蔬菜研究所联合配制的一代杂种。1991年通过江西省农作物品种审定委员会审定。

【特征特性】 株高60厘米左右。叶深绿色。第一花着生在主茎第九至第十一节上。果实短粗牛角形，果长7.9～10.4厘米，深绿色，单果重24～32克。果肉厚，辣味适中，维生素C含量108.24毫克/100克。抗病性强，较耐热。出苗至采收180天左右。

【种植地区】 江西省及条件相同地区。

【栽培要点】 江西地区，10月下旬冷床播种，1叶1心时分苗1次，带花蕾定植，每667平方米栽苗3400株左右。结果期酌情追肥。重点防治烟青虫、疫病和炭疽病。

【供种单位】 江西省南昌市蔬菜研究所。地址：南昌市。邮编：330001。

17. 湘椒12号(又名长椒3号)辣椒

【种　源】 湖南省长沙市蔬菜研究所选育的新品种。1996年通过湖南省农作物品种审定委员会审定。

【特征特性】 植株长势强，株高62厘米，开展度64厘米×64厘米。果实粗牛角形，果长16厘米，横径3.2厘米，深绿色，果面平滑光亮，果肩微凸，单果重35克，最大果重55克。果肉厚0.31厘米，微辣，维生素C含量141.8毫克/100克。耐热、耐湿。中晚熟种。每667平方米产3500千克，高产者达5000千克。适宜露地栽培。

【种植地区】 湖南省及云南、贵州、河南、广西、四川等地。

【栽培要点】 长沙地区，11月下旬至翌年2月中旬均可播种，4月中下旬定植。每667平方米栽苗2600～3000株。

【供种单位】 湖南省长沙市蔬菜研究所。地址：长沙市北郊马栏山。邮编：410003。

18. 湘椒7号辣椒

【种　源】 长沙市蔬菜研究所选配的一代杂种。1994年通过湖南省农作物品种审定委员会审定。

【特征特性】 株高51厘米，开展度53厘米×53厘米，株型紧凑。第一花着生在主茎第十至第十二节上。果实羊角形，果长10厘米，横径4.1厘米，单果重约38克。果肉厚0.3

厘米，味辣。抗病性强。极早熟种。每667平方米产2 000～3 000千克。

【种植地区】 长江流域。

【栽培要点】 长沙地区，10至12月份播种，翌年2月份假植，3月中下旬定植。

【供种单位】 同17. 湘椒12号（又名长椒3号）辣椒。

19. 湘研3号辣椒

【种　源】 湖南省蔬菜研究所用8214与8501作亲本配制的一代杂种。1992年通过湖南省农作物品种审定委员会审定。

【特征特性】 株高55厘米左右，开展度65厘米×65厘米。株型紧凑，分枝多，节间短。第一花着生在主茎第十一至第十四节上。果实牛角形，果长16厘米，横径4.5厘米，果肩平，果顶钝尖或微凹，果面光滑，商品椒深绿色，单果重55克，最大果重100克。果肉厚0.4厘米，2～3心室。微辣，质脆，维生素C含量150毫克/100克。抗病，耐湿，耐热。中熟种。每667平方米产3 000～4 000千克。适宜露地栽培。

【种植地区】 全国大部分地区。

【栽培要点】 长沙地区，12月份播种，翌年2～3月份假植1次，4月份定植，行株距60厘米×50厘米，每667平方米栽苗2 000～3 000株。

【供种单位】 湖南省蔬菜研究所。地址：长沙市东郊马坡岭。邮编：410125。

20. 湘研11号辣椒

【种　源】 湖南省蔬菜研究所以5901作母本、5907为父本配制的一代杂种。1996年通过湖南省农作物品种审定委员会审定。

【特征特性】 株高44厘米左右，开展度51厘米×57厘米。株型紧凑，分枝多，节间短。第一花着生在主茎第十一至第十三节上。果实长牛角形，果长约14厘米，横径约2.4厘米。果直，果肩微凸，果顶钝尖，果面光亮，深绿色，单果重25克左右。果肉厚0.24厘米，2～3心室。味辣。较抗疫病、炭疽病。早熟种，从开花至始收约25天。每667平方米产2 000～2 500千克。

【种植地区】 全国大部分地区。

【栽培要点】 长沙地区，10～12月份播种，翌年2月份假植，3月中下旬定植。每667平方米栽苗5 500株左右，行距40厘米，株距30厘米。其他栽培措施同一般早熟辣椒。

【供种单位】 同19. 湘研3号辣椒。

21. 湘研4号辣椒

【种　源】 湖南省蔬菜研究所选配的一代杂种。1992年通过湖南省农作物品种审定委员会审定。

【特征特性】 植株长势强，株高52厘米，开展度55厘米×55厘米。株型较紧凑，分枝多。第一花着生在主茎第十至第十二节上。果实长牛角形，果长17厘米左右，横径0.5厘米，单果重30克。果肉厚0.26厘米，质脆，辣味浓，维生素C含量143.32毫克/100克。耐寒，耐湿，抗病毒病、疮痂病，耐贮运。早熟种，从定植至采收约48天。每667平方米产2 000～3 000千克。

【种植地区】 全国各地。

【栽培要点】 参见20. 湘研11号辣椒。

【供种单位】 同19.湘研3号辣椒。

22. 湘研5号辣椒

【种　源】 湖南省蔬菜研究所选配的一代杂种。1993年通过湖南省农作物品种审定委员会审定。

【特征特性】 株高54.6厘米，开展度59厘米×59厘米。株型较紧凑，分枝多，节间短。第一花着生在主茎第十二至第十五节上，坐果力强。果实长牛角形，果长17.8厘米，横径2.8厘米，果实顺直，果面光亮，浅绿色，单果重34.6克。果肉厚，腔小。味辣，适宜鲜食及腌制，风味佳。耐热、耐旱，较抗病毒病、炭疽病、日灼病等。中早熟种，从定植至采收约53天。每667平方米产3000千克左右。

【种植地区】 全国大部分地区。

【栽培要点】 行距60厘米，株距50厘米，每667平方米栽苗2800～3000株。注意防治疮痂病和烟青虫。忌连作。第一次挂果及每次采收后重施追肥。

【供种单位】 同19.湘研3号辣椒。

23. 湘研9号辣椒

【种　源】 湖南省蔬菜研究所选配的一代杂种。1992年通过湖南省农作物品种审定委员会审定。

【特征特性】 植株长势强，株高52厘米，开展度55厘米×55厘米，株型较紧凑，分枝多，节间短。第一花着生在主茎第十一至第十三节上。果实牛角形，果长17厘米，横径2.5厘米，果实顺直，果面光滑，单果重32克，最大果重45克。果肉厚0.26厘米，辣味适中，维生素C含量142.32毫克/100克。耐寒，耐贮运，抗病性强。早熟种。每667平方米产2500

千克以上。

【种植地区】 海南、广东、广西、江西、贵州、四川、湖南等地。

【栽培要点】 忌连作，最好实行水旱轮作。每667平方米栽苗3 500～3 800株。生长期间应勤追肥。苗期注意防猝倒病、立枯病。

【供种单位】 同19. 湘研3号辣椒。

24. 哈椒杂1号辣椒

【种　源】 黑龙江省哈尔滨市蔬菜研究所选配的一代杂种。1991年通过黑龙江省农作物品种审定委员会审定。

【特征特性】 株高45～50厘米，开展度50厘米×55厘米，茎秆粗壮。叶片深绿色。果实方灯笼形，果长8～9厘米，横径8.5～9.5厘米，单果重75～100克。果肉厚0.35～0.40厘米。微辣，口感好，维生素C含量75毫克/100克。抗病毒病。中早熟种，从播种至始收需115天左右。每667平方米产1 932千克。

【种植地区】 黑龙江省各地。

【栽培要点】 哈尔滨地区，3月中旬播种，苗龄70～75天，5月下旬定植露地，行距65厘米，穴距25厘米，每穴栽双株，每667平方米栽苗8 000株以上。定植后要及时灌水，果实膨大期适时追肥。注意防治蚜虫。

【供种单位】 黑龙江省哈尔滨市蔬菜研究所。地址：哈尔滨市道里区城乡路120号。邮编：150070。

25. 湘研6号辣椒

【种　源】 湖南省蔬菜研究所选配的一代杂种。1993年通过湖南省农作物品种审定委员会审定。

【特征特性】 植株生长势强，株高56厘米，开展度64厘米×64厘米。株型紧凑，分枝多，节间短。第一花着生在主茎第十三至第十六节上。果实长粗牛角形，果长17厘米，横径3.2厘米，绿色，单果重48克，最大果重60克。果肉厚0.32厘米，质细，辣味适中，维生素C含量165.24毫克/100克。耐热，耐湿，能够在炎热、多湿地区越夏结果。抗病毒病、疮痂病、炭疽病。晚熟种。每667平方米产4000千克，高产者达5000千克以上。适宜露地恋秋栽培。

【种植地区】 全国大部分地区。

【栽培要点】 行距60厘米，株距53厘米，每667平方米栽苗2500～2800株。生长期需充分供应水肥，注意培土，以防倒伏。注意防治烟青虫和茶黄螨。

【供种单位】 同19. 湘研3号辣椒。

26. 湘椒13号辣椒

【种　源】 湖南省株洲市蔬菜研究所选配的一代杂种。1998年通过湖南省农作物品种审定委员会审定。

【特征特性】 株高51厘米。单果重24.2克。微辣。较抗疫病、病毒病。早熟种。每667平方米产1746千克。

【种植地区】 湖南省各地。

【栽培要点】 湖南地区，11～12月份保护地播种，翌年4月上中旬定植，行距50厘米，株距40厘米。

【供种单位】 湖南省株洲市蔬菜研究所。地址：湖南省株洲市。邮编：412002。

27. 湘椒14号辣椒

【种　源】 湖南省蔬菜研究所选配的一代杂种。1998年通过湖南省农作物品种审定委员会审定。

【特征特性】 株高48厘米。果实牛角形,单果重24克。微辣。较抗疫病、病毒病。早熟种,定植至采收约41天。每667平方米产1 609.7千克。

【种植地区】 湖南省及华中地区。

【栽培要点】 同26.湘椒13号辣椒。

【供种单位】 同19.湘研3号辣椒。

28. 湘椒15号辣椒

【种　源】 湖南省蔬菜研究所选配的一代杂种。1998年通过湖南省农作物品种审定委员会审定。

【特征特性】 株高50厘米。果实牛角形。单果重28克。微辣。较抗病毒病、疮痂病、炭疽病。早熟种。每667平方米产1 771.5千克。

【种植地区】【栽培要点】【供种单位】 均同27.湘椒14号辣椒。

29. 昆椒1号辣椒

【种　源】 云南省昆明市农业科学研究所选配的一代杂种。1995年通过云南省农作物品种审定委员会审定。

【特征特性】 植株生长势强,株高52～65厘米,开展度50厘米×65厘米,分枝性强。果实短指形,果长6厘米,横径4厘米,果面皱缩,绿色,单果重25克左右。较抗叶枯病、炭疽病、灰霉病和疫病,抗寒。中早熟种,从定植至始收约60天。丰产性好，比当地皱皮辣椒增产 17.5%～48.0%。适宜露地栽培。

【种植地区】 云南省各地。

【栽培要点】 昆明地区，10 月上旬播种，翌年 1 月下旬至 2 月上旬移苗 1 次，3 月中下旬定植，行距 50 厘米，穴距 40 厘米，每穴栽双株，每 667 平方米栽 2 100～2 200 穴。

【供种单位】 云南省昆明市农业科学研究所。地址：昆明市。邮编：650213。

30. 沈椒 5 号辣椒

【种　源】 辽宁省沈阳市农业科学院利用雄性不育两用系 AB92 与自交系保 271 作亲本配制的一代杂种。1996 年通过辽宁省农作物品种审定委员会审定。

【特征特性】 株高 52 厘米，开展度 33 厘米×33 厘米。第一花着生在主茎第十一节上。果实牛角形，果长 15.9 厘米，横径 4.4 厘米，绿色，果面无皱褶，单果重 40 克。果肉脆嫩，有辣味，口感好，维生素 C 含量 100 毫克/100 克以上。抗病毒病。早熟种。每 667 平方米产 2 926.4 千克。适宜保护地及地膜覆盖露地栽培。

【种植地区】 辽宁省及北方各地。

【栽培要点】 北方地区早春大棚栽培，12 月下旬至翌年 1 月上旬播种；露地地膜覆盖栽培，2 月中旬播种。每 667 平方米栽苗 7 000 株左右。小水勤灌，坐果后和采果盛期适当追肥。及时防治病虫害。

【供种单位】 辽宁省沈阳市农业科学院。地址：沈阳市黄河北大街 96 号。邮编：110034。

31. 连椒1号辣椒

【种　源】 江苏省连云港市蔬菜研究所以90-8-5自交系为母本、S_1为父本配制的一代杂种。1996年通过江苏省农作物品种审定委员会审定。

【特征特性】 植株生长势强，株高60厘米，开展度56厘米×56厘米。叶色深绿。第一花着生在主茎第七至第十节上。果实粗牛角形，果长14～16厘米，横径3～5厘米，果面光滑，单果重70～100克，单株结果40～60个。果肉厚0.25～0.32厘米。微辣，风味佳，维生素C含量110.7毫克/100克。抗病毒病。极早熟种，定植后27天左右始收。每667平方米产3 000～4 600千克。适宜保护地及露地栽培。

【种植地区】 长江流域。

【栽培要点】 长江流域塑料拱棚早熟栽培，11月中旬播种，翌年3月中旬定植；露地栽培，1月下旬至2月上旬播种，4月中旬定植。每667平方米栽苗3 500～4 000株。施足底肥，开花、坐果后适当追肥。生长期间水要勤浇、轻灌，切忌大水漫灌。及时防治病虫害。

【供种单位】 江苏省连云港市蔬菜研究所。地址：江苏省连云港市。邮编：222006。

32. 陇椒1号辣椒

【种　源】 甘肃省农业科学院蔬菜研究所选配的一代杂种。1997年通过甘肃省农作物品种审定委员会审定。

【特征特性】 植株生长势强，分枝多。单株结果多。果实羊角形，果长20～23厘米，果肩横径2.0～2.2厘米，果面光滑，绿色，单果重30～35克，最大果重66克。品质优良，维生素C含量72.9毫克/100克。耐贮运。抗病毒病,耐疫病。早熟种。每667平方米产3500~4000千克。适宜保护地及露地栽培。

【种植地区】 西北及华北部分地区。

【栽培要点】 西北地区保护地栽培,12月下旬至翌年1月下旬播种,3月中下旬定植;露地栽培,2月上中旬播种,4月下旬至5月上旬定植。宽窄行栽植,宽行距50厘米,窄行距40厘米,穴距40厘米,每穴栽双株。

【供种单位】 甘肃省农业科学院蔬菜研究所。地址:兰州市安宁区刘家堡。邮编:730070。

33. 鲁椒3号辣椒

【种　源】 山东省济宁市农业科学研究所选配的一代杂种。1997年通过山东省农作物品种审定委员会审定。

【特征特性】 株高70~75厘米,开展度65厘米×70厘米,株型紧凑,茎秆粗壮。叶色浓绿。第一花着生在主茎第八至第九节上。果实牛角形,果长12~14厘米,横径3.4厘米,深绿色,单果重37.9克。坐果性能强。微辣。较抗病毒病和炭疽病。早熟种。每667平方米产3178.4千克。

【种植地区】 北方各地。

【栽培要点】 适宜露地栽培。每667平方米栽苗3500株左右,单株栽植,行距60~65厘米,株距28~33厘米。

【供种单位】 山东省济宁市农业科学研究所。地址:山东省济宁市。邮编:272137。

34. 绿丰辣椒

【种　源】 安徽省合肥市丰乐现代农业科学研究所选配

的一代杂种。1997 年通过安徽省农作物品种审定委员会审定。

【特征特性】 植株较矮，株高 40～50 厘米。叶卵圆形，深绿色。第一花着生在主茎第九节上。果实粗牛角形，果长 11.0～13.5 厘米，横径 4 厘米，果面光滑，果顶钝尖或平，单果重 40 克，最大果重 65 克。果肉厚 0.3 厘米，脆嫩，微辣。抗病毒病、叶霉病。每 667 平方米产 3 000～3 500 千克。适宜春秋露地及保护地栽培。

【种植地区】 安徽省及长江中下游地区。

【栽培要点】 安徽地区，立冬前后播种，翌年 3 月下旬定植。及时排水、灌水。预防真菌病害。

【供种单位】 安徽省合肥市丰乐现代农业科学研究所，地址：合肥市。邮编：230031。

35. 雷阳大辣椒

【种　源】 安徽省望江县农业技术推广中心和望江县科学技术委员会从地方品种“小叶椒”中选出的新品种。1991 年通过安徽省农作物品种审定委员会认定。

【特征特性】 植株生长势强，株高 65 厘米，开展度 55 厘米×60 厘米。第一花着生在主茎第八至第十二节上，分枝 3～4 个。坐果率高。果实粗长牛角形，果长 16 厘米，横径 3 厘米，单果重 34 克左右。果肉脆嫩，微辣，风味极佳。耐旱、耐涝，抗逆性好。中晚熟种，定植至始收约 60 天。每 667 平方米产 4 500 千克。采收红椒，每 667 平方米产 3 000 千克。

【种植地区】 华中、华南及华东部分地区。

【栽培要点】 长江中下游地区，1 月下旬至 2 月上旬在塑料棚中用营养钵育苗，4 月下旬定植大田。每 667 平方米栽苗3000～3200株。每次采收后要及时追肥，生长中后期适时喷施叶面肥，防早衰。每隔7～10天喷1次药，防病虫害。

【供种单位】 安徽省望江县农业技术推广中心。地址：安徽省望江县城。邮编：246200。

36. 8819线辣椒

【种　源】 陕西省农业科学院蔬菜研究所、岐山县农业技术推广中心、宝鸡市经济作物研究所和陕西省种子管理站联合选配的一代杂种。1991年通过陕西省农作物品种审定委员会审定。

【特征特性】 植株生长势强，株高75厘米，株型紧凑。二杈状分枝，基生侧枝3～5个。果实簇生，长指形，果长15厘米左右，老熟果深红色，有光泽，单果重7.4克。适宜制干椒，干椒色泽红亮，果面皱纹细密，辣味适中，商品性好。抗病性强。中早熟种。每667平方米产干椒300千克以上。

【种植地区】 陕西省各地。

【栽培要点】 幼苗长至13片叶时开始定植，行距70厘米，穴距20厘米，每穴栽苗2～3株。及时打杈，增施磷钾肥，轻灌水，避免大水漫灌。果实红熟后选晴天下午采收，装袋时勿挤压。

【供种单位】 陕西省农业科学院蔬菜研究所。地址：咸阳市杨陵区。邮编：712100。

37. 豫椒5号辣椒

【种　源】 河南省郑州市蔬菜研究所以L50A-1作母本、8203-4作父本配制的一代杂种。1996年通过河南省农作物品种审定委员会审定。

【特征特性】 植株生长势强，株高65厘米，开展度60厘米×60厘米，株型紧凑。叶卵圆形，深绿色。第一花着生在主茎第十至第十一节上。果实粗羊角形，果长13～15厘米，横径3.3厘米，深绿色，单果重35克。果肉厚0.24厘米，微辣，适于鲜食。耐低温，耐病毒病，较抗疫病。每667平方米产3 000～5 000千克。适宜日光温室、大小棚及露地栽培。

【种植地区】 河南省及华中、华北部分地区。

【栽培要点】 河南地区日光温室冬春茬栽培，8月上旬播种，遮荫防雨育苗，9月中旬定植；早春茬10月份育苗，翌年2月份定植。

【供种单位】 河南省郑州市蔬菜研究所。地址：郑州市王胡寨北京广路。邮编：450001。

38. 加配5号辣椒

【种　源】 上海市嘉定县蔬菜技术推广站选配的一代杂种。1991年通过上海市科学技术委员会鉴定。

【特征特性】 株高60～65厘米，开展度60厘米×65厘米，分枝6～8个。果实方灯笼形，果长5.5～6.5厘米，横径5.5～6.5厘米。果肉厚0.5厘米，辣味适中。耐病毒病。早熟种，定植后约40天采收。适宜春秋两季栽培。

【种植地区】 长江流域。

【栽培要点】 长江流域春季保护地栽培，10月下旬播种，4片叶时分苗1次，苗龄100天左右开始定植，行距50厘米，株距20厘米，每667平方米栽苗3 200～3 600株；秋季栽培，7月15～17日在遮荫防雨棚内播种，幼苗长有4片叶时定植，行距60厘米，株距30厘米，每667平方米栽苗2 800～3 200株，定植时注意防止棚内高温伤苗，10月下旬注意保温,11 月下旬防霜冻。

【供种单位】 上海市嘉定蔬菜实业总公司种子分公司。地址:上海市真北路 802 号。邮编:200333。

39. 碧玉辣椒

【种　源】 江苏省农业科学院蔬菜研究所利用胞质雄性不育(CMS)系配制的一代杂种。1996 年通过江苏省农作物品种审定委员会审定。

【特征特性】 株高 65 厘米,开展度 50 厘米×55 厘米,株型紧凑。第一花着生在主茎第十一节左右,坐果率高。果实长灯笼形,果长 10 厘米,横径 4.85 厘米,果面微皱,深绿色,有光泽,单果重 41.9 克,最大果重 64 克。果肉厚 0.27 厘米,微辣,维生素 C 含量 134.8 毫克/100 克,品质佳。抗病毒病、炭疽病。中早熟种。每 667 平方米产 3 000～3 500 千克。适宜春季保护地及露地栽培。

【种植地区】 江苏省及长江中下游地区。

【栽培要点】 南京地区大棚早熟栽培,11 月上旬冷床或 12 月下旬加温温室播种,翌年 3 月中旬定植,每 667 平方米栽苗 4 000 株左右。苗期及定植后加强温、光、肥、水管理。采收要及时,每采收 2～3 次追肥 1 次。及时防治病虫害。

【供种单位】 同 8. 苏椒 5 号辣椒。

40. 新丰 4 号辣椒

【种　源】 安徽省萧县新丰辣椒研究所以 8918 为母本、9035 为父本配制的一代杂种。1998 年通过安徽省农作物品种审定委员会审定。

【特征特性】 株高 58 厘米左右,开展度 67 厘米×67 厘米。株型紧凑,分枝多,节间短。第一花着生在主茎第十至第十二节上。果实粗牛角形,果长14～18厘米,横径4.2～4.8厘米,深绿色,果面光滑,单果重60克,最大果重120克。果肉厚0.4厘米,2～3个心室。质脆,微辣,风味佳。抗病毒病、炭疽病。中早熟种。每667平方米产2 994.1千克。适宜保护地栽培。

【种植地区】 安徽、江苏、新疆、广西等地。

【栽培要点】 安徽地区秋季保护地栽培,7月20日左右播种,用遮阳网遮荫,18天左右移入营养钵,8月下旬定植大棚内,每667平方米栽苗4 000株。

【供种单位】 安徽省萧县新丰辣椒研究所。地址:安徽省萧县龙城镇。邮编:235200。

41. 湘研12号辣椒

【种　源】 湖南省蔬菜研究所利用9009和9002两个优良自交系配制的一代杂种。1998年通过湖南省农作物品种审定委员会审定。

【特征特性】 株高约50厘米,开展度60厘米×60厘米。株型紧凑,分枝多,节间短。叶为单叶,互生全缘,卵圆形,先端渐尖,绿色。第一花着生在主茎第十一至第十三节上。果实粗牛角形,果长13厘米,横径3.8厘米,果肩平,果顶钝尖或微凹,果面光滑,单果重35克,最大果重达81克。果皮较薄,深绿色,老熟果鲜红色。果肉厚0.3厘米,2～3心室。质脆,微辣,风味浓。维生素C含量179毫克/100克。耐寒,耐湿,耐热。抗疫病、炭疽病、病毒病。早熟种,从定植至始收需42天。每667平方米产2 500～3 200千克。适宜春露地及秋延后栽培。

【种植地区】 长江流域及海南、广东、广西等地。

【栽培要点】 长沙地区春季露地栽培，11～12月份温室或温床播种，翌年2月下旬分苗1次，3月下旬或4月上旬定植，行距40厘米，株距50厘米，每667平方米栽苗3 500～4 000株；长江流域秋季栽培，7月上旬播种；海南、广东、广西等地在9月上中旬播种，均采用遮阳网覆盖育苗，苗龄30天即可定植，行株距均为40厘米。定植后至开花前追2次肥，第一批果坐稳后及每次采收后追肥1次。

【供种单位】 同19. 湘研3号辣椒。

42. 吉农5号尖辣椒

【种　源】 吉林农业大学园艺系选育的新品种。1995年通过吉林省农作物品种审定委员会审定。

【特征特性】 植株长势强，株高45～47厘米，株型较开展。叶绿色。果实羊角形稍短，深绿色，果面光滑，单果重30克左右。果肉较厚，味麻辣。抗病毒病。中晚熟种，幼苗出土至始收115～120天。每667平方米产1 500～1 800千克。适宜露地栽培。

【种植地区】 吉林省各地。

【栽培要点】 长春地区春季露地栽培，3月中下旬播种育苗，5月下旬定植，垄作，垄距60厘米，株距20厘米，栽单株；或栽双株，株距25～30厘米。第一果坐果后，施1次追肥。

【供种单位】 同9. 吉农4号尖辣椒。

43. 九椒5号辣椒

【种　源】 吉林省农业科学院园艺研究所选育的新品种。1996年通过吉林省农作物品种审定委员会审定。

【特征特性】 植株长势强,株高50～55厘米,开展度56厘米×56厘米。果实牛角形,果长11～13厘米,横径3厘米,绿色,果面光滑,单果重24克。果肉厚0.24厘米,味辣,品质好。抗病。中熟种。每667平方米产1300～1800千克。适宜露地栽培。

【种植地区】 吉林省各地。

【栽培要点】【供种单位】 参见10. 九椒4号辣椒。

44. 大牛角辣椒

【种　源】 吉林省四平市种子公司选育的新品种。1996年通过吉林省农作物品种审定委员会审定。

【特征特性】 植株长势强,株高60厘米左右,开展度48厘米×48厘米。第一花着生在主茎第八节左右。果实大牛角形,果长18～24厘米,横径4.3厘米,绿色,果面光滑,单果重40～80克。果肉厚0.25～0.35厘米。中熟品种,从定植至始收需60天左右。每667平方米产1400～1988千克。适宜保护地栽培。

【种植地区】 吉林省各地。

【栽培要点】 四平地区春季大棚栽培,2月上旬温室播种,3月上旬分苗1次,4月中旬定植。小水勤浇,切忌大水漫灌。

【供种单位】 吉林省四平市种子公司。地址:吉林省四平市。邮编:136000。

45. 吉椒五号辣椒

【种　源】 吉林省蔬菜花卉研究所选育的新品种。1996年通过吉林省农作物品种审定委员会审定。

【特征特性】 植株长势强，株高55～60厘米。叶片肥大。果实呈圆锥形，绿色，果面光滑，果长13厘米，横径5.1厘米，单果重约90克。果肉厚0.28厘米，质脆，味微辣。抗病毒病、疫病。中晚熟种。每667平方米产1400～1788千克。适宜露地栽培。

【种植地区】 吉林省各地。

【栽培要点】 参见11.吉椒3号辣椒。

【供种单位】 同11.吉椒3号辣椒。

46. 吉椒六号辣椒

【种 源】 吉林省蔬菜花卉研究所选育的新品种。1998年通过吉林省农作物品种审定委员会审定。

【特征特性】 植株长势强，株高60～65厘米，开展度60厘米×60厘米左右，分枝较多。叶深绿色。果实长羊角形，浅绿色，果长17～21厘米，横径1.5～2.5厘米，单果重约30克。果肉厚0.2厘米，2～3心室。味辛辣。中熟种。每667平方米产1900～2389千克。适宜露地栽培。

【种植地区】 东北各地。

【栽培要点】 参见11.吉椒3号辣椒。

【供种单位】 同11.吉椒3号辣椒。

47. 云丰辣椒

【种 源】 江苏省农业科学院蔬菜研究所以0602辣椒为母本、0542甜椒为父本配制的一代杂种。1996年通过江苏省农作物品种审定委员会审定。

【特征特性】 植株长势强，株高70～82厘米，开展度65厘米×80厘米，分枝多。叶片较大。第一花着生在主茎第十二节上。果实呈长锥形(牛角形),嫩果绿色,果面光滑,单果重约50克。果肉厚,辣味适中,商品性好。耐热,较抗病毒病。中早熟种。每667平方米产3000千克以上。适宜保护地及春秋季露地栽培。

【种植地区】 江苏省各地。

【栽培要点】 南京地区作大、小棚覆盖栽培,10月份播种,12月份分苗1次,翌年3月中下旬定植;春季露地栽培,2月上旬冷床播种育苗,2月下旬至3月上旬分苗,4月20日前后定植,并采用地膜覆盖;秋延后栽培,7月下旬至8月初播种,8月下旬至9月上旬定植。每667平方米栽苗4000株左右。施足底肥,结果期需进行多次追肥。要特别注意苗床、大田、大棚勿大水漫灌。及时防治病虫害。

【供种单位】 同4. 苏椒6号辣椒。

48. 赣椒一号(早杂二号)辣椒

【种　源】 江西省南昌市蔬菜研究所选配的一代杂种。1989年引入安徽省。1996年通过安徽省农作物品种审定委员会审定。

【特征特性】 植株长势强,株高55～60厘米,开展度63厘米×63厘米。叶深绿色,卵圆形。第一花着生在主茎第十一至第十二节上。果实粗牛角形,果长10～13厘米,横径3.1～3.2厘米,深绿色,果面光滑,有光泽,单果重33克左右。味微辣。耐热,耐涝,适应性强。早中熟种。每667平方米产2500～3000千克。适宜保护地栽培。

【种植地区】 江西、安徽等地。

【栽培要点】 合肥地区春季大棚栽培,10月上旬播种,2～4片真叶时分苗1次,翌年2月上旬定植大棚内并套小拱棚,每667平方米栽苗5 000～5 500株。

【供种单位】 安徽省种子公司。地址:合肥市美菱大道421号。邮编:230001。

49. 丰椒二号辣椒

【种　源】 安徽省合肥市种子公司试验站选配的一代杂种。1996年通过安徽省农作物品种审定委员会审定。

【特征特性】 植株长势较强,株高45厘米,株型紧凑。第一花着生在主茎第十至第十四节上。果实羊角形,深绿色,果面光滑,稍弯曲,单果重25克。味辣。耐旱,高抗病毒病、炭疽病。每667平方米产3 000千克左右。适宜露地种植。

【种植地区】 安徽省大部分地区。

【栽培要点】 参见34. 绿丰辣椒。

【供种单位】 安徽省合肥市种子公司试验站。地址:合肥市。邮编:230001。

50. 淮椒3号辣椒

【种　源】 安徽省淮北市农机推广站选配的一代杂种。1998年通过安徽省农作物品种审定委员会审定。

【特征特性】 植株长势强,株高50～60厘米,开展度55厘米×65厘米,分枝多。叶片深绿色。第一花着生在主茎第八至第九节上。果实粗牛角形,果长16～18厘米,横径3.5～4.5厘米,深绿色,单果重35～55克。辣味适中,商品性好。耐低温,耐湿,较抗枯萎病,抗炭疽病。早熟种。每667平方米产3 800千克。适宜保护地栽培。

【种植地区】 安徽省各地。

【栽培要点】 安徽地区作极早熟栽培,10月上旬播种,翌年1月上中旬定植；作早熟栽培，10月下旬至11月中旬播种，翌年2月中旬至3月上旬定植。每667平方米栽种3 300穴，每穴双株或单株。

【供种单位】 安徽省淮北市农技推广站。地址：安徽省淮北市。邮编：235000。

51. 陕蔬二号辣椒

【种　源】 陕西省蔬菜研究所选育的新品种。1997年通过陕西省农作物品种审定委员会审定。

【特征特性】 株高50厘米，开展度55厘米×55厘米，株型紧凑。叶深绿色。第一花着生在主茎第十至第十二节上，单株结果20～30个。果实长羊角形，果长16～20厘米，横径3～4厘米，深绿色，果面光滑，单果重25～30克。果肉厚0.30～0.35厘米，辣味浓，维生素C含量105.4毫克/100克。品质优。中熟种。每667平方米产3 500～4 000千克。适宜保护地及春秋露地栽培。

【种植地区】 陕西、四川、湖南、云南、贵州、山东、江苏、甘肃等地。

【栽培要点】 关中地区春大棚栽培，1月中旬至2月上旬播种，3月中下旬定植，采用垄栽，垄距50～60厘米，穴距25～30厘米，每穴栽双株。整个生长期追肥2～3次，开始采收后每隔7天左右浇水1次。

【供种单位】 陕西省蔬菜研究所。地址：陕西咸阳杨陵。邮编：712100。

52. 辣优4号辣椒

【种　源】 广州市蔬菜研究所选配的一代杂种。1999年通过广东省农作物品种审定委员会审定。

【特征特性】 果实呈羊角形，绿色，果面光滑，果长15厘米，横径3.3厘米。味辣。高抗病毒病、疫病、炭疽病。早中熟种。每667平方米产3000～3500千克。适宜露地栽培。

【种植地区】 广东省各地。

【栽培要点】 参见41. 湘研12号辣椒。

【供种单位】 广东省广州市蔬菜研究所。地址：广州市海珠区新港东路151号。邮编：510315。

五、大白菜

大白菜又名结球白菜、黄芽菜等。为十字花科芸薹属芸薹种中能形成叶球的亚种，一、二年生草本植物。染色体数2n＝2x＝20。叶球品质柔嫩，可供炒食、煮食、凉拌、做馅或加工腌渍。属中国传统蔬菜之一，栽培普遍，种植面积占秋播蔬菜面积的30％～50％。

大白菜为浅根性直根系，主根上着生两列侧根，根群主要分布在25～35厘米土层中。营养生长期茎短缩。球叶是大白菜同化产物的贮藏器官，向心抱合形成叶球。球叶的数目和抱合方式因不同生态形、变种、品种而异。大白菜原产我国，资源丰富，有散叶、半结球、花心和结球4个变种。结球变种中又分为卵圆形、平头形和直筒形3个基本生态形。大白菜系异花授粉作物，虫媒花，繁种时应注意不同品种的空间隔离。

大白菜生长发育过程分营养生长和生殖生长两个时期。我国各地均以秋季栽培为主，在冷凉气候条件下进行营养生长，形成硕大叶球，并孕育花芽。冬季休眠，翌年春在温和和较长日照下抽薹、开花、结荚，完成生殖生长。营养生长分发芽、幼苗、莲座和结球4个时期，各个时期生长的适温分别为20～25℃，21～23℃，17～22℃，15～22℃。种株在5～10℃时由休眠状态转为活动状态，随后开始抽薹、开花。生长适温为18～20℃。大白菜属长日照植物。营养生长和生殖生长时期对光照条件的要求较严格。各地种植大白菜都有比较严格的适宜播期，自北向南从7月份依次推迟至9月份。以直播为主。

大白菜根系较浅，吸收能力弱，生长速度快且生长量大，宜选择肥沃、疏松、保水、保肥的中性或微酸性粉砂壤土、壤土和轻粘壤土种植。对氮肥的要求最敏感，缺氮时，植株生长缓慢，叶片小而薄，叶色黄绿，叶球不充实。每生产1 000千克大白菜，需吸收氮1.5～2.3千克，磷0.7～0.9千克，钾2.0～3.5千克。吸收氮、磷、钾的比例为2∶1∶3。

种植密度：种植行、株距的比例应根据植株的高度和莲座直径的比例来决定。卵圆形和平头形品种以行、株距相等的正方形为宜；直筒形品种以行距大于株距的长方形为宜，这样可以减少互相遮荫，充分利用太阳能。株型大的品种行距67～73厘米，株距60～67厘米，每667平方米栽1 500～2 000株；株型中、小的品种行距42～60厘米，株距40～53厘米，每667平方米栽2 200～3 000株。

种植后的管理：北方多用垄作或平畦栽培，南方为高畦栽培。加强苗期管理，防旱，排涝，及时间苗、定苗，可减轻或控制病毒病等病害发生。大白菜叶片多而大，叶面角质层薄，水分蒸腾量很大。在营养生长时期，土壤水分以维持田间最大持水量的80%～90%为宜。发芽期和幼苗期需水量较少，但天气干旱应及时浇水，保持地面湿润，以利出全苗、齐苗。莲座期需水较多，掌握地面见干见湿，对莲座叶的生长是既促又控。结球期需水量最多，应适时浇水。结球后期需控水，以利贮藏。为促进幼苗健壮生长，可适量追施提苗肥。莲座末期和结球初期是追施肥料的重点，以速效性无机肥为主，也可用0.3%磷酸二氢钾进行叶面喷肥。

病虫害及其防治。主要病害有：病毒病、霜霉病和软腐病，称“三大病害”。此外，还有白斑病、黑斑病、黑腐病、炭疽病、菌核病、根肿病及干烧心病等多种病害。虫害主要有：菜蚜、菜心野螟、菜粉蝶、菜蛾、甘蓝夜蛾、黄条跳甲、蝼蛄、蛴螬、小地老虎等。通过选用抗病丰产优质的品种、轮作倒茬、精耕细作、加强田间管理、及时喷洒农药等综合技术措施进行防治。

1. 中白19大白菜

【种　源】 中国农业科学院蔬菜花卉研究所选配的一代杂种。1999年通过北京市农作物品种审定委员会审定。

【特征特性】 植株长势强，株高44.9厘米，开展度65.7厘米×60.1厘米。叶片长卵圆形，绿色，叶面平，叶缘凸波状，无刺毛。叶球长筒形，叠抱，球顶部微圆，球高35.7厘米，横径18.6厘米，单球重2.6千克，净菜率84.7%。球叶浅黄色。高抗病毒病和黑腐病。早熟种，生长期60天。每667平方米产4 000～5 000千克。

【种植地区】 北京及华北地区。

【栽培要点】 北京地区7月下旬播种，行距50厘米，株距40厘米，每667平方米留苗3 300株左右，中秋节、国庆节期间收获。

【供种单位】 中国农业科学院蔬菜花卉研究所。地址：北京西郊白石桥路30号。邮编：100081。

2. 中白7号大白菜

【种　源】 中国农业科学院蔬菜花卉研究所选配的一代杂种。1999年通过北京市农作物品种审定委员会审定。

【特征特性】 植株长势强，株高37.2厘米，开展度68.3厘米×63.1厘米。叶片长卵圆形，深绿色，叶缘凸波状，叶柄白绿色，叶背面有刺毛。叶球矮桩头球形，叠抱，叶球顶部略平，球高26.6厘米，横径21.9厘米，单球重2.3千克。球叶绿色，结球紧实，净菜率81.7%。高抗霜霉病，较抗软腐病和病毒病。早熟种，生长期60天。每667平方米产3000千克以上。

【种植地区】 北京及华北地区。

【栽培要点】 北京地区7月中下旬播种，行株距50厘米×43厘米，每667平方米留苗3100株左右。可在中秋节、国庆节期间收获。

【供种单位】 同1. 中白19大白菜。

3. 中白81大白菜

【种　源】 中国农业科学院蔬菜花卉研究所选配的一代杂种。1999年通过北京市农作物品种审定委员会审定。

【特征特性】 叶色深绿，叶柄浅绿色。叶球高桩叠抱，球高42厘米，横径20厘米，单球重3.5千克，净菜率70%。抱球紧实，品质好，耐贮藏。抗病毒病、霜霉病、黑腐病及软腐病。晚熟种，生长期85天，每667平方米产7300千克。

【种植地区】 北京、河北及西北等地。

【栽培要点】 北京地区8月7～10日播种，行距60厘米，株距45厘米。

【供种单位】 同1. 中白19大白菜。

4. 中白 65 大白菜

【种　源】 中国农业科学院蔬菜花卉研究所选配的一代杂种。1999 年通过北京市农作物品种审定委员会审定。

【特征特性】 外叶绿色。叶球矮桩叠抱，球高 30 厘米，横径 27 厘米，单球重 3 千克。抗病毒病、霜霉病。中早熟种，生长期 65～70 天。每 667 平方米产 4 600 千克以上。

【种植地区】 北京及华北、华中等地区。

【栽培要点】 北京地区 7 月 20 日播种，行株距 50 厘米×45 厘米。

【供种单位】 同 1. 中白 19 大白菜。

5. 中白 4 号大白菜

【种　源】 中国农业科学院蔬菜花卉研究所用北京小青口和山东城阳青为亲本配制的一代杂种。1992 年通过北京市农作物品种审定委员会审定。

【特征特性】 株高 48 厘米，开展度 70 厘米×65 厘米。叶卵圆形，深绿色，叶缘凸波，叶面稍有褶皱，茸毛中等。叶柄绿色，长 32 厘米，宽 10 厘米。外叶 11 片。叶球平头形，球高 40 厘米，横径 28 厘米，叶球顶部圆，叠抱，球叶绿色，单球重 4 千克，净菜率 84%。品质好，耐贮藏。高抗病毒病及霜霉病。中晚熟种，生长期 85 天。每 667 平方米产净菜 7 500 千克。

【种植地区】 北京、河北、河南、山西、陕西、山东、青海、甘肃及宁夏等地。

【栽培要点】 北京地区立秋播种，行距 60 厘米，株距 50 厘米，每 667 平方米保苗 2 200 株，立冬前收获。施足底肥，及早追肥，莲座期后适当控水。

【供种单位】 中国农业科学院蔬菜花卉研究所科技咨询服务站。地址:北京市海淀区白石桥路 30 号。邮编:100081。

6. 中白 1 号大白菜

【种　源】 中国农业科学院蔬菜花卉研究所用 8201011 及 8202911 两个自交不亲和系作亲本配制的一代杂种。1993 年通过北京市农作物品种审定委员会审定。

【特征特性】 株高 48 厘米,开展度 65 厘米×60 厘米。叶卵圆形,深绿色,叶缘凸波状,叶面褶皱,有茸毛。叶柄浅绿色,宽 10 厘米,中肋长 30 厘米。外叶数 8～10 片。叶球矮桩头球形,球高 38 厘米,横径 25 厘米,叠抱,顶部平,球叶绿色,单球重 4 千克,净菜率 87%。耐贮藏,较抗病毒病、霜霉病,对黑腐病抗性差。中熟种,生长期 75 天左右。每 667 平方米产净菜 6 000 千克左右。

【种植地区】 北京、河北、河南、山西、江西、青海、广西等地。

【栽培要点】 北京地区 8 月 10 日播种。其他管理同 5. 中白 4 号大白菜。

【供种单位】 同 5. 中白 4 号大白菜。

7. 中白 2 号大白菜

【种　源】 中国农业科学院蔬菜花卉研究所选配的一代杂种。1996 年通过北京市农作物品种审定委员会审定。

【特征特性】 植株生长势强,株高 49 厘米,开展度 75 厘米×65 厘米。外叶 12 片,深绿色,叶柄绿色。叶球为矮桩头球形,叠抱,结球紧实,叶球绿色,球高 40 厘米,球径 28 厘米,单球重 4.5 千克,净菜率 85%。高抗芜菁花叶病毒病,兼抗霜霉病和黑斑病。品质好,贮藏性好。生长期85天。每667平方米产净菜7500千克左右。

【种植地区】 北京、河北、山东、山西、河南、青海等地。

【栽培要点】 北京地区以立秋前后播种为宜。行距60厘米,株距50厘米,每667平方米保苗2200株。立冬前后收获。本品种生长速度快,进入包心期后注意灌水,以免引起烧心。

【供种单位】 同5. 中白4号大白菜。

8. 小杂60号大白菜

【种　源】 北京蔬菜研究中心选配的一代杂种。1991年通过北京市农作物品种审定委员会审定。

【特征特性】 株高30～40厘米,开展度60厘米×70厘米。球形指数1.3。外叶绿色,长卵形,叶面稍皱,少茸毛。叶柄白色。叶球叠抱,紧实,品质好。单球净重2千克,净菜率80%。耐热,较抗病毒病、霜霉病。早熟种,生长期55～65天。每667平方米产净菜5000～6000千克。

【种植地区】 北京、天津、河北、河南、山东、安徽、四川、云南、陕西、新疆、广东等地。

【栽培要点】 北京地区7月底至8月初播种,每667平方米保苗3000株左右。

【供种单位】 北京蔬菜研究中心。地址:北京市海淀区板井村。邮编:100089。

9. 北京75号大白菜

【种　源】 北京蔬菜研究中心用782181和夏2两个自交不亲和系配制的一代杂种。1991年通过北京市农作物品种审定委员会审定。

【特征特性】 植株长势强，株高 50 厘米，开展度 75 厘米×80 厘米。外叶约 10 片，叶色绿，叶缘全缘，叶面较平，中肋浅绿。叶球中桩叠抱，结球紧实，球形指数 1.6，单球净重 3 千克。品质优，生食脆嫩、汁多，纤维少。熟食味甜、细嫩。抗病性强。中熟种，生长期 70～75 天。每 667 平方米产 7 000～9 000 千克。

【种植地区】 北京、河北、新疆、陕西、山西、山东、湖北、湖南、内蒙古等地。

【栽培要点】 可作早熟菜栽培，也可作冬贮菜种植。北京地区立秋前后播种，行距 60 厘米，株距 40 厘米，每 667 平方米保苗 2 800 株左右。

【供种单位】 同 8. 小杂 60 号大白菜。

10. 北京 80 号大白菜

【种　源】 北京蔬菜研究中心用 782182 和玉青两个自交不亲和系配制的一代杂种。1991 年通过北京市农作物品种审定委员会审定。

【特征特性】 株型直立，株高 62.7 厘米，开展度 70.0 厘米×70.6 厘米。外叶约 11 片，深绿色。叶球拧抱，球高 45.8 厘米，横径 15.2 厘米，球形指数 3，单球净菜重 3.0～3.5 千克，净菜率 80%。品质好，抗病毒病、霜霉病。中晚熟种，生长期 80～85 天。每 667 平方米产净菜 7 000～8 000 千克。

【种植地区】 北京、天津、河北、内蒙古、山东、山西、广西、新疆等地。

【栽培要点】 北京地区立秋前后播种，每 667 平方米保苗 2 800 株左右，10 月下旬收获。

【供种单位】 同 8. 小杂 60 号大白菜。

11. 北京小杂51号大白菜

【种　源】 北京蔬菜研究中心用269和8161两个自交不亲和系配制的一代杂种。1994年通过北京市农作物品种审定委员会审定。

【特征特性】 植株较直立，株高40厘米左右，开展度70厘米×70厘米。外叶约10片，绿色，叶面皱。叶球拧抱，结球紧实，球形指数1.7，单球净菜重1.2～1.4千克。品质好。抗病毒病、霜霉病及软腐病。早熟种，生长期50～55天。每667平方米产4 000～4 500千克。

【种植地区】 北京、天津、河北、山东、江苏、浙江、湖北、湖南、广东、福建、云南、陕西等地。

【栽培要点】 北京地区7月底至8月上旬播种。一般高垄栽培，垄高10～13厘米，垄距66～73厘米，一垄种两行，每667平方米保苗3 000株左右。生长期间追肥4次左右，一般于苗期、莲座期、包心始期、包心中期施用。

【供种单位】 同8. 小杂60号大白菜。

12. 豫白6号（郑白4号）大白菜

【种　源】 河南省郑州市蔬菜研究所选配的一代杂种。1995年通过河南省农作物品种审定委员会审定。

【特征特性】 株高42.8厘米。外叶浅绿色，叶片大，叶帮白色，宽而薄且短。叶球矮桩叠抱，一叶盖顶，球高28厘米，球径26厘米，球形指数1.1，叶球呈倒三角形，单球净菜重4.7～5.6千克，净菜率76.2%。品质佳，耐贮运，较抗病毒病、霜霉病、软腐病。中熟种，生长期75天。每667平方米产7 094～9 779千克。

【种植地区】 河南、安徽、江苏、山西、山东、河北、湖北、江西、四川、陕西、新疆、贵州等地。

【栽培要点】 河南地区8月12～25日播种，高垄直播，每667平方米留苗1 850株。要求3水齐苗，5水定棵，中后期地面见干见湿。

【供种单位】 河南省郑州市蔬菜研究所良种服务部。地址：郑州市王胡寨北京广路。邮编：450001。

13. 豫圆1号(豫白菜7号)大白菜

【种　源】 河南省农业科学院园艺研究所利用游离小孢子培养产生的两个自交不亲和系63-5和B8-3配制的一代杂种。1997年通过河南省农作物品种审定委员会审定。

【特征特性】 株高50.3厘米，开展度82.1厘米。外叶绿。叶球矮桩叠抱，一叶盖顶，呈倒锥形，叶球白色，单球重6～9千克，净菜率75.6%。高抗病毒病、霜霉病、软腐病。中熟种，生长期75～80天。每667平方米产6 036.0～7 538.8千克，最高达11 522千克。

【种植地区】 河南、山东、山西、陕西、河北、江苏、安徽、浙江、湖北、广东、贵州等地。

【栽培要点】 参见12.豫白6号(郑白4号)大白菜。

【供种单位】 河南省农业科学院园艺研究所。地址：郑州市农业路1号。邮编：450002。

14. 豫白4号大白菜

【种　源】 河南省开封市蔬菜研究所以自交不亲和系丰石89-5与自交系84-142配制的一代杂种。1993年通过河南省农作物品种审定委员会审定。

【特征特性】 植株长势强，包心速度快，株高44.6厘米，开展度70厘米×75厘米。外叶阔卵圆形，叶色浅绿，叶柄白色。叶球呈倒圆锥形、叠抱，白色，球高25厘米，横径24厘米，有球叶38.8片，球形指数1.1，净菜率79%。抗逆性强，耐贮运，抗病毒病、霜霉病和软腐病。中熟种，生长期80天左右。每667平方米产7 355～9 300千克。

【种植地区】 河南、山东、陕西、江苏等地。

【栽培要点】 参见12. 豫白6号(郑白4号)大白菜。

【供种单位】 河南省开封市蔬菜研究所。地址：河南省开封市南郊大李庄。邮编：475003。

15. 冀白菜6号

【种　源】 河北省石家庄市蔬菜研究所用88-9与88-11两个自交不亲和系配制的一代杂种。1994年通过河北省农作物品种审定委员会审定。

【特征特性】 株高57厘米左右。外叶深绿，叶柄绿色，叶面无茸毛。叶球炮弹形，束心，球形指数3.9，包球紧实，净菜率高，单球荒菜重5千克左右。高抗病毒病、霜霉病、软腐病，耐贮运。生长期90天。每667平方米产10 000千克。

【种植地区】 河北及其以南地区、贵州、广西等地。

【栽培要点】 河北地区每667平方米留苗2 200株，行距60厘米，株距50厘米。

【供种单位】 河北省石家庄市蔬菜研究所。地址：石家庄市仓兴街16号。邮编：050021。

16. 早心白大白菜

【种　源】 河北省农林科学院蔬菜花卉研究所用翻心白

作母本、AD作父本配制的一代杂种。1998年通过河北省农作物品种审定委员会审定。

【特征特性】 株高45厘米，开展度45厘米×50厘米。外叶绿色，长椭圆形。叶球炮弹形，球形指数2.2，顶部花心，球叶白绿，合抱，单球重2千克左右，净菜率75%。味甜，粗纤维少。高抗病毒病，抗霜霉病，耐软腐病，较抗干烧心。早熟种，生长期55天左右。每667平方米产净菜5 000千克左右。

【种植地区】 河北、山西、河南、山东等地。

【栽培要点】 参见11. 北京小杂51号大白菜。

【供种单位】 河北省农林科学院蔬菜花卉研究所。地址：石家庄市机场路24号。邮编：050051。

17. 石绿85号大白菜

【种　源】 河北省石家庄市蔬菜研究所用91-7-2和88-11-1作亲本配制的一代杂种。1998年通过河北省农作物品种审定委员会审定。

【特征特性】 株高57厘米左右，开展度65厘米×65厘米，直筒舒心，外叶深绿，叶面皱褶，有茸毛。球叶合抱，心叶开放，球高52厘米，横径18厘米，球形指数2.9，单球净菜重4千克左右，净菜率79.1%。结球紧实，品质好。抗逆性强，抗病毒病和霜霉病。生长期85天左右。每667平方米产净菜7 500～8 500千克。

【种植地区】 河北省各地。

【栽培要点】 参见15. 冀白菜6号。

【供种单位】 河北省石家庄市蔬菜研究所。地址：石家庄市。邮编：050021。

18. 西白3号大白菜

【种　源】 山东省登海种业集团西由种子公司用京90-1和56-23作亲本配制的一代杂种。1998年通过河北省农作物品种审定委员会审定。

【特征特性】 植株生长势强，株高54厘米左右，开展度53厘米×53厘米。外叶浅绿。球叶合抱，淡黄色，球形指数2.6，单球净菜重2.0～2.5千克，净菜率73%。帮、叶脆嫩，纤维少，品质优良。耐热，耐涝。抗霜霉病、病毒病，较抗软腐病。不耐长途运输。生长期63天。每667平方米产净菜5300千克。

【种植地区】 华北、西北、东北和华东地区。

【栽培要点】 山东地区7月底或8月初播种，每667平方米保苗2500株。

【供种单位】 山东省西由种子公司。地址：山东省莱州市西由镇。邮编：261418。

19. 杂29大白菜

【种　源】 河北省石家庄市蔬菜研究所选配的一代杂种。1997年通过河北省农作物品种审定委员会审定。

【特征特性】 株高约48厘米，开展度50厘米×50厘米左右。外叶绿色，顶部小翻心，叶面无茸毛。直筒束心，球形指数2.9，单株重3～4千克，净菜率大于76%。结球紧实，品质好。耐贮运。高抗病毒病，抗软腐病和霜霉病。生长期70天左右。每667平方米产7000千克左右。

【种植地区】 河北各地。

【栽培要点】 冀中南地区早熟栽培，7月底至8月初播种，国庆节前后上市；8月中旬播种可作冬贮菜栽培。冀北地区宜作冬贮菜栽培。

【供种单位】 河北省石家庄市蔬菜研究所，地址：石家庄市仑兴路16号。邮编：050021。

20．88-2大白菜

【种　源】 山西省太原市北郊区大白菜研究会用石特1号与城阳青杂交育成。1996年通过山西省农作物品种审定委员会认定。

【特征特性】 植株生长整齐，包球快且紧实。外叶绿色，有皱褶，叶柄绿白色。叶球矮桩叠抱，球高43厘米左右，单球重2.5～4.0千克。生长期，夏播秋收65天，秋播冬收75～80天。平均每667平方米产7516千克。品质优，耐贮藏。适应性强，春夏秋三季均可种植。抗逆性强，在肥水条件较差的地块也能结球。抗霜霉病、病毒病，特别抗干烧心。

【种植地区】 山西、贵州、湖北、青海、陕西、辽宁等地。

【栽培要点】 参见15．冀白菜6号。

【供种单位】 山西省太原市瓜菜种子供应站。地址：太原市并州北路96号。邮编：030012。

21．中熟4号大白菜

【种　源】 福建省福州市蔬菜研究所配制的一代杂种。1991年通过福建省农作物品种审定委员会审定。

【特征特性】 株高38厘米，开展度65厘米×65厘米。外叶绿，叶面皱。叶球叠抱，圆头，球高30厘米，横径23厘米，包心紧，球叶白，平均单球重2.5～3.0千克。品质优，较耐热，抗霜霉病、病毒病、软腐病。从定植至收获约70天。每667平方米产净菜4 000～5 000千克。

【种植地区】 福建、广东、广西、江西、浙江、贵州、四川等地。

【栽培要点】 福州8月中旬播种育苗，9月初定植，每667平方米栽苗1 800株。

【供种单位】 福建省福州市蔬菜研究所。地址：福州市树兜河边路2号。邮编：350003。

22. 夏白59号大白菜

【种　源】 四川省农业科学院作物研究所蔬菜室选配的一代杂种。1991年通过四川省农作物品种审定委员会审定。

【特征特性】 株高20厘米，开展度42厘米×42厘米。外叶深绿且少。结球紧实，净菜率64%～70%，单球重0.5～1.5千克。球叶脆嫩，纤维少。抗热，耐湿，可在春夏秋季种植。早熟种，生长期50～60天。每667平方米产2 000～3 500千克。

【种植地区】 四川、云南、贵州、广西、广东、湖北、江西、浙江、福建、江苏等地。

【栽培要点】 参见11.北京小杂51号大白菜。

【供种单位】 四川省农业科学院作物研究所蔬菜室。地址：四川省成都市外东狮子山侧。邮编：610066。

23. 黄芽14-1大白菜

【种　源】 浙江省农业科学院园艺研究所育成的新品种。1994年通过浙江省农作物品种审定委员会审定。

【特征特性】 株型紧凑，株高28～30厘米，开展度42厘米×45厘米。外叶淡绿色，叶面较皱缩，倒卵形。叶球合抱，舒心，球高 28 厘米，横径 12 厘米，球叶数 28 片左右，心叶鲜黄色，单球重 1 千克，净菜率 60%。结球紧实，球叶柔嫩，粗纤维少，品质优。耐寒，抗芜菁花叶病毒病。每 667 平方米产净菜 2 500～3 500 千克。

【种植地区】 浙江、江西、湖南、广西等地区。

【栽培要点】 杭州地区一般在 9 月上旬播种育苗，10 月上旬当幼苗长到 6～7 片真叶时带土定植，行距 50 厘米，株距 35 厘米，每 667 平方米栽苗 3 000～3 500 株。施足基肥，及时中耕除草和防治病虫害。

【供种单位】 浙江省农业科学院园艺研究所。地址：杭州市石桥路 48 号。邮编：310021。

24. 秦白 3 号大白菜

【种　源】 陕西省农业科学院蔬菜花卉研究所配制的一代杂种。1995 年通过陕西省农作物品种审定委员会审定。

【特征特性】 株高 63 厘米，开展度 54 厘米×54 厘米。莲座叶直立，阔披针形，叶色深绿，叶脉细密，叶缘锯齿状，刺毛少。中肋扁平，微凹，淡绿色。球叶直筒形，合抱，先端稍尖，球高 55 厘米，横径 20 厘米，球形指数 4.1，球叶黄绿，白帮，单球净重 5～7 千克，最大球重 12 千克，净菜率 80%。对病毒病、霜霉病、软腐病有很强抗性。平均每 667 平方米产 9 424.5 千克。

【种植地区】 全国喜食高桩类型大白菜的地区均可种植。

【栽培要点】 陕西关中地区 8 月 5 日至 10 日播种。半高垄或平畦栽培，每 667 平方米留苗 2 000～2 200 株。

【供种单位】 陕西省农业科学院蔬菜花卉研究所。地址：

陕西咸阳市杨陵。邮编:712100。

25. 秦白4号大白菜

【种　源】 陕西省农业科学院蔬菜花卉研究所选配的一代杂种。1996年通过陕西省农作物品种审定委员会审定。

【特征特性】 株高47厘米,开展度62厘米×62厘米。叶色浅绿,白帮。叶球叠抱,倒卵圆形,球形指数1.7,包球紧实,单球净菜重4～5千克,净菜率75%以上。抗病毒病、黑斑病、软腐病和霜霉病。耐贮藏。晚熟种,生长期90天。每667平方米产7 500～8 500千克。

【种植地区】 陕西、山西、河北、河南等地。

【栽培要点】 采用小高垄单行种植,每667平方米留苗1 800株左右。重施基肥,增加追肥。

【供种单位】 同24.秦白3号大白菜。

26. 新二包头大白菜

【种　源】 山西省农业科学院蔬菜研究所选配的一代杂种。1992年通过山西省农作物品种审定委员会审定。

【特征特性】 叶球叠抱,球高30厘米,头部肥大,球顶1叶盖严,包球紧实,外叶绿色,心叶乳白色,净菜率85%,单球重3～4千克。品质好。抗病毒病和霜霉病。晚熟种,生长期90天。每667平方米产净菜5 000～7 500千克。

【种植地区】 山西太原以南地区及河南、河北、陕西、湖北、湖南、贵州、广东等地。

【栽培要点】 太原地区8月上旬播种,行距57～67厘米,株距50～57厘米,每667平方米留苗2 000～2 200株。

【供种单位】 山西省农业科学院蔬菜研究所。地址:太原市农科北路6号。邮编:030031。

27. 津东中青1号大白菜

【种　源】 天津市东郊区种子管理站从青麻叶中核桃纹大白菜中经系统选育而育成的新品种。1991年通过天津市农作物品种审定委员会审定。

【特征特性】 株高约60厘米,开展度54厘米×57厘米。外叶少直立,浅绿色,叶面多皱褶。叶球直筒形,单株重5千克。粗纤维少,味甜,品质好。较抗病毒病、霜霉病、软腐病及干烧心。耐贮藏。中熟种,生长期85天。每667平方米产净菜7 500千克。

【种植地区】 天津地区。

【栽培要点】 天津地区于立秋前后2～3日播种,每667平方米留苗2 500株。莲座期前适当蹲苗,包心始期及时追肥浇水,立冬前收获。

【供种单位】 天津市蔬菜种子公司。地址:天津市河北区金钟路158号。邮编:300143。

28. 早31大白菜

【种　源】 内蒙古包头市农业科学研究所育成的新品种。1991年通过内蒙古自治区农作物品种审定委员会审定。

【特征特性】 株型紧凑,株高55厘米,开展度55厘米×55厘米。叶色深绿,叶面呈核桃纹,叶缘齿状,叶帮绿色。叶球筒状,结球紧实,单株重3千克,净菜率75%。抗霜霉病、病毒病,较抗白斑病,耐贮藏。中熟种,生长期80天。每667平方米产7 500千克。

【种植地区】 内蒙古西部地区。

【栽培要点】 包头地区于7月15～20日播种，每667平方米留苗3300株。

【供种单位】 内蒙古自治区包头市农业科学研究所。地址：内蒙古包头市。邮编：014010。

29. 向阳大白菜

【种　源】 江苏省徐州市蔬菜种子公司选配的一代杂种。1994年通过江苏省农作物品种审定委员会审定。

【特征特性】 外叶深绿色，叶帮白绿色，叶面稍皱，叶缘有缺刻，茸毛较少。叶球叠抱，球高19厘米，横径14厘米，球叶白绿色，单球重1.4千克，净菜率70%左右。纤维中等，味甜，品质好。较耐热、耐旱，较抗病毒病、霜霉病。早熟种，生长期60天。每667平方米产3000千克。

【种植地区】 淮河流域及其以南地区。

【栽培要点】 采用高畦双行栽培，畦长不宜超过20米，行距50厘米，株距40厘米。淮海经济区于7月下旬至8月上旬播种。条播或穴播。

【供种单位】 江苏省徐州市蔬菜种子公司。地址：江苏省徐州市。邮编：221000。

30. 双冠大白菜

【种　源】 江苏省农业科学院蔬菜研究所用90-1-8和90-9-1两个自交不亲和系配制的一代杂种。1996年通过四川省农作物品种审定委员会审定。

【特征特性】 株型紧凑，株高45厘米，开展度60厘米×60厘米。外叶深绿色，叶面略皱，茸毛少，叶柄白，外叶8～10片。叶球叠抱，球叶35片左右，白色，单球重2千克左右，净菜率 75%，球形指数 1.5 左右。耐热，适宜夏末秋初种植。早熟种，生长期 58～63 天。每 667 平方米产净菜 3 500～4 000 千克。

【种植地区】 江苏、安徽、浙江、云南、四川、贵州、河南等地。

【栽培要点】 南京地区从 7 月 22 日至 8 月 22 日均可播种，以 7 月 25 日至 8 月 10 日为最佳播期。采用高畦栽培，行株距均为 40 厘米，每 667 平方米留苗 4 000 株。在肥水管理上应一促到底，不蹲苗，不控水。追肥的关键时期在莲座期及结球前期。

【供种单位】 江苏省农业科学院蔬菜研究所。地址：南京市孝陵卫。邮编：210014。

31. 龙福二牛心大白菜

【种　源】 黑龙江省农业科学院园艺研究所用二牛心大白菜干籽经 $^{60}Co\gamma$ 射线辐射育成的新品种。1991 年通过黑龙江省农作物品种审定委员会审定。

【特征特性】 株高 33.5 厘米，开展度 64 厘米×64 厘米。外叶平均 8.5 片，绿色。叶球矮桩，顶部花心型，球高 28.5 厘米，横径 16 厘米，球叶 47 片左右，结球紧实，净菜率 70.4%。抗芜菁花叶病毒病兼抗软腐病。中熟种。每 667 平方米产 4 400 千克以上。

【种植地区】 黑龙江及内蒙古东部地区。

【栽培要点】 哈尔滨地区 7 月 17 日左右播种，每 667 平方米留苗 2 900 株。

【供种单位】 黑龙江省农业科学院园艺研究所。地址：哈尔滨市哈平路。邮编：161606。

32. 龙协白3号大白菜

【种　源】 黑龙江省农业科学院园艺研究所用78-23-2和006-7两个自交系配制的一代杂种。1992年通过黑龙江省农作物品种审定委员会审定。

【特征特性】 株高39厘米，开展度66厘米×66厘米。球形指数1.6。球叶55片左右，味甜。较抗病毒病、霜霉病、软腐病及黑斑病。中晚熟种，生长期85天。每667平方米产6 000～8 000千克。

【种植地区】 黑龙江、吉林及内蒙古等地。

【栽培要点】 哈尔滨地区7月17日前后播种，10月中旬收获。

【供种单位】 同31. 龙福二牛心大白菜。

33. 杂86-16大白菜

【种　源】 云南省农业科学院园艺研究所用“小白口”雄性不育两用系作母本、“粉口青”自交系作父本配制的一代杂种。1991年通过云南省农作物品种审定委员会审定。

【特征特性】 株高42.5厘米，开展度49.8厘米×49.8厘米。外叶绿色，帮白色，叶面微皱。叶球直筒形，半疏半抱，平均单球重1.5千克。心叶浅绿，品质佳。耐热，耐湿，较抗软腐病和霜霉病。生长期70天。每667平方米产3 500千克。

【种植地区】 云南省海拔1 200～2 000米的地区。

【栽培要点】 云南地区7月下旬至8月上旬播种，提早间苗，多次间苗，大株定苗。每667平方米留苗4 000～4 500株。

【供种单位】 云南省农业科学院园艺研究所。地址：昆明市北郊龙头街桃园村。邮编:650205。

34. 辽白5号大白菜

【种　源】 辽宁省农业科学院园艺研究所育成的新品种。1991年通过辽宁省农作物品种审定委员会审定。

【特征特性】 株高44厘米,开展度44厘米×44厘米,株型紧凑。外叶直立,绿色,叶面皱,有茸毛,叶柄浅绿色。叶球矮筒形,褶抱,结球紧实,净菜率85%以上,单株重2～3千克。球叶粗纤维少,味甜,品质较好。耐贮藏,耐涝,耐瘠薄,适应性广,对肥水要求不严格。生长期75天左右。每667平方米产7100千克。

【种植地区】 辽宁省各地。

【栽培要点】 沈阳地区8月1～10日播种,高垄直播,行距50～55厘米,株距30～33厘米。

【供种单位】 辽宁省农业科学院园艺研究所。地址:沈阳市东陵路马官桥。邮编:110161。

35. 连白1号大白菜

【种　源】 辽宁省大连市农业科学研究所选配的一代杂种。1991年通过辽宁省农作物品种审定委员会审定。

【特征特性】 株高46厘米左右,开展度55.7厘米×55.7厘米。外叶长倒卵圆形,深绿色,叶面平。叶柄白色。叶球炮弹形,球高35.7厘米,横径17.5厘米,球顶尖,合抱,球叶白色,单球重2.3千克,净菜率90%左右。较耐寒、耐旱,较耐贮藏,较抗病毒病、软腐病。中熟种,生长期75天左右。每667平方米产7500千克。

【种植地区】 辽宁省大连、辽阳、丹东等地。

【栽培要点】 大连地区8月中旬播种,育苗移栽种植的可提前5天左右播种。行距50～55厘米,株距40～45厘米,每667平方米留苗2 700～3 000株。

【供种单位】 大连市农业科学研究所。地址:大连市甘井子区营城子镇。邮编:116036。

36. 沈农TR21快白菜

【种　源】 沈阳农业大学园艺系选育的新品种。1992年通过辽宁省农作物品种审定委员会审定。

【特征特性】 株高40～50厘米,开展度30厘米×40厘米。外叶浅绿色,叶帮白色。叶球直筒形,结球性好。粗纤维少,品质佳,生食、熟食及腌渍均可。高抗病毒病,抗黑斑病。生长期55～60天。每667平方米产4 000千克。

【种植地区】 辽宁、吉林、黑龙江等地。

【栽培要点】 辽宁地区7月中旬至8月中旬播种。

【供种单位】 沈阳农业大学园艺系。地址:辽宁省沈阳市东陵区马官桥89号。邮编:110161。

37. 鲁白10号大白菜

【种　源】 山东省农业科学院蔬菜研究所选配的一代杂种。1994年通过山东省农作物品种审定委员会审定。

【特征特性】 株高57厘米,开展度95厘米×95厘米。叶色浅绿,白帮。叶球呈倒锥形,叠抱,球高34厘米,横径23厘米,叶球重6千克,净菜率70%。高抗病毒病、霜霉病、软腐病,耐高温干旱。晚熟种,生长期85～90天。每667平方米产净菜10 000千克。

【种植地区】 山东、河南、河北、安徽、陕西等地。

【栽培要点】 山东地区立秋播种，行距 65 厘米，株距 55 厘米，每 667 平方米留苗 1 600～1 800 株。

【供种单位】 山东省农业科学院蔬菜研究所。地址：济南市东郊桑园路 14 号。邮编：250100。

38. 鲁白 11 号（秋冠）大白菜

【种　源】 山东省农业科学院蔬菜研究所选配的一代杂种。1994 年通过山东省农作物品种审定委员会审定。

【特征特性】 株高 53 厘米，开展度 85 厘米×85 厘米。叶色绿，帮绿。叶球呈矮桩叠抱倒锥形，球高 29 厘米，横径 20 厘米，单球重 5 千克，净菜率 70%，包心快，结球紧实。抗病毒病、软腐病及霜霉病，耐寒，耐贮藏。中晚熟种，生长期 80～85 天。每 667 平方米产净菜 8 000 千克。

【种植地区】 山东西南部及河南、河北、陕西、山西、安徽、江苏、浙江、湖北等地。

【栽培要点】 山东地区 8 月 10～15 日播种，行距 60 厘米，株距 50 厘米，每 667 平方米留苗 1 800～2 000 株。

【供种单位】 同 37. 鲁白 10 号大白菜。

39. 鲁白 12 号大白菜

【种　源】 山东省济南市蔬菜种苗公司以 88-47 自交不亲和系及 88-38 自交系作亲本配制的一代杂种。1995 年通过山东省农作物品种审定委员会审定。

【特征特性】 株高 40～45 厘米，开展度 50 厘米×55 厘米，株型紧凑。叶色黄绿，白帮。叶球直筒舒心，球形指数 2，净菜率 69%。耐热，耐湿，较抗病毒病、霜霉病及软腐病。早熟种，生长期 55～60 天。

【种植地区】 山东省及其以南地区。

【栽培要点】 山东地区7月中下旬直播,9月中下旬收获,每667平方米留苗3000株左右。加强肥水管理,不蹲苗。

【供种单位】 山东省济南市蔬菜种苗公司。地址:济南市。邮编:250100。

40. 鲁白13号大白菜

【种　源】 山东省莱州市作物种苗研究所配制的一代杂种。1997年通过山东省农作物品种审定委员会审定。

【特征特性】 株高34厘米,开展度55厘米×55厘米。叶深绿色,帮白绿色。叶球呈卵圆形,叠抱,净菜率75.9%,单球重1.0～1.2千克。风味品质较好。耐高温、高湿,较抗病。早熟种,生长期54天左右。每667平方米产净菜2980千克。

【种植地区】 山东及华南、华中、华东等地。

【栽培要点】 参见11.北京小杂51号大白菜。

【供种单位】 山东省莱州市作物种苗研究所。地址:山东省莱州市。邮编:261411。

41. 鲁白14号大白菜

【种　源】 山东省济南市历城区赵新坤选配的一代杂种。1997年通过山东省农作物品种审定委员会审定。

【特征特性】 株高38厘米,开展度40厘米×45厘米。叶绿色,帮淡绿色。叶球合抱,花心,球形指数1.6,净菜率78%。品质优良,较抗病。早熟种,生长期55天左右。每667平方米产净菜4797千克。

【种植地区】 山东、河南、河北、陕西等地。

【栽培要点】 参见39.鲁白12号大白菜。

【供种单位】 山东省济南市历城区蔬菜种苗公司。地址：济南市历城区。邮编：250100。

42. 鲁白 15 号大白菜

【种　源】 山东省青岛市农业科学研究所选配的一代杂种。1997 年通过山东省农作物品种审定委员会审定。

【特征特性】 株高 47.6 厘米，开展度 72.8 厘米×72.8 厘米，植株披张。外叶浅绿色，叶面较皱，叶脉较粗，叶柄薄，浅绿色。叶球短圆筒形，叠抱，球顶平圆，单球重 4.5～5.0 千克，净菜率 73.1%。品质佳。抗病毒病、霜霉病及黑斑病。中晚熟种，生长期 84 天左右。每 667 平方米产净菜 8 126.3 千克。

【种植地区】【栽培要点】 同 37. 鲁白 10 号大白菜。

【供种单位】 山东省青岛市农业科学研究所。地址：青岛市崂山区李村九水路 85 号。邮编：266100。

43. 鲁白 16 号大白菜

【种　源】 山东省莱州市作物种苗研究所选配的一代杂种，1997 年通过山东省农作物品种审定委员会审定。

【特征特性】 株高 51 厘米，开展度 70 厘米×70 厘米。叶色深绿，叶柄白绿色。叶球呈炮弹形，球叶合抱，球形指数 1.7，净菜率 80%，单球重 8～9 千克。抗霜霉病、软腐病、病毒病。中晚熟种，生长期 86 天左右。每 667 平方米产净菜 7 978.9 千克。

【种植地区】【栽培要点】 同 37. 鲁白 10 号大白菜。

【供种单位】 同 40. 鲁白 13 号大白菜。

44. 鲁白17号大白菜

【种　源】 山东省济南市历城区赵新坤选配的一代杂种。1997年通过山东省农作物品种审定委员会审定。

【特征特性】 株高45厘米，开展度58厘米×58厘米。叶色绿，叶帮淡绿色。球叶合抱，球形指数1.7，净菜率73.6%。风味品质较好，抗病性略差。中晚熟种，生长期85天左右。每667平方米产净菜7 733.8千克。

【种植地区】【栽培要点】 参见38. 鲁白11号(秋冠)大白菜。

【供种单位】 同41. 鲁白14号大白菜。

45. 福山二包头大白菜

【种　源】 山东省烟台市农业科学研究所选育的新品种。1997年通过山东省农作物品种审定委员会认定。

【特征特性】 株高46厘米，开展度70厘米×70厘米。叶片浓绿色，叶面皱缩多，似核桃纹，有刺瘤、刺毛，叶柄白绿色，外叶8～10片。叶球矮桩合抱，球高33～37厘米，横径24～28厘米，球顶微圆，单球重5.5千克左右，净菜率77%。抗逆性强，较耐贮藏，品质好，生熟食风味俱佳。抗霜霉病、软腐病，较抗病毒病。晚熟种，生长期85～90天。每667平方米产(荒菜)11 000千克。

【种植地区】 山东、河南、安徽、湖南、广西、四川、贵州、云南、浙江及福建等地。

【栽培要点】 选择肥沃的砂质壤土或壤土种植。以平均气温在25℃时播种为好。每667平方米留苗1 800株。

【供种单位】 山东省烟台市农业科学研究所。地址：山东省烟台市福山区。邮编:265500。

46. 莱阳 217 大白菜

【种　源】 山东省莱阳市古柳蔬菜研究所选配的一代杂种。1992 年通过山东省农作物品种审定委员会审定。

【特征特性】 外叶淡绿色,心叶黄白色,无毛。叶球中桩叠抱,包心紧,单球重 2 千克。品质优,风味佳。耐热,耐湿,冬性强。抗病毒病、霜霉病、软腐病。早熟种,生长期 55 天左右。每 667 平方米产净菜 6 000 千克。

【种植地区】 山东、河北、河南、山西等地。

【栽培要点】 采用小垄栽培,垄距 45 厘米,株距 40 厘米。每 667 平方米留苗 3 000 株。

【供种单位】 山东省莱阳市古柳蔬菜研究所。地址:山东省莱阳市五龙南路。邮编:265202。

47. 潍白 1 号大白菜

【种　源】 山东省潍坊市农业科学研究所用漳浦 403 和浙小 401 两个自交不亲和系配制的一代杂种。1995 年通过山东省农作物品种审定委员会审定。

【特征特性】 株高 32 厘米,开展度 38 厘米×40 厘米,株型紧凑。外叶浅绿色,叶面光滑无刺毛。叶柄白色。叶球呈倒锥形,叠抱,单球重,秋季栽培可达 2～3 千克,夏季栽培一般 1 千克左右,净菜率 80%。耐热,粗纤维少,熟食易烂,口感好。极早熟,从播种到收获 45～50 天。每 667 平方米产 5 000 千克以上。

【种植地区】 山东、湖北、湖南、广东、广西、贵州等地。

【栽培要点】 山东地区一般在 7 月中旬至 9 月下旬播

种，行距50厘米，株距30～35厘米，每667平方米留苗4 000株。注意防治蚜虫、菜青虫。冬性弱，遇低温易抽薹，只能作早熟栽培，达到商品成熟期及时收获。

【供种单位】 山东省潍坊市农业科学研究所。地址：山东省潍坊市梨园。邮编：261041。

48. 青研1号大白菜

【种　源】 山东省青岛市农业科学研究所选配的一代杂种。1998年通过山东省农作物品种审定委员会审定。

【特征特性】 株型较开展，开展度55.6厘米×55.6厘米，株高35.2厘米。外叶深绿色，叶面稍皱，刺毛稀少。叶柄稍厚，白绿色。叶球近椭圆形，淡绿色，球顶平圆、叠抱，球高21厘米，球径13.6厘米，球叶25.8片，净菜率72.7%，单球（净菜）重1.2千克。结球紧实，口感好，商品性极佳。耐热。较抗病毒病、霜霉病、软腐病。极早熟种，生长期45～50天。每667平方米产净菜3 108～3 345千克。

【种植地区】 山东、江苏、浙江、安徽、河南、湖北、福建等沿海及长江、黄河中下游地区。

【栽培要点】 青岛地区7月中下旬直播，每667平方米留苗3 500～3 800株。采取播后3水齐苗、5水定植、肥水齐攻、一促到底的措施。

【供种单位】 同42. 鲁白15号大白菜。

49. 海绿1115大白菜

【种　源】 北京市海淀种子管理站利用85-626与85-132两个自交不亲和系配制的一代杂种。1997年通过北京市农作物品种审定委员会审定。

【特征特性】 植株长势强，株高 43 厘米，开展度 72 厘米×72 厘米。外叶深绿色，叶面皱褶较大，叶柄浅绿色。叶球中桩叠抱，球形指数 2.22，单球净重 4 千克，净菜率 90%。生长期 85 天左右。每 667 平方米产净菜 7 000 千克。抗霜霉病、病毒病，耐黑斑病及黑腐病。

【种植地区】 北京、河北等地。

【栽培要点】 北京地区 8 月 5 日播种，行距 60 厘米，株距 50 厘米，每 667 平方米留苗 2 200 株。

【供种单位】 北京市海淀种子管理站。地址：北京市海淀区清河南镇四街南口 1 号。邮编：100085。

50. 北京新三号大白菜

【种　源】 北京蔬菜研究中心利用 84427 与 832172 两个自交不亲和系配制的一代杂种。1997 年通过北京市农作物品种审定委员会审定。

【特征特性】 株型较直立，生长势强，株高 50 厘米，开展度 75 厘米×75 厘米。外叶 13 片，深绿色，叶面稍皱。叶球中桩叠抱，球高 33 厘米，横径 19.3 厘米，球形指数 1.7，单球净重 4 千克，净菜率 81%。抗病毒病、黑斑病，耐黑腐病。耐贮藏。中晚熟种，生长期 80 天。每 667 平方米产净菜 7 500～8 500 千克。

【种植地区】 北京及华北、东北、西北等地。

【栽培要点】 北京地区 8 月 8～9 日播种，行距 57～60 厘米，株距 43 厘米，10 月下旬收获。

【供种单位】 同 8. 小杂 60 号大白菜。

51. 津白56大白菜

【种　源】 天津市蔬菜研究所利用两个高度自交不亲和系为亲本杂交选育而成。1996年通过天津市农作物品种审定委员会审定。

【特征特性】 株高47厘米，开展度60厘米×60厘米。外叶10片，绿色。叶球为花心直筒形，球高40厘米，球叶36片，心叶鲜黄色，净菜率72%，单球重2.0～2.5千克。耐热，耐寒，冬性强，不易抽薹。抗霜霉病、病毒病、软腐病及干烧心。品质优良。早熟种，生长期55～60天。每667平方米产4500千克。春夏秋三季均可种植。

【种植地区】 全国各地均可种植。

【栽培要点】 南方以春种为主，北方如甘肃、辽宁等地以秋播冬贮为主，中部地区以夏播为主。天津地区在3月下旬地膜覆盖直播，最低气温不低于8℃即可播种或定植，5月下旬收获。云南昆明可在12月份播种，翌年2月份收获。夏秋季，天津地区可在7月15日至8月15日播种，9月中旬至立冬前陆续收获。整个生长期宜采用以促为主的快速生长管理技术，苗期应及时中耕除草，勤间苗，早定棵，行株距为60厘米×45厘米。

【供种单位】 天津市蔬菜研究所。地址：天津市南开区红旗路航天道6号。邮编：300192。

52. 秦白6号大白菜

【种　源】 陕西省蔬菜花卉研究所选配的一代杂种。1998年通过陕西省农作物品种审定委员会审定。

【特征特性】 植株高32.4厘米，株幅55.6厘米。外叶

8.6片,叶色淡绿,叶面皱缩,白帮。叶球矮桩叠抱,倒卵圆形,球形指数1.2,单球净重2.5～3.5千克,净菜率80%。抗病毒病、霜霉病、黑斑病,兼抗软腐病。适宜春秋两季种植。

【种植地区】 陕西、山西、河北等地。

【栽培要点】 陕西关中地区秋种8月8日至22日播种,小高垄单行直播,肥力好的地块每667平方米留苗2 000～2 200株,差的地块每667平方米留苗2 300～2 400株。施肥原则是底肥足,苗肥促,莲座攻,结球补。

【供种单位】 陕西省蔬菜花卉研究所。地址:陕西杨陵。邮编:712100。

53. 豫白菜8号

【种　源】 河南省郑州市蔬菜研究所以安16自交不亲和系和夏23作亲本配制的一代杂种。1998年通过河南省农作物品种审定委员会审定。

【特征特性】 植株生长势旺,平均株高36.4厘米,开展度72.4厘米×72.4厘米。外叶10片,浅绿,叶面少毛,叶帮白色。叶球矮桩叠抱,球高24.5厘米,横径20.3厘米,球形指数1.21,单株净菜重2.4千克,净菜率67.4%。品质柔嫩,口感好,生熟食风味俱佳。对病毒病、霜霉病、软腐病具有较强的抗性,并抗黑斑病。早熟种,生长期55～60天。每667平方米产净菜3 912.9～4 704.0千克。

【种植地区】 河南、河北、甘肃、陕西、山东等地。

【栽培要点】 河南地区适宜播种期为7月20日至8月25日,行距57厘米,株距50厘米,每667平方米留苗2 300株左右。一般采用高垄直播,如育苗移栽需在5片叶前带土块定植。因播种期早,苗期要注意多浇水,做到3水齐苗,5水定棵,中后期保持地面见干见湿。应适当追肥,莲座期及结球中期各追施1次,管理以促为主,一促到底。

【供种单位】 河南省郑州市蔬菜研究所。地址:郑州市。邮编:450005。

54. 早熟6号大白菜

【种　源】 浙江省农业科学院园艺研究所用自交不亲和系70P-3和10-8-2-5配制的一代杂种。1998年通过浙江省农作物品种审定委员会认定。

【特征特性】 株型较小,株高33厘米,开展度45厘米×48厘米。最大叶长36厘米,叶宽27厘米,叶面稍皱缩,深绿色,茸毛稀少。中肋长16厘米,宽7厘米,白色。叶球矮桩叠抱,叶球高25厘米,横径18厘米,单球净菜重1.5～2.0千克,净菜率70%。叶球紧实,球叶白色,粗纤维含量少,口感好。抗病毒病、霜霉病和软腐病。早熟种,生长期62天。每667平方米产4 000～5 000千克,高产者可达6 000千克以上。

【种植地区】 浙江、江西、湖南、湖北、广西、广东和贵州等地。

【栽培要点】 浙江地区于8月中旬至9月上中旬播种,行距50厘米,株距40厘米,每667平方米留苗3 000～3 500株。种植土地以选择土层深厚、排水通畅、未种过同科蔬菜的壤土或砂壤土为宜。当叶球八成紧实时,就可开始陆续收获上市。

【供种单位】 浙江省农业科学院园艺研究所。地址:浙江省杭州市。邮编:310021。

55. 北京小杂61号大白菜

【种　源】 北京蔬菜研究中心以8540和82137两个自交不亲和系配制的一代杂种。1998年通过北京市农作物品种审定委员会审定。

【特征特性】 植株高42厘米,开展度80厘米×80厘米。叶色较深,皱褶多。叶球叠抱,球形指数1.6,单球净菜重2.3千克,净菜率71%。结球紧实,商品性好。抗病毒病、霜霉病和黑斑病,耐热。早熟种,生长期60～65天。每667平方米产净菜4 000～5 000千克。

【种植地区】 北京及河北、河南、山东、新疆、四川、福建、辽宁等地区。

【栽培要点】 北京地区7月中旬至8月上旬播种,行距50厘米,株距43厘米。除施足基肥外,在莲座期及结球前期需进行追肥,不蹲苗,不控水,要及时中耕除草,同时要注意防治病虫害。

【供种单位】 同8.小杂60号大白菜。

56. 石丰88(原名石研2号)大白菜

【种　源】 石家庄市蔬菜研究所选配的一代杂种。1999年通过河北省农作物品种审定委员会审定。

【特征特性】 株高55厘米,开展度68厘米×68厘米。外叶深绿色,叶柄及中肋绿白色,叶面有少量茸毛,叶面微皱,叶缘波状。叶球叠抱,顶平,球叶浅绿色,球形指数1.87,单球重4千克,净菜率76%。粗纤维少,味甜,适口性好。耐旱,耐寒,抗病毒病、霜霉病、黑腐病及黑斑病,较抗软腐病,无干烧心。中晚熟种,生长期88天。每667平方米产净菜8 000千克左右。

【种植地区】 河北省各地。

【栽培要点】 参见15. 冀白菜6号。

【供种单位】 同15. 冀白菜6号。

57. 北京小杂67(91-8)大白菜

【种　源】 北京蔬菜研究中心选配的一代杂种。1999年通过北京市农作物审定委员会审定。

【特征特性】 株型较直立,株高41厘米,开展度70厘米×70厘米。外叶绿色,叶柄白色。球叶合抱,球高30.3厘米,横径16.2厘米,球形指数1.9,净菜率75%左右。结球紧实,品质优良,单株净菜重2.2千克。耐热,抗病毒病、霜霉病和软腐病。早熟种,生长期65～70天。每667平方米产6000千克左右。

【种植地区】 北京地区。

【栽培要点】 北京地区7月下旬至8月上旬播种,行株距50厘米×36厘米,10月上中旬收获。

【供种单位】 同8. 小杂60号大白菜。

58. 北京新二号大白菜

【种　源】 北京蔬菜研究中心选配的一代杂种。1999年通过北京市农作物品种审定委员会审定。

【特征特性】 株高56厘米,开展度78厘米×78厘米。外叶深绿色,叶面稍皱,叶柄绿色。叶球叠抱,球高35.8厘米,横径21.2厘米,球形指数1.7,单株净菜重5.0～5.5千克。包球紧实,品质好,净菜率78%。抗病,耐贮藏。晚熟种,生长期85～90天。每667平方米产净菜8000～9000千克。

【种植地区】 北京地区。

【栽培要点】 北京地区立秋前后播种，垄距 60 厘米，株距 46 厘米，11 月上旬收获。

【供种单位】 同 8. 小杂 60 号大白菜。

59. 小杂 50 大白菜

【种　源】 北京蔬菜研究中心选配的一代杂种。1999 年通过北京市农作物品种审定委员会审定。

【特征特性】 株型半直立，株高 30 厘米，开展度 55 厘米×55 厘米。外叶绿色，叶柄白色。叶球叠抱，球高 16.5 厘米，横径 14.2 厘米，球形指数 1.1，单株净菜重 1.1 千克。结球紧实，净菜率 78%，品质优良。耐热，抗病毒病、霜霉病及软腐病。极早熟种，生长期 45～50 天。每 667 平方米产 4 500 千克左右。

【种植地区】 北京地区。

【栽培要点】 北京地区 7 月下旬至 8 月上旬播种，垄距 45 厘米，株距 33 厘米，9 月中下旬收获。

【供种单位】 同 8. 小杂 60 号大白菜。

60. 北京橘心红大白菜

【种　源】 北京蔬菜研究中心选配的一代杂种。1999 年通过北京市农作物品种审定委员会审定。

【特征特性】 株型半直立，株高 37.3 厘米，开展度 61.7 厘米×61.7 厘米。外叶绿色，叶柄绿色。叶球中桩，叠抱，橘红心，球高 27.8 厘米，横径 15.4 厘米，球形指数 1.8，单株净菜重 2.2 千克。结球紧实，品质优良，净菜率 82%。抗病毒病、软腐病和霜霉病。晚熟种，生长期 85 天。每 667 平方米产 7 000

千克左右。可作特菜栽培。

【种植地区】 北京地区。

【栽培要点】 参见58. 北京新二号大白菜。

【供种单位】 同8. 小杂60号大白菜。

61. 九白四号大白菜

【种　源】 吉林省吉林市农业科学研究所选育的新品种。1993年通过吉林省农作物品种审定委员会审定。

【特征特性】 株高50厘米左右,开展度60厘米×65厘米。叶为长椭圆形,绿色,叶面稍皱,叶柄白绿色。叶球高桩,半结球型,结球率92%以上。球叶白绿色,品质较好。较抗病毒病、霜霉病及软腐病,耐贮藏。中熟种,生长期80天左右。每667平方米产6 800~7 000千克。

【种植地区】 吉林省吉林、长春、四平、辽源、松原、白城等地。

【栽培要点】 吉林地区7月22~25日播种,行株距60厘米×40厘米,每667平方米留苗2 800株。结球始期浇水2~3次,莲座期和结球期各追肥1次。及时防治菜青虫及黄曲条跳岬等害虫。

【供种单位】 吉林省吉林市农业科学研究所。地址:吉林省吉林市九站。邮编:132101。

62. 夏丰大白菜

【种　源】 江苏省农业科学院蔬菜研究所选配的一代杂种。1993年通过江苏省农作物品种审定委员会审定。

【特征特性】 株高26.4厘米,开展度49.7厘米×49.7厘米。叶片圆形,茸毛少或无,外叶8~9片,深绿色,较厚,叶柄扁圆，白色。叶球矮桩，叠抱，球高 17.5 厘米，横径 12.9 厘米，球形指数 1.36。球叶白色，质地柔嫩，粗纤维少，略甜，品质较好。耐病毒病和霜霉病，不抗软腐病。极早熟种，生长期 50～55 天。每 667 平方米产 2 500～3 300 千克。适宜夏秋早熟栽培。

【种植地区】 江苏省南部地区。

【栽培要点】 苏南地区 8 月上旬播种，采用育苗或直播均可。行株距 33 厘米见方，每 667 平方米栽苗 5 500 株。生长前期注意防治虫害，后期尤其是连阴雨天，要注意防治软腐病。

【供种单位】 江苏省农业科学院蔬菜研究所。地址：南京市孝陵卫。邮编：210014。

63. 吉研五号大白菜

【种　源】 吉林省蔬菜研究所选配的一代杂种。1993 年通过吉林省农作物品种审定委员会审定。

【特征特性】 植株长势强，株型较直立，株高 54 厘米左右，开展度 70 厘米×70 厘米。外叶 10～15 片，绿色，中肋白绿色。叶球长筒形，舒心，结球率 95%左右。叶片黄绿色，品质较好。较耐贮藏，较抗霜霉病。生长期 82 天。每 667 平方米产 7 600 千克以上。

【种植地区】 吉林省中部地区。

【栽培要点】 吉林省中部地区 7 月 22 日至 25 日播种，行株距 60 厘米×40 厘米。莲座期和结球期结合灌水各追肥 1 次。生长期间注意防治病虫害。

【供种单位】 吉林省蔬菜研究所。地址：长春市自由大路 200 号。邮编：130031。

64. 吉研六号大白菜

【种　源】 吉林省蔬菜研究所选配的一代杂种。1995 年通过吉林省农作物品种审定委员会审定。

【特征特性】 植株长势强，株高 50 厘米，开展度 60 厘米×60 厘米。外叶 9 片左右，叶绿色，中肋绿白色，叶面较平展。叶球长筒形，舒心，球叶绿黄色，结球率 93.4%。抗病毒病、霜霉病。中晚熟种。每 667 平方米产 6 100～7 300 千克。

【种植地区】 吉林省中部地区。

【栽培要点】 吉林省中部地区 7 月 23 日至 27 日播种。其他管理同 63. 吉研五号大白菜。

【供种单位】 同 63. 吉研五号大白菜。

65. 通园七号大白菜

【种　源】 吉林省通化园艺研究所选育的新品种。1995 年通过吉林省农作物品种审定委员会审定。

【特征特性】 株高 40 厘米。外叶绿色，叶柄白绿色，叶面皱褶。叶球直筒，平顶花心，单株重 3 千克左右。球叶帮白色，结球紧实。生长期 80 天左右。每 667 平方米产 7 100～8 400 千克。

【种植地区】 吉林省东部地区。

【栽培要点】 通化地区 7 月中下旬播种，行株距 60 厘米×40 厘米。莲座期和结球期各追肥 1 次。

【供种单位】 吉林省通化园艺研究所。地址：吉林省通化市。邮编：134000。

66. 昌白一号大白菜

【种　源】 吉林市昌邑区农林水利局选配的一代杂种。1998 年通过吉林省农作物品种审定委员会审定。

【特征特性】 植株长势较强，株高 47～50 厘米，开展度 56 厘米×60 厘米。外叶 7 片左右。叶球高桩褶抱，心叶向外翻卷，呈黄白色，球径 25～30 厘米，叶色浅绿。净菜率 90%以上，结球紧实。抗软腐病、病毒病。生长期 80 天左右。每 667 平方米产 5 800～6 700 千克。

【种植地区】 吉林省中部地区。

【栽培要点】 参见 61. 九白四号大白菜。

【供种单位】 吉林省吉林市昌邑区农林水利局。地址：吉林市昌邑区。邮编：132011。

67. 秦白五号大白菜

【种　源】 陕西省蔬菜研究所选配的一代杂种。1998 年通过陕西省农作物品种审定委员会审定。

【特征特性】 株高 38 厘米，开展度 80 厘米×80 厘米。外叶浅绿色。叶球矮桩叠抱，倒卵圆形，一叶盖顶，平头，球叶乳黄色，球高 26 厘米，横径 24 厘米，球形指数 1.1，单球重 4～5 千克，净菜率 80%。叶球紧实，粗纤维少，生熟食风味俱佳。高抗病毒病、霜霉病、软腐病和黑斑病。中熟种，生长期 80 天。每 667 平方米产净菜 8 000 千克。

【种植地区】 陕西、山西、河南、山东等地。

【栽培要点】 陕西关中地区，8 月 10 日至 15 日播种，采用小高垄单行直播，每 667 平方米保苗 1 800～2 000 株。幼苗期做到 3 水齐苗，5 水定棵；中后期做到地面见干见湿。整个生长期追肥 2～3 次。及时防治蚜虫、菜青虫、菜螟等。

【供种单位】 同 52. 秦白 6 号大白菜。

68. 豫白菜 9 号

【种　源】 河南省开封市蔬菜研究所选配的一代杂种。1998 年通过河南省农作物品种审定委员会审定。

【特征特性】 株高 43.5 厘米，开展度 74.5 厘米×74.5 厘米。叶绿色，叶柄白色，叶面稍皱有刺毛。叶球叠抱，倒圆锥形，球顶较平，球高 27.8 厘米，横径 26.1 厘米，球形指数 1.1，净菜率 75.5%。球叶白色，风味好。耐贮藏，抗病毒病、霜霉病及软腐病。每 667 平方米产 6 896.4 千克。

【种植地区】 河南、河北、山东、安徽、湖北、湖南、广西等地。

【栽培要点】 河南中部地区，8 月 14 日至 16 日高垄直播，垄距 60 厘米，株距 60 厘米，每 667 平方米留苗 1 852 株。施足底肥，包心始期、包心盛期各追肥 1 次。幼苗期做到 2 水齐苗，4 水定棵，定棵后保持 7～10 天浇水 1 次，不蹲苗，要防止大水漫灌。注意防治病虫害。

【供种单位】 河南省开封市蔬菜研究所。地址：河南省开封市。邮编：475003。

六、结球甘蓝

结球甘蓝又名洋白菜、包菜、圆白菜、卷心菜、莲花白、椰菜等。为十字花科芸薹属甘蓝种中能形成叶球的一个变种，二年生草本植物。染色体数 2n＝2x＝18。叶球供食用，可炒食、煮食、凉拌、腌制或制干菜。世界各地普遍栽培，我国各地均有种植。多数地区选用适宜的品种实行分期播种，分期收获，在蔬菜全年供应中占重要地位。

结球甘蓝为须根系，根群主要分布在 30 厘米土层内。营养生长期茎短缩。莲座叶卵圆形或椭圆形，是主要的同化器官。球叶多为黄白色，是同化产物的贮藏器官。叶球有圆形、圆锥形、扁圆形等。异花授粉作物。结球甘蓝第一年完成营养生长，形成叶球，经冬季低温春化后，翌年在春夏季长日照和适温条件下抽薹、开花、结荚，完成生殖生长。

结球甘蓝适应性较强，能抗严寒霜冻和耐高温。但其结球期适宜的温度为 15～20℃。幼苗能忍耐－15℃的低温和抗 35℃的高温。我国北方春、夏、秋均可露地栽培。南方除夏季过长的华南各省只能在秋、冬、春三季栽培外，在西南和长江流域各省一年四季都可栽培。

育苗方式：不同栽培季节使用不同的育苗方法。我国东北、西北以及内蒙古等高寒地区，春甘蓝采用温室育苗，3～4 月份播种，苗龄 60～80 天。华北地区，采用阳畦育苗或塑料温室育苗，9～10 月份或翌年 2 月份播种，苗龄 150 天左右或 40～50 天。南方各省于 10～11 月份露地播种育苗。秋甘蓝，无论南北方都在夏季的高温季节育苗，须搭荫棚防雨和防暴晒，苗龄 35～40 天。

定植密度：早熟品种，每 667 平方米栽 4 000～5 000 株；中熟品种，每 667 平方米栽 3 000～3 500 株；晚熟品种，每 667 平方米栽 1 600～1 800 株。

定植后的管理：结球甘蓝是需水多的蔬菜，在栽培中必须多次灌水。定植后灌 1～2 次缓苗水，然后中耕蹲苗。蹲苗时间长短因品种而异。早熟品种不宜过长，一般10～15天；中、晚熟品种可稍延长。莲座期对水肥的要求增多，一般地面见干时即灌水，并结合追肥，以速效氮肥为主。结球期适当增施磷、钾肥。结球后期控制灌水，防止裂球，以利贮藏。

病虫害及其防治。主要病害有：黑腐病、根朽病、菌核病、霜霉病、软腐病、黑斑病和立枯病等；虫害有：菜粉蝶、菜蛾、菜蚜、甘蓝夜蛾、黄条跳甲、菜心野螟等。通过选用抗病良种、避免与十字花科蔬菜连作、适期播种、加强田间管理及喷洒农药等措施进行防治。

1. 华甘2号结球甘蓝

【种　源】 华中农业大学园艺系选配的一代杂种。1993年通过湖北省农作物品种审定委员会审定。

【特征特性】 植株开展度55厘米×55厘米。外叶近圆形，约有15片，蜡粉较多。叶球扁圆形，中心柱长度约为球高的1/2，单球重1.5～2.2千克。中熟种，从定植至收获约80天。每667平方米产6 000千克。适宜作秋甘蓝栽培。

【种植地区】 长江流域。

【栽培要点】 武汉地区7月下旬播种，苗龄30天，每667平方米栽苗2 500株。

【供种单位】 华中农业大学园艺系。地址：湖北省武汉市武昌狮子山。邮编：430070。

2. 华甘1号结球甘蓝

【种　源】 华中农业大学园艺系选配的一代杂种。1994年通过湖北省农作物品种审定委员会审定。

【特征特性】 植株高31厘米，开展度55厘米×65厘米。外叶15片，近圆形，深绿色，叶面蜡粉多。叶球扁圆形，球叶约55片，球高12.8厘米，横径23.5厘米，中心柱长7.3厘米。抗病，耐旱力强。中早熟种。每667平方米产2 500～3 600千克。

【种植地区】 湖北、河南及长江流域。

【栽培要点】 长江流域7月上旬播种，采用遮阳网覆盖营养钵育苗方式，每667平方米栽苗2 700株。

【供种单位】 同1. 华甘2号结球甘蓝。

3. 8398结球甘蓝

【种　源】 中国农业科学院蔬菜花卉研究所选配的一代杂种。1994年通过北京市农作物品种审定委员会审定。1995年获国家专利。

【特征特性】 植株开展度40厘米×50厘米。外叶12～16片，叶片呈长卵圆形，全缘，绿色，叶面平滑，蜡粉少。叶球圆球形，纵径13.2厘米，横径13厘米，中心柱长5.8厘米，球叶浅绿色，单球重0.8～1.0千克。叶球紧实，叶质脆嫩，品质优良。不易未熟抽薹，冬性强。早熟种，从定植至商品成熟50天左右。每667平方米产3 000～4 000千克。

【种植地区】 华北、东北、西北等地区宜作春甘蓝栽培；广东等地区适作秋甘蓝栽培。

【栽培要点】 华北地区于12月底至翌年1月初在冷床播种，或1月中下旬在保护地(温室、温床)播种。2月中下旬分苗1次，分苗后要控制温度，不可过高，防止幼苗徒长。3月下旬定植，每667平方米栽苗4 500株。缓苗后小蹲苗2次，每次7天左右，以防前期生长过旺。

【供种单位】 中国农业科学院蔬菜花卉研究所。地址：北京市海淀区白石桥路30号。邮编:100081。

4. 中甘9号结球甘蓝

【种　源】 中国农业科学院蔬菜花卉研究所用84280-1和23202-2两个自交不亲和系配制的一代杂种。1995年通过北京市农作物品种审定委员会审定。

【特征特性】 植株高28～32厘米,开展度60厘米×70厘米。外叶15～17片,深绿色,叶面蜡粉中等。叶球略鼓,扁圆形,球高15厘米,横径24厘米,中心柱长6.5～7.3厘米,单球重3千克。球叶脆嫩,味微甜,品质佳。结球紧实,紧实度为0.55～0.65,较耐贮藏。高抗芜菁花叶病毒病,抗黑腐病。中熟种,从定植到采收约85天。每667平方米产5500～6000千克。适宜作秋甘蓝栽培。

【种植地区】 华北、西北及长江流域。

【栽培要点】 华北地区6月中下旬播种育苗,2叶1心时分苗,7月下旬定植,每667平方米栽苗2700株。育苗床应搭棚防暴雨,定植时采用高垄偏埂栽苗方式,缓苗后培土,于培土及包心期追2～3次肥。

【供种单位】 同3. 8398结球甘蓝。

5. 中甘12号结球甘蓝

【种　源】 中国农业科学院蔬菜花卉研究所以02-12-2和79-156-1两个自交不亲和系配制的一代杂种。1992年通过北京市农作物品种审定委员会审定。

【特征特性】 植株开展度40厘米×45厘米,株形紧凑。外叶13～15片,深绿色,蜡粉中等,叶缘无缺刻。叶球近圆形,球高12厘米,横径12厘米,球顶近圆形,单球重500～650

克。叶质脆嫩，品质优良。中心柱长5～7厘米，低于球高的1/2，叶球紧实。对肥水要求中等，抗寒性强，冬性较强，不易未熟抽薹。极早熟，定植后45天收获，成熟一致，收获集中。每667平方米产3 500～4 000千克。适宜春季栽培。

【种植地区】 华北、东北、西北及华东、华中北部地区。

【栽培要点】 北京地区12月下旬至翌年1月上旬冷床播种，3月中旬定植大棚或3月下旬定植露地，每667平方米栽苗5 500株。缓苗后采用2次小蹲苗，每次控水7天左右，开始结球时重施1次追肥，全期浇水5～6次。注意防治蚜虫和菜青虫。

【供种单位】 同3．8398结球甘蓝。

6．中甘15号结球甘蓝

【种　源】 中国农业科学院蔬菜花卉研究所选配的一代杂种。1998年通过北京市农作物品种审定委员会审定。

【特征特性】 植株开展度42厘米×45厘米。外叶14～16片，叶色浅绿，蜡粉较少。叶球圆球形，紧实，单球重1.3千克左右。叶质脆嫩，品质优良。冬性强，不易未熟抽薹。中早熟种，从定植到商品成熟55天。每667平方米产4 000～4 500千克。适宜春季种植，亦可秋种。

【种植地区】 我国北方地区。

【栽培要点】 华北地区春季种植1月中下旬至2月上旬播种，3月上旬分苗，4月初定植。秋季种植8月中旬播种，9月下旬在塑料棚或日光温室定植。

【供种单位】 同3．8398结球甘蓝。

7. 春雷结球甘蓝

【种　源】 江苏省农业科学院蔬菜研究所选配的一代杂种。1993 年通过四川省农作物品种审定委员会审定。

【特征特性】 植株中等大小，开展度 65 厘米×65 厘米。外叶 22 片左右，叶色深绿，叶缘稍下翻。叶球扁圆形，结球紧实，球高 13.4 厘米，横径 18.4 厘米，中心柱长 6.7 厘米，单球重 1.2～1.5 千克。耐寒，冬性强。早熟种。每 667 平方米产 3 000～3 500 千克，最高可产 4 000 千克以上。

【种植地区】 长江流域及其以南地区。

【栽培要点】 长江流域及其以南地区可露地越冬栽培。9 月下旬至 10 月上旬播种，11 月中下旬定植。每 667 平方米栽苗 3 500 株。冬前要注意保持土壤湿润，防止干冻，春暖后及时松土、施肥。开始包心后要重施 1 次追肥。

【供种单位】 江苏省农业科学院蔬菜研究所。地址：南京市孝陵卫。邮编：210014。

8. 春丰结球甘蓝

【种　源】 江苏省农业科学院蔬菜研究所利用鸡心 9-2-3和金早生 5-3 两个自交不亲和系配制的一代杂种。1991 年通过全国农作物品种审定委员会审定，之前还通过了江苏省和安徽省农作物品种审定委员会审定。

【特征特性】 植株开展度 65 厘米×70 厘米，株型较直立。外叶 24 片左右，叶色灰绿，蜡粉中等。叶球牛心形，结球紧实，球形指数 1.2，单球重 1.2～1.5 千克。耐寒，冬性强，不易先期抽薹。早熟种。每 667 平方米产 3 000～4 000 千克。

【种植地区】 江苏、安徽等地。

【栽培要点】 江苏地区露地越冬栽培，一般在国庆节前后播种育苗，11月下旬定植，行株距40厘米见方，每667平方米栽苗3000株左右。缓苗后及时松土，以后遇干旱低温可浇稀粪水防冻。春季回暖后要及时松土并追肥2～3次。

【供种单位】 同7. 春雷结球甘蓝。

9. 西园4号结球甘蓝

【种　源】 西南农业大学园艺系选配的一代杂种。1991年通过四川省农作物品种审定委员会审定。

【特征特性】 植株开展度70.3厘米×69.9厘米。外叶11～14片，叶色浅灰绿，叶面平，叶脉较密。叶球扁圆形，球高10.7～12.6厘米，球径21.7～23.4厘米，中心柱长6.0～6.6厘米。球叶绿白色。叶球紧实，紧实度0.51～0.55。叶质脆嫩，味甜。高抗病毒病，抗黑腐病。中熟种。每667平方米产3500～4100千克。适宜秋季栽培。

【种植地区】 四川、云南、湖北、湖南、福建、贵州、江苏等地。

【栽培要点】 重庆地区于7月上中旬播种，8月上中旬定植，行株距60～67厘米×50～57厘米。莲座期、结球期重施追肥。注意防病、防虫。

【供种单位】 西南农业大学园艺系。地址：重庆市北碚天生桥。邮编：630716。

10. 西园6号结球甘蓝

【种　源】 西南农业大学园艺系选配的一代杂种。1994年通过四川省农作物品种审定委员会审定。

【特征特性】 植株开展度62厘米×65厘米。外叶12

片。叶球扁圆形，纵径13厘米，横径24厘米，中心柱长6.5～7.0厘米，单球重1.6千克。叶球紧实度在0.5以上，不易裂球，球叶脆嫩。抗芜菁花叶病毒病、黑腐病，耐根肿病。中熟种。每667平方米产4027千克。适宜秋季栽培。

【种植地区】【栽培要点】【供种单位】 参见9. 西园4号结球甘蓝。

11. 春宝结球甘蓝

【种　源】 浙江省农业科学院园艺研究所利用441591及87123两个自交不亲和系配制的一代杂种。1995年通过浙江省农作物品种审定委员会审定。

【特征特性】 株型紧凑，开展度45厘米×55厘米。外叶12～13片，叶片厚，叶色深绿，蜡粉中等。叶球尖圆头型，球高20厘米，横径15厘米，单球重1千克。球叶脆嫩，味甜。冬性强，不易先期抽薹。早熟种。每667平方米产3500千克。

【种植地区】 长江流域。

【栽培要点】 浙江北部地区于10月10日左右播种，11月底至12月初定植，每667平方米栽苗3500株左右。定植缓苗后应及时松土；冬前适当控制肥水，防止越冬时秧苗过大抽薹；严冬干冷时，可浇稀粪水防冻；开春后要及时松土、培土、追肥。

【供种单位】 浙江省农业科学院园艺研究所。地址：杭州市石桥路48号。邮编：310021。

12. 东农608结球甘蓝

【种　源】 东北农业大学园艺系选配的一代杂种。1992年通过黑龙江省农作物品种审定委员会审定。

【特征特性】 植株开展度70厘米×80厘米。外叶15～17片。叶球扁圆形,球叶绿色,单球重5千克。抗病毒病、黑腐病,耐贮藏。晚熟种,生长期145～150天。每667平方米产7 500～8 000千克。

【种植地区】 黑龙江省各地。

【栽培要点】 哈尔滨地区4月中下旬播种,6月中旬定植,行距70厘米,株距60厘米,每667平方米栽苗1 500～1 600株。

【供种单位】 东北农业大学园艺系。地址:黑龙江省哈尔滨市香坊区公滨路农学院街。邮编:150030。

13. 东农609结球甘蓝

【种　源】 东北农业大学园艺系利用A202-2自交不亲和系作母本、606-3作父本配制的一代杂种。1994年通过黑龙江省农作物品种审定委员会审定。

【特征特性】 植株开展度68厘米×70厘米。外叶8～10片。叶球扁圆形,球高15～17厘米,中心柱长5.8厘米,单球重2.7千克。叶片绿色,脆嫩,品质优。叶球紧实度0.65以上。抗病毒病、黑腐病。中熟种,生长期115～118天。每667平方米产4 800千克。适宜作夏秋甘蓝栽培。

【种植地区】 黑龙江省各地。

【栽培要点】 哈尔滨地区5月下旬至6月中旬播种,苗龄40～45天,7月中下旬定植,每667平方米栽苗2 300～2 500株。莲座期与结球期追肥2～3次。9月下旬至10月上旬收获。

【供种单位】 同12.东农608结球甘蓝。

14. 昆甘2号结球甘蓝

【种　源】 云南省昆明市农业科学研究所选配的一代杂种。1997年通过云南省农作物品种审定委员会审定。

【特征特性】 植株开展度75厘米×85厘米。外叶15～17片，倒卵圆形，浅灰绿色，叶面蜡粉较多。叶球扁圆形，球叶黄绿色，单球重4～5千克。结球紧实，品质优，口感好，略有甜味。冬性强。抗黑斑病、霜霉病。中晚熟种，定植后100～120天收获。每667平方米产8 000～10 000千克。适宜春、秋栽培。

【栽培要点】 昆明地区春种11～12月份播种；秋种6～7月份播种。幼苗长至5片真叶时定植，每667平方米栽苗2 000株。

【供种单位】 云南省昆明市农业科学研究所。地址：昆明市。邮编：650213。

15. 四季39结球甘蓝

【种　源】 河北省高碑店市奥丰种苗公司选配的一代杂种。1999年通过河北省农作物品种审定委员会审定。

【特征特性】 植株高26厘米，开展度36厘米×36厘米。外叶深绿色，蜡粉少。叶球近圆形，紧实，中心柱长为球高的1/3，单球重1～2千克。球叶翠绿，质地细嫩，粗纤维少，味甜，品质好。抗黑胫病、霜霉病及软腐病。不易未熟抽薹。早熟种，从定植到收获45天左右。每667平方米产3 500～4 000千克。

【种植地区】 河北省各地。

【栽培要点】 参见3．8398结球甘蓝。

【供种单位】 河北省高碑店市奥丰种苗公司。地址:河北省新城市高碑店镇。邮编:074000。

16. 黑丰结球甘蓝

【种　源】 江苏省农业科学院蔬菜研究所利用8110和8405配制的一代杂种。1999年通过江苏省农作物品种审定委员会审定。

【特征特性】 植株长势强,株高22厘米,开展度60厘米×60厘米。外叶11片。叶色深绿,有蜡粉。叶球厚,扁圆形,单球重1～2千克。粗纤维少,品质较好。抗芜菁花叶病毒病、黑腐病及烟草花叶病毒病。耐热。早熟种。定植至采收,夏季65天,秋季75天。每667平方米产量夏季2 500～3 000千克,秋季3 000～4 000千克。

【种植地区】 江苏省各地。

【栽培要点】 江苏地区5月底至7月下旬均可播种,苗龄35天左右,定植行距40厘米,株距30厘米,每667平方米栽苗4 000～5 000株。莲座期结合浇水,每667平方米追施尿素25千克;结球初期,再重施1次追肥,每667平方米施尿素40千克。整个生长期注意防治菜青虫、小菜蛾等害虫。

【供种单位】 同7. 春雷结球甘蓝。

17. 伏秋56结球甘蓝

【种　源】 江苏省南京市栖霞区蔬菜技术推广站选配的一代杂种。1999年通过江苏省农作物品种审定委员会审定。

【特征特性】 植株长势强。幼叶灰绿色,长倒卵圆形,有短柄。叶缘有明显锯齿状缺刻,叶面有蜡粉,并随着气温升高而增厚呈金属光泽。叶球扁圆形。抗霜霉病、黑斑病,耐湿性弱。早熟种,从定植至采收需 50～60 天。每 667 平方米产 3 124 千克。适宜夏、秋季栽培。

【种植地区】 江苏省各地。

【栽培要点】 江苏地区 5 月上旬至 8 月上旬均可播种,苗龄 30～35 天,夏季栽培行株距 35 厘米×35 厘米;秋季栽培,行株距 40 厘米×40 厘米。定植缓苗后浇稀粪水 1 次,莲座期及结球初期各追肥 1 次。整个生长期间,要注意排水,菜地沟中不可积水过夜。注意防治蚜虫、菜青虫及小菜蛾等害虫。

【供种单位】 江苏省南京市栖霞区蔬菜技术推广站。地址:南京市栖霞区。邮编:210033。

18. 皖甘 1 号结球甘蓝

【种　源】 安徽省淮南市农业科学研究所选育的新品种。1998 年通过安徽省农作物品种审定委员会审定。

【特征特性】 植株开展度 55 厘米×60 厘米。外叶 9～11 片,叶色深绿,蜡粉中等。叶球牛心形,单球重 1.2 千克。球叶浅绿色,结球紧实。耐低温,不易未熟抽薹。早熟种,露地越冬栽培,生长期 150 天左右。每 667 平方米产 4 500 千克。

【种植地区】 安徽省各地。

【栽培要点】 安徽地区,露地越冬栽培,9 月下旬至 10 月上旬播种,11 月中下旬选晴天定植,每 667 平方米栽苗 3 500～4 500 株。

【供种单位】 安徽省淮南农业科学研究所。地址:安徽省淮南市。邮编:232000。

19. 冬甘1号结球甘蓝

【种 源】 天津市蔬菜研究所选育的新品种。1997年通过天津市农作物品种审定委员会审定。

【特征特性】 植株开展度40.6厘米×41.2厘米。外叶13～15片,叶色深绿,叶面蜡粉中等。叶球近圆形,纵径13.7厘米,横径13厘米,中心柱长5厘米,单球重0.75～0.9千克。叶质脆嫩,品质优。冬性强,抗干烧心。早熟种。每667平方米产3000～4000千克。适宜春保护地及露地栽培。

【种植地区】 华北、西北、东北、华中及西南等地。

【栽培要点】 华北地区春保护地栽培,12月中旬温室播种育苗,2月中下旬定植大棚内,每667平方米栽苗4000～4500株。蹲苗7天,开始包心时追肥。定植后约50天采收。京津地区春季露地栽培,12月下旬至翌年1月上旬冷床播种,3月下旬定植,每667平方米栽苗4000～4500株,蹲苗2次,每次7天左右。

【供种单位】 天津市蔬菜研究所。地址:天津市南开区红旗路航天道。邮编:300192。

20. 中甘16号结球甘蓝

【种 源】 中国农业科学院蔬菜花卉研究所选配的一代杂种。1999年通过全国农作物品种审定委员会审定。

【特征特性】 植株开展度53.2厘米×53.0厘米。叶色绿或浅绿,蜡粉中等。叶球近圆形,结球紧实,中心柱长4～6厘米,单球重1.44～1.48千克。叶质脆嫩,品质优良。早熟种,从定植至收获需60～65天。每667平方米产4300～4700千克。适宜秋季栽培。

【种植地区】 华北、东北、西北及西南部分地区。

【栽培要点】 华北地区6月底至7月中下旬播种育苗。育苗时要注意遮荫、防雨、降温，并及时防虫。8月上中旬定植，每667平方米栽苗3 000～3 200株。

【供种单位】 同3. 8398结球甘蓝。

七、菜花(花椰菜)

菜花又名花椰菜、花菜。为十字花科芸薹属甘蓝种中以花球为产品的一个变种，一、二年生草本植物。染色体数2n＝2x＝18。我国南方及全国大城市郊区栽培较普遍，种植面积逐年扩大。

菜花根系发达，主根基部粗大，根群主要分布在30厘米耕作层内。营养生长期茎稍短缩，阶段发育完成后抽生花茎。叶片披针形或长卵形，浅蓝绿色，有蜡粉。花球由肥嫩的主轴和50～60个肉质花梗组成，每个肉质花梗具有若干个5级花枝组成的小花球体。在栽培中因营养生长不足或气候条件突然变化，如骤然降温、升温等，有时出现“早花”、“青花”、“毛花”、“紫花”等现象。菜花系异花授粉作物，虫媒花。

菜花不同生长期对温度的要求不一样，发芽期、幼苗期、莲座期、花球形成期和抽薹开花期的适温分别为25℃左右，20～25℃，15～20℃，17～18℃和20～25℃。菜花属低温长日照和绿体春化植物。宜选择有机质丰富、肥沃疏松、保水、保肥的壤土或砂壤土种植。菜花对硼、钼元素敏感，缺硼常引起茎轴空洞，严重时花球变锈褐色，味苦。缺钼叶呈鞭状卷曲，生长迟缓。

南方亚热带地区,7～11月份播种,依品种特性不同分期播种,10月份至翌年4月份收获。长江流域6～12月份播种,11月份至翌年5月份收获。华北、东北等地区分春作和秋作。春作,2～3月份保护地播种育苗,3月中旬至4月下旬定植,5月中旬开始收获至7月份。秋作,6月份至7月上旬播种育苗,8月上旬定植,10～11月份收获,也可假植于阳畦,翌年1月份收获。

定植密度:早熟品种,每667平方米栽2 500～3 000株;中熟品种,每667平方米栽2 000～2 300株;晚熟品种,每667平方米栽1 600～1 800株。

定植后的管理:菜花为喜肥、耐湿的蔬菜,生长期间应供给充足肥水。早熟品种应及早追肥;中熟品种在定植缓苗后追肥1次,促进叶丛生长,花球出现时,应重施追肥,促进花球和叶丛同步增长;晚熟品种生长期长,追肥次数可稍增加。生长期间还要经常保持土壤湿润,及时灌水、排水,中耕除草。花球成熟前,需用老叶遮覆球面,保护花球,增进花球洁白度。

病虫害及其防治:参见结球甘蓝。

1. 厦花80天1号菜花

【种　源】 福建省厦门市农业科学研究所从地方品种"田边80天"中选出变异单株经系统选育而育成的新品种。1991年通过福建省农作物品种审定委员会审定。

【特征特性】 植株半直立,株高45厘米,开展度75厘米×90厘米。外叶33片,叶片宽披针形,叶先端较尖,叶面光滑,蜡粉中等。花球半圆形,纵径14～17厘米,横径18～20厘米。花球紧密,商品性好。抗黑腐病、黑斑病。中熟种,从定植至收获 82 天。每 667 平方米产 2 000～3 000 千克。

【种植地区】 福建省各地。适宜秋季栽培。

【栽培要点】 闽南地区于 7 月中旬至 8 月中旬播种，苗龄 20～25 天。3～4 片真叶时进行分苗，20～25 天后带土定植。行距 60 厘米，株距 50 厘米，每 667 平方米栽苗 1 800～2 000 株。

【供种单位】 厦门市农业科学研究所。地址：福建省厦门市洪山柄。邮编：361009。

2. 冬花 240 菜花

【种　源】 河南省郑州市特种蔬菜研究所与郑州市蔬菜办公室，从上海慢慢种与上海旺心天然杂交后代中，经系统选育而育成的新品种。1991 年通过河南省农作物品种审定委员会认定。

【特征特性】 株高 44～52 厘米，开展度 53 厘米×60 厘米。叶长卵形，叶色深绿，叶脉明显，蜡粉较多。花球半圆形，大而紧实，洁白，球柄短粗，单花球重 1.0～2.5 千克。花枝层多，口感脆嫩，微甜，风味好。抗寒，苗期较抗霜霉病、黑腐病。晚熟种，生长期 240 天。每 667 平方米产 1 500～2 000 千克。

【种植地区】 河南省各地。

【栽培要点】 河南地区 7 月中下旬至 8 月上旬播种，8 月底至 9 月上中旬定植，每 667 平方米栽苗 1 500～2 000 株。苗期要遮荫降温，防雨涝。定植后加强秋管，大苗越冬，越冬前外叶要达到 18～22 片，12 月中旬浇封冻水，并设置风障，覆盖塑料薄膜。翌年 2 月下旬浇返青水，并追肥 2～3 次，花球长至核桃大小时重施肥 1 次。

【供种单位】 河南省郑州市特种蔬菜研究所。地址：郑州市。邮编:450001。

3. 荷兰春早菜花

【种　源】 中国农业科学院蔬菜花卉研究所从荷兰引进的品种中经系统选育而成。1992 年通过北京市农作物品种审定委员会审定。

【特征特性】 植株高 42 厘米左右,开展度 52 厘米×54 厘米,株型较小。有外叶 16 片左右,叶色灰绿色,蜡粉较多,叶面微皱。花球高圆形,高 8 厘米,横径 14 厘米,单球重 0.4～0.7 千克。花球白色,紧实,品质好。冬性较强,耐寒,不易散球。极早熟种,从定植至商品成熟仅需 45～50 天。每 667 平方米产 1 400～2 800 千克。

【种植地区】 北京及华北、东北地区宜作早春栽培,四川、云南、福建等地可作秋季栽培。

【栽培要点】 北京地区于 11 月中下旬至 12 月下旬冷床播种育苗,翌年 2 月上旬分苗 1 次,3 月下旬定植露地,5 月上中旬始收。适宜密植,每 667 平方米栽苗 4 000～4 500 株。栽后不蹲苗,加强水肥管理。

【供种单位】 中国农业科学院蔬菜花卉研究所。地址:北京市海淀区白石桥路 30 号。邮编:100081。

4. 日本雪山菜花

【种　源】 中国种子公司从日本引进。1990 年通过河北省农作物品种审定委员会认定,1994 年通过全国农作物品种审定委员会审定。

【特征特性】 植株长势强,株高 70 厘米左右,开展度 88 厘米×90 厘米。叶长披针形,肥厚,深灰绿色。叶脉白绿,叶面微皱，蜡粉中等，有外叶23～25片。花球高圆形，单球重1.0～1.5千克。花球雪白，紧密，肉质含水分较多，中心柱较粗，品质好。耐热性及抗病性均强，对温度反应不敏感。中晚熟种，定植至收获需70～85天。每667平方米产2 000～2 500千克。

【种植地区】 全国各地。

【栽培要点】 北京地区春秋栽种均可。秋作较普遍，一般于6月中下旬播种育苗，7月底至8月初定植，10月中下旬始收。四川、广东等地于7月上中旬播种，8月中旬定植，10月下旬至11月上旬收获。每667平方米栽苗2 200株。

【供种单位】 中国种子公司。地址：北京市朝阳区西坝河甲16号。邮编：100028。

5. 津雪88菜花

【种　源】 天津市蔬菜研究所选育的新品种。1996年通过天津市农作物品种审定委员会审定。

【特征特性】 植株较直立，株型紧凑。叶片呈披针形，绿色，蜡粉中等。花球雪白，极紧实，单球重1.0～1.5千克。品质优良。中熟种，春种定植至收获需45天左右；秋种75天左右。每667平方米产3 500千克以上。

【种植地区】 天津、河北、北京、湖北、福建等地。

【栽培要点】 京津地区春种，1月下旬温室播种育苗，3月下旬定植露地，定植后大肥大水，5月上旬收获。秋种，6月下旬播种，7月底定植，10月中旬收获。

【供种单位】 天津市蔬菜研究所。地址：天津市南开区红旗路航天道6号。邮编：300192。

6. 龙峰特大80天菜花

【种　源】 浙江省温州市龙牌种业研究所以温州80天为母本、圆叶80天为父本杂交育成的新品种。1994年、1998年分别通过湖北省、浙江省农作物品种审定委员会审定。

【特征特性】 植株矮壮，根系发达，生长势强。有外叶18片左右，叶柄短宽。叶片椭圆形，淡绿色，叶面蜡粉较多。花球洁白，紧实，球面呈重叠状，外观商品性好，单球重1.5千克左右。脆嫩可口，品质佳。抗性强。中熟种，定植至采收约80天。每667平方米产3000～4000千克。适宜秋种。

【种植地区】 长江、黄河流域。

【栽培要点】 一般每667平方米栽苗2200～2500株；中原地区宜密植，每667平方米栽苗3500株。

【供种单位】 浙江省温州市龙牌种业研究所。地址：温州市中兴大道1号。邮编：325011。

7. 祁连白雪菜花

【种　源】 甘肃省农业科学院蔬菜研究所选育的新品种。1993年通过甘肃省农作物品种审定委员会审定。

【特征特性】 株高53.6厘米，开展度59厘米×60厘米，株型较开展。有外叶18～19片，叶长卵圆形，绿色，叶面蜡粉中等。花球近圆形，乳白色，球面平整，茸毛少，球高14.2厘米，横径19.2厘米，单球重1.5千克左右。花球短而肥大，抱球紧实，质地细嫩，口感好。较抗病毒病及黑腐病，前期对温度较敏感，温度过低易出现小球散花。中早熟种。每667平方米产2200千克以上。适宜春、秋两季栽培。

【种植地区】 甘肃、宁夏、内蒙古、山西、青海、山东、陕西等地。

【栽培要点】 春茬栽培,播种、定植不宜过早。兰州地区12月上旬至翌年1月中旬播种,3月初定植大棚;秋季栽培,6月中旬播种,7月下旬定植。每667平方米栽苗2 400～2 700株。莲座期前可适当灌水施肥,显球后重施追肥。

【供种单位】 甘肃省农业科学院蔬菜研究所。地址:甘肃省兰州市。邮编:730070。

8. 厦花杂交4号菜花

【种　源】 福建省厦门市农业科学研究所选配的一代杂种。1999年通过福建省农作物品种审定委员会审定。

【特征特性】 植株生长势强。花球圆整紧实,单球重1.5～2.0千克。品质较好。成熟期一致,采收期集中。中熟种,定植后70～75天采收。每667平方米产2 000～3 000千克。适宜秋季栽培。

【种植地区】 福建、浙江等全国12个省市。

【栽培要点】 福州地区7月中旬至8月下旬播种,苗龄25～30天。每667平方米栽苗2 200株左右。定植缓苗后7～10天中耕松土2次,现蕾期前追肥2～3次,以尿素、复合肥为主;现蕾后再追肥1次,以尿素、钾肥为主。

【供种单位】 同1. 厦花80天1号菜花。

9. 丰花60菜花

【种　源】 天津市蔬菜研究所选育的新品种。1999年通过天津市农作物品种审定委员会审定。

【特征特性】 植株长势强,株高70～80厘米,开展度85厘米×85厘米左右。叶片灰绿色,阔披针形,叶缘锯齿明显,有外叶23片左右。花球半圆形，单球重0.57～0.90千克。花球组织致密，雪白细嫩，品质好。抗芜菁花叶病毒病，中抗黑腐病，耐热，耐高湿。中早熟种。每667平方米产2 000千克。适宜秋季露地栽培。

【种植地区】 华北及其以南地区。

【栽培要点】 津京地区6月20日左右播种。播种后要防雨，出苗后及时浇水。幼苗4～6片真叶、苗龄不超过25天时定植，行株距50厘米×40厘米，每667平方米栽苗3 300～4 200株。定植后及时浇缓苗水，进行中耕，忌蹲苗，全生育期以促为主，水肥要充足，一促到底。莲座期结合浇水追肥1次，现球后要重施追肥，3～4天浇1次水。

【供种单位】 天津市蔬菜研究所。地址：天津市南开区红旗路航天道6号。邮编：300192。

10. 夏雪40菜花

【种　源】 天津市蔬菜研究所选配的一代杂种。1997年通过天津市农作物品种审定委员会审定。

【特征特性】 株型直立紧凑。花球呈半圆形，洁白，紧实，单球重0.45千克。耐高温、高湿，抗芜菁花叶病毒病、黑腐病。极早熟种。每667平方米产1 480～1 680千克。适宜秋种。

【种植地区】 天津、山东、河北、山西、江苏、广东、贵州等地。

【栽培要点】 华北地区6月20日至23日播种育苗，育苗期要遮荫防雨，出苗后及时浇水。苗龄20～25天，4～5片真叶时定植，行距50厘米，株距40厘米，每667平方米栽苗3 300～3 500株。定植后施定根肥、莲座肥，现花球后重施1次追肥，3～4天浇水1次。

【供种单位】 同 5. 津雪 88 菜花。

八、青花菜

青花菜又名绿菜花、西兰花、嫩茎花椰菜等。为十字花科芸薹属甘蓝类蔬菜。染色体数 $2n=2x=18$。以绿色肥大的花球为产品,质地脆嫩,营养丰富,富含蛋白质、碳水化合物、维生素 C 及一些无机盐,可以炒食和凉拌。

青花菜原产于地中海沿岸,19 世纪末或 20 世纪初传入我国,台湾省栽培较多,南方沿海地区也有种植。20 世纪 80 年代以来,随着我国改革开放及人民生活水平的提高,青花菜的消费市场不断扩大。目前,全国很多地区都有较大面积种植,栽培的品种除从日本、美国引进的外,国内北京、上海的科研单位也已育成了青花菜新品种。

青花菜根系发达,主根粗大,根群分布在 30 厘米耕作层内,其植株生长势强于花椰菜(菜花)。青花菜营养生长期茎稍短缩,阶段发育完成后抽生花茎,花茎粗状,侧芽易萌发。叶多卵圆形,叶色蓝绿,并渐转为深蓝绿,蜡粉增多。主花茎顶茎形成主花球,主花球收获后,各叶腋抽生侧花茎,形成侧花球。花球由肥嫩的花茎、肉质花梗及绿色或紫色未充分发育的花蕾组成。

青花菜生育过程经历发芽期、幼苗期、莲座期、花球形成期及开花结籽期。不同生育阶段对温度的要求不同,发芽期适温为 25℃左右,幼苗期生长适温 20～25℃,莲座期为 18～22℃,花球形成期适温为 15～18℃。25℃以上发育不良,5℃

以下生长缓慢。青花菜生长发育特点及对环境条件的要求，与花椰菜相似，但其耐寒力和耐热性比花椰菜强。青花菜除对氮、磷、钾的需求外，对硼、锰、镁反应敏感，生长期缺硼，可引起花蕾表面黄化和基部洞裂，缺锰、镁会使叶色失去光泽。

青花菜对温度的适应范围比较广，春、秋两季，露地、保护地均可栽培。我国华南地区，7月份至翌年1月份均可播种栽种。长江流域，秋季6～12月份播种，11月份至翌年5月份收获；华北、东北地区分春、秋两季栽培，春作，2～3月份保护地播种育苗，3月中旬至4月下旬定植，5月中旬至7月份收获；秋作，6月份至7月上旬播种，8月上旬定植，10～11月份收获。

定植密度：每667平方米早熟品种栽苗2000～3000株，中、晚熟品种栽苗1500～2500株。

定植后的管理：青花菜喜肥水，在重施基肥的基础上应及时追肥，追施发棵肥和膨球肥。生长期要注意灌水、排水，保持土壤湿润。

青花菜对收获时间的要求十分严格，应在花球充分长大，球面圆整，花蕾尚未露冠时及时采收。过早采收，花球小，产量低；采收偏晚，花球容易散开或开花，降低品质。青花菜在常温下不耐贮藏，花球易散开，花蕾易转黄，应随采收随供应。若需短期存放，则应尽量降低存放的温度。适宜存放的温度为2℃左右。

病虫害及其防治。青花菜抗病能力强，一般很少发病。主要病害有黑斑病、黑胫病等。防治方法参见花椰菜或结球甘蓝。

1. 中青1号青花菜

【种 源】 中国农业科学院蔬菜花卉研究所选配的一代杂种。1998年通过北京市农作物品种审定委员会审定。

【特征特性】 植株高38～40厘米，开展度62厘米×65厘米。外叶15～17片，最大叶片长38～40厘米，宽14～16厘米，复叶3～4对，叶面蜡粉较多。花球浓绿色，较紧实，花蕾较细。春种主花球重300克左右，侧花球重150克左右；秋种主花球重500克左右。抗病毒病和黑腐病。早熟种。每667平方米产1750千克。适宜春、秋季栽培。

【种植地区】 北京、河北、山西、陕西、河南、山东、江苏、湖北等地。

【栽培要点】 华北地区春种，1月上旬播种，2月中下旬分苗1次，3月下旬定植露地，每667平方米栽苗2500～2700株；秋种，6月中下旬播种，7月底8月初定植，每667平方米栽苗2300株。定植后适当蹲苗，显球后加强水肥管理，重施追肥1次，主花球收获后再施追肥1次，促进侧花球生长。秋种育苗床要做成高畦，并搭荫棚降温、防雨。采用垄作栽培为宜，苗栽在垄的阴面半坡上，缓苗后开始追肥，并培土。注意及时防治病虫害。

【供种单位】 中国农业科学院蔬菜花卉研究所。地址：北京市海淀区白石桥路30号。邮编：100081。

2. 中青2号青花菜

【种 源】 中国农业科学院蔬菜花卉研究所选配的一代杂种。1998年通过北京市农作物品种审定委员会审定。

【特征特性】 植株高40～43厘米，开展度63厘米×67

厘米。外叶15～17片，最大叶长42～45厘米，叶宽18～20厘米，复叶3～4对，叶面蜡粉较多。花球浅绿色，较紧密，花蕾较细。春种，主球重350克左右，侧球重170克左右；秋种主球重600克左右。抗病毒病和黑腐病。早熟种。每667平方米产1 990千克。主要适宜秋季栽培。

【种植地区】【栽培要点】 参见1. 中青1号青花菜。

【供种单位】 同1. 中青1号青花菜。

3. 上海1号青花菜

【种　源】 上海市农业科学院园艺研究所选配的一代杂种。1991年通过上海市成果鉴定。

【特征特性】 植株半开张，开展度80厘米×80厘米，株高38厘米。叶片绿色，着生26片叶后开始现蕾。花球圆整、紧密，直径约13厘米，单球重350克左右。花球绿色，花蕾细。花茎脆嫩，风味鲜美、清香。耐寒性强，抗病性稍弱。早熟种。秋种，从定植至采收约60天。每667平方米约产500千克。

【种植地区】 上海、江苏、江西、安徽等地。

【栽培要点】 上海地区秋种，7月下旬至8月上旬播种，8月下旬至9月上旬定植，苗龄30天左右。育苗时需搭荫棚降温、防雨。行距50厘米，株距40厘米，每667平方米栽苗2 200～2 400株。花球膨大期增加肥水。及时防治菜青虫、小菜蛾和黑腐病。10月下旬至11月上旬及时采收。

【供种单位】 上海市农业科学院园艺研究所。地址：上海市北翟路3000号。邮编：201106。

4. 绿宝青花菜

【种　源】 福建省厦门市农业科学研究所选配的一代杂

种。1999 年通过福建省农作物品种审定委员会审定。

【特征特性】 株高 55～58 厘米,开展度 85 厘米×92 厘米。外叶 11～13 片,叶面较平展,蜡粉多。最大叶片长 44～50 厘米,宽 22～25 厘米。花球扁圆形,直径 16～18 厘米,单球重 350 克左右。花蕾中等大小,商品性好。较抗黑腐病和病毒病,较耐热。早熟种,定植后 55～60 天采收。每 667 平方米产 800～900 千克。适宜秋季栽培。

【种植地区】 福建省各地。

【栽培要点】 闽南地区 8 月上旬至 9 月下旬播种,苗龄 25～28 天。每 667 平方米栽苗 2 700～2 800 株。主花球采收后,加强管理,促侧花球生长。

【供种单位】 福建省厦门市农业科学研究所。地址:福建省厦门市洪山柄。邮编:361009。

九、黄　瓜

黄瓜又名胡瓜、王瓜。为葫芦科甜瓜属中幼果具刺的栽培种,一年生攀缘性草本植物。染色体数 $2n=2x=14$。幼果脆嫩,风味清香。适生食、熟食及腌渍。生长期短,可以全年生产,我国栽培普遍。

黄瓜根系细弱,吸收力差,而维管束的木栓化较早,再生力差,移栽时应注意保护根系。根群主要分布于 30 厘米耕作层内。茎无限生长,蔓性,分枝多,断面具 4～5 棱,表皮有刺毛。子叶对生,长椭圆形。真叶互生,五角掌状,深绿色,被茸毛。雌雄同株,异花授粉作物,单性花。果实为假果,是由子房与花托合并形成的。果面平滑或有棱、瘤、刺。果形为筒形至长棒状。

黄瓜是典型的喜温蔬菜。植株生长发育的适温，一般为15～32℃，白天适温20～32℃，夜间15～18℃。高于35℃时生理失调，易形成苦味瓜，45℃时叶片退绿，50℃时茎、叶坏死。10～13℃时引起生理紊乱，4℃受寒害，0℃引起冻害。要求中等程度的光照条件，但延长日照时间能提高光合生产率。黄瓜有露地和保护地栽培两种方式。无霜期100天左右的地区，每年可栽培一茬露地和两茬温室黄瓜；无霜期160天左右的地区，每年能栽培春秋两茬露地和两茬温室黄瓜。黄瓜生长期短，无霜期越长，栽培茬数越多。苗期要求较高温度，苗龄短，生长速度快，育苗要精细，防止徒长。黄瓜多育苗移栽，但苗期一般不分苗。

黄瓜喜疏松肥沃、pH 5.5～7.0的中性砂壤土。其他质地的土壤虽能生长，但产量低，品质差。根系适应土壤溶液浓度的能力较低，一般每生产1 000千克果实，需吸收氮2.8千克，磷0.9千克，钾3.9千克，钙3.1千克。

定植密度：因品种和整枝方法不同有很大差异。一般架黄瓜每667平方米栽2 400～6 000株；地爬黄瓜每667平方米栽2 000～3 000株。

定植后的管理：黄瓜需肥量较大，定植前应深耕，多施有机肥。平畦或高畦栽培。栽苗后及时浇缓苗水，水量不宜过大。前期加强中耕，提高地温，促进根系生长。黄瓜收获前后，开始追肥灌水，以后保持土壤湿润，一般每隔3～5天灌水或追肥1次，两者交替进行。肥料种类以腐熟人粪尿和速效化肥为主。黄瓜多以支架栽培为主，当主蔓长0.5米左右时，引蔓上架，然后每隔3～4节绑蔓1次，同时摘除侧枝和卷须，满架后摘顶。若选用以侧蔓结瓜为主的品种,应适当选留侧蔓。

病虫害及其防治。黄瓜的病虫害较多,主要病害有:霜霉病、白粉病、枯萎病、疫病、炭疽病、蔓枯病、黑星病、细菌性角斑病、病毒病等;虫害有:瓜蚜、黄守瓜等。可通过严格轮作倒茬、土壤消毒、选用抗病品种、与黑籽南瓜嫁接育苗、防涝排水、拔除病株以及喷洒农药等措施进行防治。

1. 中农2号黄瓜

【种　源】 中国农业科学院蔬菜花卉研究所利用雌性系7925G与自交系93配制的一代杂种。1991年通过全国农作物品种审定委员会审定。

【特征特性】 株高2.2米,叶深绿色。主蔓结瓜,侧枝长势强。第一雌花着生在主蔓第四至第七节上,其后连续着生雌花。瓜条长棒形,长35～45厘米,横径3.5厘米左右,瓜把长4.5厘米左右,瓜把小于瓜长的1/7。瓜皮深绿色,顶部花纹轻,表面刺瘤密。心腔约1.7厘米,小于横径的1/2。肉质脆嫩,味甜、清香。抗霜霉病、白粉病,中抗疫病和炭疽病。中熟种。每667平方米产4200～5800千克。适宜春露地和秋延后栽培。

【种植地区】 华北、东北、西北及华东等地。

【栽培要点】 北京地区春露地栽培,3月中旬播种育苗,4月底定植露地;夏秋栽培,7月底直播;秋大棚栽培,8月上旬直播。对肥水要求高。

【供种单位】 中国农业科学院蔬菜花卉研究所。地址:北京市海淀区白石桥路30号。邮编:100081。

2. 中农4号黄瓜

【种　源】 中国农业科学院蔬菜花卉研究所利用雌性系7925G作母本、自交系7872作父本配制的一代杂种。1991年通过北京市及河南省农作物品种审定委员会审定。

【特征特性】 植株长势较强，株高2.5米以上，茎粗0.7厘米。叶量少，叶色深绿。第一雌花着生在主茎第四至第六节上，以主蔓结瓜为主，瓜码密，坐瓜多，瓜条发育快。瓜条顺直，长30～35厘米，横径3.3厘米左右，单瓜重150～200克。瓜皮深绿色，有光泽，刺瘤适中，无棱无纹。口感清香，味浓，品质佳。抗霜霉病和白粉病，较抗疫病、炭疽病。早熟种。每667平方米产4 561千克。适宜春露地早熟栽培及秋棚栽培。

【种植地区】 北京、山东、河北、河南及江苏等地。

【栽培要点】 北京地区春露地栽培，3月中旬播种育苗，4月下旬定植；秋棚栽培，8月中旬直播。每667平方米栽苗3 500～4 000株。结瓜期灌水次数要多于其他品种。及时采收。

【供种单位】 同1. 中农2号黄瓜。

3. 中农8号黄瓜

【种　源】 中国农业科学院蔬菜花卉研究所利用两个自交系211和273配制的一代杂种。1995年通过山西省农作物品种审定委员会认定。1997年又通过北京市农作物品种审定委员会审定。

【特征特性】 植株长势强，生长速度快，株高2.2米以上。叶色深绿，分枝较多，主、侧蔓均能结瓜。第一雌花着生在主蔓第四至第六节上，以后每隔3～5节着生1雌花。瓜条顺直、整齐，长35～40厘米，横径3.0～3.5厘米，单瓜重150～200克。瓜皮深绿色，有光泽，表面无黄色条纹，瘤小，刺密，白刺。瓜把短，心腔小。质脆、味甜、清香。抗霜霉病、白粉病及枯萎病。中晚熟种。每667平方米产4000～6135千克。适宜春、秋露地栽培。

【种植地区】 全国各地均可。

【栽培要点】 北京地区春露地栽培，3月中旬育苗，4月下旬定植。施足底肥，勤施追肥。侧蔓留2叶1瓜摘心。

【供种单位】 同1. 中农2号黄瓜。

4. 中农13号黄瓜

【种　源】 中国农业科学院蔬菜花卉研究所利用雌性系9110G作母本、自交系450作父本配制的一代杂种。1996年获国家专利，专利号：95.101592，3。1999年通过北京市和黑龙江省农作物品种审定委员会审定。

【特征特性】 植株生长势强，株高2.5米以上。叶色深绿，叶片中等大小。幼苗子叶肥大，生长速度快。主蔓结瓜为主，侧枝短。雌株率50%～80%，雌株第一雌花着生在主蔓第二至第三节上，以后节节出现雌花。普通株第一雌花着生在主蔓第三至第四节上。根瓜长约25厘米，腰瓜长30～35厘米，横径3.3厘米。瓜色深绿，着色均匀，有光泽，表面无黄色条纹。瘤小，刺密，白刺，无棱。瓜把短，约2.7厘米。心腔小，肉厚，质脆、味甜、清香。高抗黑星病、枯萎病，抗角斑病，中抗霜霉病。耐低温、弱光。早熟种。每667平方米产6000～9000千克。日光温室专用品种。

【种植地区】 华北、东北、西北、华中及华东等大部分地区。

【栽培要点】 ①适时播种，培育壮苗。北京地区日光温室秋冬茬栽培，10月上中旬播种育苗，苗龄30～35天。②小苗定植，适当稀植。小苗2～3片叶定植，日光温室每667平方米栽苗3000株左右；春棚栽苗4000株左右。③施足基肥，采收期适时追肥。看天、看地、看秧苗掌握浇水量。④小高垄、地膜覆盖栽培。大小行栽，大行距70厘米，小行距60厘米。⑤及时调整植株。摘去基部第五节以下的雌花及侧枝，中期将植株盘蔓于基部，去掉老叶。⑥中后期结合防治霜霉病、白粉病，喷施叶面肥6～8次，可提高中后期产量。

【供种单位】 同1.中农2号黄瓜。

5. 中农7号黄瓜

【种　源】 中国农业科学院蔬菜花卉研究所选配的雌性型三交种。1994年通过山西省农作物品种审定委员会认定。

【特征特性】 植株生长势强，以主蔓结瓜为主。第一雌花着生在主蔓第二至第三节上，雌花节率约50%，瓜码密。瓜呈长条棒形，长30～35厘米，横径约3厘米，单瓜重150～200克。瓜把较短，心腔小。瓜皮深绿色，有光泽，无花纹，白刺，刺瘤小。皮薄、质脆、味甜，品质佳。较耐低温，抗枯萎病、黑星病、霜霉病、病毒病和白粉病。早熟种，从播种至始收嫩瓜需55～60天。每667平方米产5000～7500千克。适宜春季大棚、温室栽培。

【种植地区】 北京、山西及我国北方地区。

【栽培要点】 北京地区春茬温室栽培，1月上中旬播种育苗，2月中旬定植；春大棚栽培，2月中旬育苗，3月中旬定植，苗龄30～35天。温室每667平方米栽苗约3200株，大棚约栽苗4000株。苗期控温不控水，2～3片叶定植，定植后不蹲苗。结瓜期追肥浇水次数要多于一般品种，采收中期进行叶面喷肥3～4次。瓜秧满架后要及时打顶，侧枝留1～2个瓜摘心。适时采收，隔1天收1次。注意防治病虫害。

【供种单位】 同1. 中农2号黄瓜。

6. 碧春黄瓜

【种　源】 北京蔬菜研究中心利用8232与8129两个自交系配制的一代杂种。1991年通过北京市农作物品种审定委员会审定。

【特征特性】 植株生长势强，生育期长，在肥水充足、栽培得当的情况下，生育期可延至135～140天。茎秆粗壮，叶片肥大。第一雌花着生在主蔓第二至第三节上，以后每隔1～2节或连续着生雌花。瓜条顺直，长30～35厘米，横径约3.5厘米，单果重150～250克。瓜把短，皮色浓绿，刺瘤白色适中。心腔小，肉厚，皮薄质脆，味甜，品质好。抗霜霉病、白粉病、枯萎病，较抗角斑病及炭疽病。早熟种。每667平方米产5 000～6 000千克。适宜保护地及露地栽培。

【种植地区】 北京、河南、河北、湖北、四川、福建、安徽、江苏、浙江、陕西、青海、内蒙古及东北地区。

【栽培要点】 苗龄宜短，一般35天。不蹲苗或少蹲苗。出苗后温度控制稍高点有利苗生长。

【供种单位】 北京蔬菜研究中心。地址：北京市海淀区板井村。邮编：100089。

7. 春香黄瓜

【种　源】 北京蔬菜研究中心选配的一代杂种。1993年通过北京市农作物品种审定委员会审定。

【特征特性】 植株长势较强，株高2米以上。根系发达。叶色绿，节间长10厘米。主蔓结瓜为主，摘心后回头瓜多。第一雌花着生在主蔓第二至第三节上，以后每隔1～2节着生1雌花。瓜条顺直，长30厘米左右，瓜把短，约2～3厘米，单瓜重250克左右。瓜色绿，刺瘤白色。皮薄、肉厚、质脆，品质佳。较抗霜霉病、白粉病、枯萎病。早熟种。每667平方米产4 000～5 000千克。适宜露地及保护地栽培。

【种植地区】 华北、东北、西北等地。

【栽培要点】 短苗龄，以35～40天为宜；每667平方米栽苗4 000～4 500株。不蹲苗或少蹲苗。

【供种单位】 北京蔬菜研究中心。地址：北京市海淀区板井村。邮编：100089。

8. 农大秋棚1号黄瓜

【种　源】 北京农业大学园艺系选配的一代杂种。1991年通过北京市农作物品种审定委员会审定。

【特征特性】 植株生长势强，分枝力中等。第一雌花着生在主蔓第五至第八节上，瓜码密，可多条瓜同时生长。瓜呈长棒形，长30～35厘米，横径3.0～3.5厘米，单果重300～400克。瓜皮深绿色，有光泽，瓜顶无明显黄条纹，刺瘤适中。肉质脆嫩，味香甜，品质好。较耐涝，抗霜霉病、白粉病和炭疽病。每667平方米产3 000千克以上。适宜秋季塑料大棚及日光温室栽培。

【种植地区】 北京、河南、山东、江苏、广东及甘肃等地。

【栽培要点】 北京地区秋大棚栽培，7月下旬至8月上旬直播，或7月下旬育苗，8月下旬小苗定植。每667平方米栽苗5 000株。

【供种单位】 北京农业大学园艺系。地址:北京市海淀区圆明园路2号。邮编:100094。

9. 津春2号黄瓜

【种　源】 天津市黄瓜研究所选配的一代杂种。1993年通过天津市农作物品种审定委员会审定。

【特征特性】 苗期生长速度快,开花早而集中,第一雌花着生在主蔓第三至第四节上。瓜呈长棒形,瓜条顺直、匀称,腰瓜长32厘米,单瓜重150克。瓜皮深绿色,有光泽。瓜肉浅绿色,心腔小于横径的1/2,瓜把小于瓜长的1/7。口感清香脆甜,商品性好。抗病性强,抗霜霉病、白粉病、枯萎病。耐寒性强,在夜间室温11～14℃条件下仍能正常生长。早熟种,从播种至始收需65天左右。每667平方米产5000千克以上。适宜保护地栽培。

【种植地区】 天津及河北、河南、山西、宁夏等20多个省(区、市)。

【栽培要点】 培育短苗龄壮苗,苗龄30～35天,3叶1心至4叶1心时定植,每667平方米栽苗3500～4000株。苗期控温不控水,定植前5～7天进行低温炼苗,白天20～25℃,夜间逐步降至5～7℃。定植后蹲苗不宜过长,肥水供应要及时。采收期可进行叶面喷肥3～5次。

【供种单位】 天津市黄瓜研究所。地址:天津市南开区复康路。邮编:300192。

10. 津春3号黄瓜

【种　源】 天津市黄瓜研究所选配的一代杂种。1994年通过天津市农作物品种审定委员会审定。

【特征特性】 植株长势强,茎粗壮,叶片较大,深绿色,分枝性中等。以主蔓结瓜为主,单性结实能力强。瓜条呈棒状,顺直,单瓜重 200 克左右。瓜皮深绿色,白刺,刺瘤适中,有棱。肉厚,质脆,风味佳。抗霜霉病、白粉病,耐低温、弱光能力较强,在 10～13℃的夜温下可正常结瓜。早熟种。每 667 平方米产 5 000 千克以上。适宜日光温室越冬栽培。

【种植地区】 天津、山东、河北、河南、辽宁等地。

【栽培要点】 华北地区秋冬茬栽培,9 月下旬至 10 月上旬播种,苗龄 1 个月左右;冬春茬栽培,12 月份播种,翌年1～2 月份定植。采用高畦栽培,每 667 平方米栽苗 3 500 株左右。结瓜盛期加强肥水管理。

【供种单位】 同 9. 津春 2 号黄瓜。

11. 津春 4 号黄瓜

【种　源】 天津市黄瓜研究所选配的一代杂种。1993 年通过天津市农作物品种审定委员会审定。

【特征特性】 植株生长势强,分枝较多,生长速度快。以主蔓结瓜为主,侧蔓也能结瓜,且有回头瓜。瓜条棒状,瓜长 30 厘米,单瓜重 200 克左右。瓜皮深绿色,有光泽,略有棱,白刺,刺密。肉厚,质密,脆甜,商品性好。抗霜霉病、白粉病及枯萎病。早熟种。每 667 平方米产 5 500 千克以上。适宜露地及保护地栽培。

【种植地区】 天津、河北、山东、辽宁、陕西、海南等地。

【栽培要点】 施足底肥,适期播种。华北地区春露地栽培,3 月中下旬播种,4 月下旬终霜后定植,每 667 平方米栽苗 3 500～4 000 株。开始结瓜时应及时将第十节以下的侧枝全部摘除,中上部的侧枝,见瓜后留 1～2 片叶打顶。结瓜盛期应

2天浇1次水,6～7天追1次肥。注意防治蚜虫,及时采收。

【供种单位】 同9. 津春2号黄瓜。

12. 津优1号黄瓜

【种　源】 天津市黄瓜研究所利用自交系451和Q12-2配制的一代杂种。1997年通过天津市农作物品种审定委员会审定。

【特征特性】 植株生长势强,叶深绿色,以主蔓结瓜为主。第一雌花着生在主蔓第四节左右。瓜条长棒形,长30厘米左右,单瓜重约200克。瓜皮深绿色,瘤明显,密生白刺。瓜把为瓜长的1/7,瓜腔小于横径的1/2。质脆甜,品质优良。抗霜霉病、白粉病和枯萎病。早熟种,从播种至始收约70天。每667平方米产6 000千克左右。适宜保护地栽培,尤其适宜春秋大棚栽培。

【种植地区】 天津及华北部分地区。

【栽培要点】 该品种生长发育速度快,在适宜条件下,从播种到现蕾仅需35天。因此,播种期应从定植期往前推算40天左右。幼苗长至3叶1心时定植。定植前5～7天进行低温炼苗。每667平方米栽苗3 500～3 700株。中后期注意防病、防虫。

【供种单位】 同9. 津春2号黄瓜。

13. 津春5号黄瓜

【种　源】 天津市黄瓜研究所选配的一代杂种。1994年通过天津市农作物品种审定委员会审定。

【特征特性】 植株生长势强,主侧蔓同时结瓜。春露地栽培,第一雌花着生在主蔓第五节左右;秋季栽培,第一雌花着生在第七节左右。瓜条长棒形，长约33厘米，横径约3厘米，单瓜重200～250克。瓜皮深绿色，刺瘤中等。心腔小，肉厚，脆嫩，品质佳。既可鲜食，又能加工腌渍，腌渍出菜率达56%。抗霜霉病、白粉病、枯萎病。早熟种。每667平方米产4 000～5 000千克。适宜春、秋露地栽培。

【种植地区】 全国各地均可栽种。

【栽培要点】 苗龄约30天，3叶1心定植，每667平方米栽苗3 500～4 000株。结瓜期要大肥大水，增施磷钾肥。

【供种单位】 同9. 津春2号黄瓜。

14. 津绿4号黄瓜

【种　源】 天津市黄瓜研究所利用F_{15}和Q_{24}两个自交系配制的一代杂种。1997年通过天津市农作物品种审定委员会审定。

【特征特性】 植株长势强，叶深绿色，以主蔓结瓜为主。第一雌花着生在主蔓第四节左右，雌花节率35%左右。瓜条长棒形，长35厘米左右，单瓜重约200克。瓜把短，瓜皮深绿色，瘤明显，密生白刺。肉绿白色，质脆，品质优。耐热，抗枯萎病、霜霉病、白粉病。早熟种，从播种至始收约60天。每667平方米产5 500千克左右。适宜春、秋露地栽培。

【种植地区】 天津市各地。

【栽培要点】 天津地区春露地栽培，3月中下旬至4月上旬播种，苗龄30～35天。每667平方米栽苗3 200株左右。开始结瓜时，第十节以下的侧枝要及时摘除；中上部出现的侧枝，宜每一侧枝留1条瓜，留1～2片叶后摘心。

【供种单位】 同9. 津春2号黄瓜。

15. 鲁黄瓜5号

【种　源】 山东省济南市农业科学研究所选育的新品种。1992年通过山东省农作物品种审定委员会审定。

【特征特性】 植株长势强，秧矮，株高1.4～1.6米。主蔓结瓜，第一雌花着生在第二至第四节上，雌花节率为50%～86%，结回头瓜能力强。瓜条顺直，长25厘米，横径3～4厘米。瓜皮深绿色，有光泽，棱瘤明显，瘤小刺密，白刺。瓜把长2～4厘米。味甜，品质优良。中抗霜霉病、角斑病、枯萎病。苗期耐低温，成瓜速度快，极早熟种。每667平方米产5 000千克。适宜保护地栽培。

【种植地区】 安徽省以北各地。

【栽培要点】 山东地区春大棚栽培，2月中下旬播种育苗，3月中下旬定植，苗龄40～45天，每667平方米栽苗6 500株。不蹲苗，采收期要勤施肥，多施肥。

【供种单位】 山东省济南市农业科学研究所。地址：济南市西郊机场路。邮编：250023。

16. 鲁黄瓜7号

【种　源】 山东省青岛市农业科学研究所选配的一代杂种。1993年通过山东省农作物品种审定委员会审定。

【特征特性】 植株生长势强，主侧蔓均能结瓜。第一雌花着生在主蔓第六至第八节上。瓜形棒状，长21.6厘米，横径3.7厘米，单瓜重175克。瓜把长3.6厘米，瓜皮浅绿色，光滑无棱无瘤，刺褐色，小而稀。肉淡绿色，厚1.1厘米。耐高温，较耐涝，较抗枯萎病、霜霉病、炭疽病、白粉病。中早熟种。每667平方米产3 500千克。适宜露地栽培。

【种植地区】 宜在喜食华南型黄瓜的地区栽培。

【栽培要点】 青岛地区春露地栽培，3月底至4月下旬播种育苗，或5月份直播。

【供种单位】 山东省青岛市农业科学研究所。地址：山东省青岛市崂山区李村。邮编：266100。

17. 冬棚1号黄瓜

【种　源】 山东省淄博市种子公司选育的新品种。1994年通过山东省农作物品种审定委员会审定。

【特征特性】 植株长势强，叶片肥厚，深绿色，以主蔓结瓜为主。第一雌花着生在主蔓第二至第四节上，以后每隔1～2节着生1雌花。瓜条棒形，长25～35厘米，横径3厘米，单瓜重150～200克。瓜把短，瓜皮深绿色，棱不显，刺白色，小而密。质脆，味浓，品质优。耐低温、弱光，适应性广，抗病性强。与黑籽南瓜嫁接亲和性好。早熟种，从播种至始收约60天左右。每667平方米产6000～8000千克。适宜冬季日光温室及春季大棚栽培。

【种植地区】 山东省及华北、东北、西北等地。

【栽培要点】 山东各地春大棚栽培，2月初育苗，3月上中旬定植，苗龄30～35天，每667平方米栽苗3500～4200株。如肥水较差，可适当密植，每667平方米栽苗4500株。冬季日光温室栽培，9月下旬播种育苗，10月底定植。

【供种单位】 山东省淄博市种子公司。地址：山东省淄博市张店潘南东路14号。邮编：255033。

18. 鲁黄瓜12号

【种　源】 山东省济南市农业科学研究所选配的一代杂

种。1997 年通过山东省农作物品种审定委员会审定。

【特征特性】 主茎略细，叶深绿色，主蔓结瓜，回头瓜多。第一雌花着生在主蔓第三至第四节上，雌花节率 60%左右。瓜条直，呈棒状，长 30 厘米，横径 3.5～4.0 厘米，单瓜重 150～200 克。瓜把长 2～3 厘米，瓜皮深绿色，有光泽，瘤密，白刺。肉厚，质脆。抗霜霉病、白粉病，枯萎病，不抗角斑病。从播种至始收约 70 天。每 667 平方米产 5 000 千克以上。适宜保护地栽培。

【种植地区】 山东、辽宁、吉林、河南、河北、安徽、湖北、湖南、四川、新疆及宁夏等地。

【栽培要点】 每 667 平方米栽苗 4 000～4 200 株。其他管理措施参见 17. 冬棚 1 号黄瓜。

【供种单位】 山东省济南市农业科学研究所。地址：山东省济南市西郊机场路。邮编：250023。

19. 湘黄瓜 3 号（春圆 4 号）

【种　源】 湖南省长沙市蔬菜研究所选配的一代杂种。1996 年通过湖南省农作物品种审定委员会审定。

【特征特性】 植株长势强，分枝性弱，第一雌花着生在主蔓第三至第五节上。瓜条顺直，瓜长 33 厘米，横径 4.2 厘米，单瓜重 280～320 克。瓜皮深绿色，黑刺瘤稀。肉厚，味浓。耐寒，较抗枯萎病、霜霉病、白粉病。早熟种。每 667 平方米产 5 000～6 000 千克。适于春季保护地栽培。

【种植地区】 湖南省及南方各省市。

【栽培要点】 湖南地区，立春至雨水播种，3 月上中旬定植，每 667 平方米栽苗 4 000～4 200 株。重施基肥，勤施追肥。勤采收，结瓜盛期每天采收 1 次。

【供种单位】 长沙市蔬菜研究所。地址:湖南省长沙市北郊马栏山。邮编:410003。

20. 沪58号黄瓜

【种　源】 上海市农业科学院园艺研究所利用346雌性系与217自交系配制的一代杂种。1992年通过上海市农作物品种审定委员会审定。

【特征特性】 植株长势强,叶片较小,株型稀疏,以主蔓结瓜为主。第一雌花着生在主蔓第二节上,以后节节着生1~2朵雌花。瓜条短棒状,单瓜重200~250克。瓜皮青绿色,表皮光滑,无棱,刺小。微甜,质脆,品质佳。极耐寒,抗病性强。极早熟种。每667平方米产4 000千克以上。适于春大棚栽培。

【种植地区】 长江流域。

【栽培要点】 上海地区春大棚栽培,1月份播种,苗龄40~45天,4片真叶时定植,每667平方米栽苗3 000株。不蹲苗。瓜蔓长有25节左右时摘心,促回头瓜生长。结瓜盛期每7~10天追1次肥。

【供种单位】 上海市农业科学院园艺研究所。地址:上海市北翟路3000号。邮编:201106。

21. 豫黄瓜1号

【种　源】 河南省郑州市蔬菜研究所选育的新品种。1991年通过河南省农作物品种审定委员会审定。

【特征特性】 株高2.5米以上,长势强。叶色浓绿,以主蔓结瓜为主。第一雌花着生在主蔓第四至第五节上。瓜长40~50厘米,横径3厘米左右,单瓜重290~320克。瓜皮深绿色,棱沟不显，白刺，刺瘤小而稀。肉质脆嫩。抗病，耐热，耐湿。中早熟种。每667平方米产4 500～5 000千克。适宜春、秋露地栽培。

【种植地区】 河南、山东、山西、上海等全国17个省市均可种植。

【栽培要点】 河南地区春露地栽培，3月下旬小拱棚营养土方育苗，4月下旬定植；夏季栽培，5～6月份播种；秋季栽培，7～8月份播种。春季栽培，每667平方米栽苗4 000～4 500株。缓苗后注意肥水管理，结瓜前以控为主，适当蹲苗，结瓜期以促为主，隔水追肥。

【供种单位】 郑州市蔬菜研究所。地址：河南省郑州市王胡寨北京广路。邮编：450001。

22. 宁黄4号黄瓜

【种　源】 宁夏回族自治区农林科学院蔬菜研究所选配的一代杂种。1998年通过宁夏回族自治区农作物品种审定委员会审定。

【特征特性】 植株长势强，株高2.2～2.5米。叶片较大，深绿色。以主蔓结瓜为主。温室栽培，第一雌花着生在第四至第五节上；秋延后栽培，第一雌花着生在第五至第七节上。单株结瓜7～10条，每节着生双瓜较多。瓜长棒形，长30～32厘米，单瓜重150～200克。瓜皮深绿色，有光泽，瘤小，刺密，白色。瓜把长3～4厘米，心腔小。肉浅绿色，质脆。春种，每667平方米产6 996千克；秋种每667平方米产3 885千克。适宜保护地栽培。

【种植地区】 宁夏各地。

【栽培要点】 宁夏温室栽培，1月上中旬育苗，2月上旬定植，每667平方米栽苗4 000株左右。

【供种单位】 宁夏回族自治区农林科学院蔬菜室。地址：银川市新市区西干渠。邮编：750021。

23. 赣黄瓜1号

【种　源】 江西省九江市庐山区蔬菜局选配的一代杂种。1993年通过江西省农作物品种审定委员会审定。

【特征特性】 株高2.2米，茎较粗，节间短，约6.5厘米。叶片深绿色，分枝中等。主蔓结瓜，第一雌花着生在第三至第五节上。瓜长棒形，长35厘米，横径3.5厘米，瓜把长4.5厘米，单瓜重300克。瓜皮深绿色，顶部有绿色短条纹，浅棱，白刺，刺密，瘤小。肉浅绿色，质脆味甜。较耐低温、弱光，抗枯萎病，耐霜霉病。早熟种。每667平方米产5 000千克。适宜春大棚栽培。

【种植地区】 长江流域。

【栽培要点】 长江流域1月中下旬播种，3月上中旬定植，每667平方米栽苗4 000株。2叶1心时降低夜温至12～14℃，控制土壤水分。施足基肥，及时追肥。

【供种单位】 江西省九江市蔬菜种子公司。地址：江西省九江市。邮编：332000。

24. 早青2号黄瓜

【种　源】 广东省农业科学院蔬菜研究所利用雌性系75-1作母本、56号品系作父本配制的一代杂种。1993年通过广东省农作物品种审定委员会审定。

【特征特性】 第一雌花着生在主蔓第四至第五节上。瓜条短圆柱形，头尾均匀，长21厘米，横径4.3厘米，单瓜重

200克。瓜皮深绿色,有光泽。肉厚1.3厘米,质脆,味甜。抗枯萎病、疫病、炭疽病,耐霜霉病、白粉病。早熟种,从播种至始收约53天。每667平方米产3 000～4 000千克。

【种植地区】 广东、海南、广西、湖南、福建、江苏等地。

【栽培要点】 广东地区,1～3月份播种,每667平方米栽苗3 000～3 500株。施足基肥,及时追肥。

【供种单位】 广东省农业科学院蔬菜研究所。地址:广州市石碑五山。邮编:510640。

25. 夏青4号黄瓜

【种　源】 广东省农业科学院蔬菜研究所选配的一代杂种。1994年通过广东省农作物品种审定委员会审定。

【特征特性】 植株长势强,主、侧蔓均能结瓜。第一雌花着生在主蔓第五至第六节上,雌花多。瓜呈长圆筒形,长23.9厘米,单瓜重250克。瓜皮深绿色,白刺稀少。肉厚,心腔小于横径的1/2,品质好。抗枯萎病、炭疽病、细菌性角斑病、白粉病,耐疫病、霜霉病。每667平方米产2 000千克左右。适宜夏、秋季栽培。

【种植地区】 华南地区。

【栽培要点】 华南地区,4月份至8月份均可播种。施足底肥,整个生长期追肥7～10次。夏季天气炎热,晴天早晚应各浇1次水,采收盛期可浇"跑马水"。雌花坐瓜后8～10日即可采收。

【供种单位】 同24.早青2号黄瓜。

26. 夏秋黄瓜

【种　源】 广东省广州市白云区蔬菜研究所选育的新品

种。1991年通过广东省农作物品种审定委员会审定。

【特征特性】 叶色淡绿,主、侧蔓都能结瓜。第一雌花着生在主蔓第六至第七节上。瓜圆筒形,长20.7厘米,横径4.8厘米,单瓜重100～150克。瓜皮青绿色,刺瘤疏小,白刺。质脆,微甜,品质优良。耐热,耐涝,较抗白粉病及炭疽病。早熟种,播种至始收需30～35天。每667平方米产1 300～2 000千克。

【种植地区】 广东省。

【栽培要点】 广东地区,3月份至9月份均可播种,最适播期为7月下旬至8月份。高畦栽培,畦宽1.7～2.0米(含沟)。单行种植,株距13～17厘米。施足基肥,早施、多施追肥,有条件的地方可用地膜、稻草等覆盖畦面,以降温保苗。

【供种单位】 广东省广州市白云区蔬菜研究所。地址:广州市。邮编:510080。

27. 宁丰3号黄瓜

【种　源】 江苏省南京市蔬菜研究所选配的一代杂种。1991年通过江苏省农作物品种审定委员会审定。

【特征特性】 植株长势强,以主蔓结瓜为主。第一雌花着生在主蔓第二至第三节上,雌花节率高,瓜码密。瓜条长棒形,长约39厘米,横径4厘米,单瓜重250克左右。瓜皮浅绿色,棱不明显,刺瘤稀疏,白刺,有黄条纹。肉质脆嫩,品质中等。耐低温,较抗霜霉病、白粉病及炭疽病。早熟种。每667平方米产4 000千克左右。适宜塑料大棚及小拱棚栽培。

【种植地区】 江苏省及长江下游地区。

【栽培要点】 南京地区春季大棚栽培,2月上中旬播种,3月上中旬定植,每667平方米栽苗4 000株左右。

【供种单位】 江苏省南京市蔬菜种子站。地址:江苏省南京市太平门外锁金村四号之一。邮编:210042。

28. 常杂1号黄瓜

【种　源】 江苏省常州市蔬菜种子公司利用上海杨行黄瓜与长春密刺作亲本配制的一代杂种。1991年通过江苏省农作物品种审定委员会审定。

【特征特性】 植株长势强,茎粗,节间短,分枝少。叶绿色。主蔓结瓜为主,第一雌花着生在主蔓第二至第三节上。瓜呈长圆柱形,长34厘米,横径4.3厘米,单瓜重300克。瓜皮黄绿色,有花纹,略有刺瘤,棱不明显,刺黑色。肉较厚,味甜。较抗枯萎病、炭疽病。露地栽培每667平方米产3500千克;大棚栽培每667平方米产6500~7500千克。

【种植地区】 江苏省及长江下游地区。

【栽培要点】 常州地区,春露地栽培,1月下旬至2月上旬播种,3月上中旬定植,苗龄35天左右,每667平方米栽苗4500~5000株。

【供种单位】 江苏省常州市蔬菜种子公司。地址:江苏省常州市兰陵路。邮编:214026。

29. 早抗黄瓜

【种　源】 江苏省农业科学院蔬菜研究所选配的一代杂种。1994年通过江苏省农作物品种审定委员会审定。

【特征特性】 第一雌花着生在主蔓第二节上。雌花单生,少数双生,能连续三四节同时坐瓜,瓜条发育快。耐低温、弱光,抗病性强。极早熟种,从播种至始收需60天。春大棚栽培每667平方米产4000千克;冬季日光温室栽培每667平方米产5 000千克以上。

【种植地区】 江苏、浙江、安徽、山东、湖北、河南、陕西、上海、四川、江西、河北等省市。

【栽培要点】 苗龄25～30天。苗期切勿长期处于低温、弱光、干旱状态。施足底肥。适当密植，每667平方米栽苗3 500株。肥水需要量大，必须及时浇水追肥，尤其是结瓜盛期浇水与追肥要交替进行。及时防治病虫害，及时采收。

【供种单位】 江苏省农业科学院蔬菜研究所。地址：南京市孝陵卫。邮编：210014。

30. 露地3号黄瓜

【种　源】 辽宁省农业科学院园艺研究所以自交系1348为母本、1469为父本配制的一代杂种。1995年通过辽宁省农作物品种审定委员会审定。

【特征特性】 叶片深绿色，呈五角形。第一雌花着生在主蔓第五至第六节上。以主蔓结瓜为主。瓜长棒形，长30～35厘米，单瓜重170～180克。瓜条直，无棱，刺瘤中等，白刺。瓜皮深绿色，有光泽，瓜顶端有10条黄色纹，肉厚0.72厘米，白色。中熟种，从播种至始收约65天。每667平方米产6 336千克。

【种植地区】 辽宁省各地。

【栽培要点】 沈阳地区，4月上旬播种，苗龄35～40天。

【供种单位】 辽宁省农业科学院园艺研究所。地址：沈阳市东陵路马官桥。邮编：110161。

31. 春丰2号黄瓜

【种　源】 辽宁省沈阳市农业科学研究所以自交系

5003 与 5065 为亲本配制的一代杂种。1991 年通过辽宁省农作物品种审定委员会审定。

【特征特性】 植株长势较强，分枝弱。叶深绿色，叶缘缺刻多且明显。第一雌花着生在主蔓第三至第五节上。瓜长棒形，长 30～35 厘米，横径 4 厘米左右，单瓜重 100 克。瓜皮深绿色，刺瘤明显，白刺。喜肥水，苗期不耐低温，抗霜霉病、枯萎病、白粉病。早熟种。每 667 平方米产 4 000 千克以上。适宜保护地栽培。

【种植地区】 辽宁省。

【栽培要点】 苗龄 45 天左右，苗期控温不控水。及时定植，蹲苗期不宜过长。加强肥水管理，应重施基肥，多次追肥。及时通风排湿，减少病害发生。

【供种单位】 辽宁省沈阳市农业科学研究所。地址：沈阳市黄河北大街 96 号。邮编：110034。

32. 华黄瓜 1 号

【种　源】 华中农业大学园艺系以自交系 8624 和 8601 为亲本配制的一代杂种。1995 年通过湖北省农作物品种审定委员会审定。

【特征特性】 植株生长势强，茎粗，叶大。第一雌花着生在主蔓第三节左右，以后每隔 1～2 节或连续着生雌花。瓜条顺直，长 35～38 厘米，横径 3.5 厘米左右，单瓜重200～250 克。瓜皮绿色，有光泽，刺瘤中等大小，较密，白刺。抗霜霉病、白粉病。早熟种，春种从播种至始收需 62 天左右；夏秋栽培 38～40 天。每 667 平方米产 4 500 千克，高产者可达 6 000 千克左右。适于春、秋两季露地和春季大棚栽培。

【种植地区】 湖南、湖北、河南、四川、云南、安徽等 18 个省。

【栽培要点】 湖北地区春大棚栽培,1月中旬至2月上旬播种育苗,2月下旬至3月上旬定植;露地栽培,2月下旬至3月上旬播种,3月下旬至4月上旬定植;夏秋栽培,5月15日直播;秋季栽培,8月10日直播。每667平方米栽苗3 500～4 000株。定植前施足底肥,结瓜前后追施尿素,采瓜前及时摘除侧枝。主蔓长至25节左右时摘心,再留侧枝结回头瓜。注意防治病虫害。

【供种单位】 华中农业大学园艺系。地址:湖北省武汉市武昌南湖。邮编:430070。

33. 旱选1号黄瓜

【种　源】 吉林省通化市园艺研究所利用银白黄瓜作母本、两头齐黄瓜作父本进行杂交,经后代定向选择而育成的新品种。1996年通过吉林省农作物品种审定委员会审定。

【特征特性】 植株长势中等,叶片肥大,分枝力中等,以主蔓结瓜为主。瓜呈长棒状,单瓜重250～300克。单株结瓜6～10条。瓜皮淡绿色,表面光滑,刺较稀,稍有蜡粉。肉厚,白色,质脆味甜,有香味。较抗病。早熟种,从定植至始收约40天。每667平方米产4 500千克。适于露地栽培。

【种植地区】 吉林省各地。

【栽培要点】 吉林省4月下旬温床播种育苗,苗龄25～30天,终霜后定植,采用垄作、搭架栽培,行距60厘米,株距40厘米。注意及时灌水、防治蚜虫,及时绑蔓、采收。

【供种单位】 吉林省通化市园艺研究所。地址:吉林省通化市江南。邮编:134001。

34. 吉农2号黄瓜

【种　源】 吉林农业大学利用宁阳大刺瓜为母本、小八杈为父本进行杂交,经后代选择而育成的新品种。1995年通过吉林省农作物品种审定委员会审定。

【特征特性】 植株长势中等,主蔓长2米左右,有1～3条短分枝。叶片较大,绿色。第一雌花着生在主蔓第三至第六节上。瓜呈长棒形,长30～40厘米,单瓜重160～210克。瓜皮绿色,刺瘤较小而密,白刺。瓜把长4～6厘米。肉质脆嫩,口感好。抗霜霉病。中早熟种。每667平方米产4000千克。适于春、夏露地栽培。

【种植地区】 吉林省各地。

【栽培要点】 吉林省春季露地栽培,4月上中旬播种育苗,苗龄30～40天,5月中下旬定植。行距60厘米,株距30厘米。定植前进行炼苗。结瓜前期每隔7～10天追肥1次。及时整枝疏蔓,枝蔓长满架后摘心。及时采收,并注意防治病虫害。

【供种单位】 吉林农业大学。地址:吉林省长春市东环路南。邮编:130118。

35. 吉选2号黄瓜

【种　源】 吉林省蔬菜花卉研究所选育的新品种。1992年通过吉林省农作物品种审定委员会审定。

【特征特性】 植株生长势强,以主蔓结瓜为主。第一雌花着生在主蔓第五节左右。瓜条长棒形,长约34厘米,横径3厘米,单瓜重200～250克。瓜皮翠绿色,瘤大刺多,皮薄肉脆,品质佳。耐低温,抗枯萎病。早熟种,从定植至始收约45天。每

667 平方米产 6 000～7 000 千克。适于春季大棚及春、冬季日光温室栽培。

【种植地区】 我国北方各地。

【栽培要点】 长春地区春大棚栽培，一般在棚内 10 厘米地温稳定在 10℃时定植。苗龄约 50 天，行距 50～60 厘米，株距 35～40 厘米。植株第十节以下的侧枝全部摘除，第十节以上的侧枝在雌花节上部留 1 片叶摘心，主蔓在第二十二节摘心。

【供种单位】 吉林省农业科学院蔬菜花卉研究所。地址：长春市自由大路 200 号。邮编：130031。

36. 早春 2 号黄瓜

【种　源】 河北省农林科学院蔬菜花卉研究所利用 89-4 和 83-4 作亲本配制的一代杂种。1998 年通过河北省农作物品种审定委员会审定。

【特征特性】 植株长势强，分枝中等。叶片大而厚，深绿色。瓜条顺直，长约 30 厘米，横径 3.5 厘米左右。瓜把短，瘤多，白刺，瓜顶端无黄条纹。口感甜、脆。抗枯萎病、霜霉病、白粉病。从定植到始收需 28 天左右。每 667 平方米产 4 000 千克。

【种植地区】 河北省及华北部分地区。

【栽培要点】 参见 2. 中农 4 号黄瓜。

【供种单位】 河北省农林科学院蔬菜花卉研究所。地址：河北省石家庄市机场路 24 号。邮编：050051。

37. 龙杂黄 6 号黄瓜

【种　源】 黑龙江省农业科学院园艺研究所选配的一代

杂种。1991年通过黑龙江省农作物品种审定委员会审定。

【特征特性】 植株长势强，茎较粗。第一雌花着生在主蔓第二至第四节上。瓜条棒形，长27.4厘米，横径3.6厘米，单瓜重220克。瓜皮深绿色，刺较多、白色。瓜把长3.9厘米。肉淡绿色，味淡，清脆。高抗枯萎病，抗疫病、细菌性角斑病，中抗霜霉病、白粉病。从播种至始收需55～60天。适于保护地栽培。

【种植地区】 黑龙江省各地。

【栽培要点】 苗龄30～35天。春大棚栽培，每667平方米栽苗2800～3300株。施足基肥，全生长期追肥5～7次，灌水7～10次。

【供种单位】 黑龙江省农业科学院园艺研究所。地址：哈尔滨市哈平路。邮编：150069。

38. 龙杂黄7号黄瓜

【种　源】 黑龙江省农业科学院园艺研究所选配的一代杂种。1991年通过黑龙江省农作物品种审定委员会审定。

【特征特性】 植株长势强，分枝中等。叶片肥厚，绿色。以主蔓结瓜为主。第一雌花着生在主蔓第二至第四节上，单株结瓜6～7条。瓜条棒形，长20～23厘米，横径4厘米，单瓜重180～200克。瓜皮淡绿色，刺浅褐色、较稀。肉厚，种腔小。口感脆嫩，微甜，有香味。抗枯萎病、霜霉病和炭疽病。从播种至始收需46天左右。每667平方米产3000～4000千克，高产者可达5000千克。适于露地及保护地栽培。

【种植地区】 黑龙江省各地。

【栽培要点】 苗龄30天。大棚栽培，每667平方米栽苗3200～3800株。施足基肥，生长期结合灌水追肥2～3次。注意防治病虫害。

【供种单位】 同37. 龙杂黄6号黄瓜。

39. 津优2号黄瓜

【种　源】 天津市黄瓜研究所选配的一代杂种。1998年通过天津市农作物品种审定委员会审定。

【特征特性】 植株生长势强，茎粗壮。叶片肥大，深绿色。以主蔓结瓜为主，分枝性弱，瓜码密。第一雌花着生在主蔓第四至第五节上，回头瓜多。瓜条棒形，腰瓜长32厘米，单瓜重200克。瓜皮深绿色，有光泽，瘤显著，密生白刺。肉厚，口感甜脆，品质优。较抗霜霉病、白粉病、枯萎病，耐低温、弱光。早熟种，从播种到始收需70天左右。每667平方米产5500千克左右。适合冬、春茬日光温室栽培。

【种植地区】 天津、北京、河北、山东、山西、河南、辽宁、吉林、内蒙古等地。

【栽培要点】 苗龄40～45天，3叶1心至4叶1心时定植，每667平方米栽苗3400～3500株。播种前苗床底水一定要浇足，苗期尽量不再补水。定植前5～7天进行适度低温炼苗。定植后不蹲苗，肥水供应要及时。采收期更应注意掌握快浇水、快施肥、快摘瓜的“三快”原则，以促秧促瓜，提高中后期产量。注意预防各种病虫害。

【供种单位】 天津市黄瓜研究所。地址：天津市南开区复康路。邮编：300192。

40. 夏盛黄瓜

【种　源】 广东省农业科学院蔬菜研究所与日本热带农业研究中心利用雌性系GE作母本、绿宝选1作父本配制的一代杂种。1995年通过广东省农作物品种审定委员会审定。

【特征特性】 植株生长旺盛，侧枝少，以主蔓结瓜为主。瓜呈圆筒形，长21.5厘米，横径4.7厘米。皮色深绿，有光泽。肉厚2.8厘米，质脆，味甜。耐热，抗病毒病、疫病，耐霜霉病。夏季栽培，从播种到始收约33天。每667平方米产2 500千克，高产者可达3 500千克。适于夏、秋季露地栽培。

【种植地区】 广东、海南、广西、福建等地。

【栽培要点】 选择肥沃、透气性好、易排灌的田块种植，宜直播，每667平方米留苗3 500～4 000株。加强肥水管理，及时采收。

【供种单位】 广东省农业科学院蔬菜研究所。地址：广州市石牌五山。邮编：510640。

41. 宁丰4号黄瓜

【种　源】 江苏省南京市蔬菜研究所选育的新品种。1997年通过江苏省农作物品种审定委员会审定。

【特征特性】 植株长势强。瓜呈长棒形，刺密瘤小，质脆，味甜。较抗枯萎病，耐霜霉病。每667平方米产1 900～2 331千克。适宜夏、秋季栽培。

【种植地区】 江苏省各地。

【栽培要点】 南京地区夏季栽培，5月下旬至6月下旬直播；秋季栽培，7月上旬至7月中旬直播。每667平方米保苗4 000株，播后盖遮阳网遮荫防暴雨，2叶1心时撤除遮阳网。苗期追2～3次稀粪水，结瓜期追肥5～6次。4叶1心时插架。主茎第六节以下的侧蔓全部摘除。注意防治病虫害。

【供种单位】 江苏省南京市蔬菜研究所。地址：南京市太平门外。邮编：210042。

42. 露丰黄瓜

【种　源】 江苏省农业科学院蔬菜研究所选配的一代杂种。1996年通过江苏省农作物品种审定委员会审定。

【特征特性】 植株长势强，主侧蔓均能结瓜。第一雌花着生在主蔓第五至第六节上，以后每间隔2～3节着生1雌花。瓜呈长棒形，皮深绿色，白刺，有瘤，棱不明显。肉厚，质脆，略带甜味。较抗霜霉病、白粉病，中抗病毒病，耐高温。中熟种。每667平方米产2500～3600千克。适宜春保护地及夏、秋露地栽培。

【种植地区】 江苏省各地。

【栽培要点】 江苏地区夏季露地栽培，5月下旬至6月中旬播种；秋季栽培，7月中旬至8月上旬播种。播种时浇足底水，用麦秆覆盖。在2～3片叶时喷施乙烯利，增加雌花数量。及时插架、整枝，主蔓第六节以下侧枝全部摘除。第六节以后的子蔓留2叶摘心，主蔓在第二十三至第二十四节进行摘心。生长期间追肥2～3次；浇水宜在傍晚进行，切忌中午浇水。

【供种单位】 同29. 早抗黄瓜。

43. 吉杂四号黄瓜

【种　源】 吉林省蔬菜花卉研究所选配的一代杂种。1993年通过吉林省农作物品种审定委员会审定。

【特征特性】 植株长势强，株高3米以上。叶片肥大，分枝较多。以主蔓结瓜为主，单株结瓜4～6条。瓜呈棒状，长25厘米左右，横径4～5厘米，浅绿色，表面光滑，单瓜重250克左右。抗病。早熟种。每667平方米产2800～4300千克。适宜露地栽培。

【种植地区】 吉林省各地。

【栽培要点】 长春地区春季露地栽培,4月中下旬播种育苗,5月下旬终霜后定植,行距60厘米,株距40厘米。生长期间追肥2~3次。及时防治病虫害。

【供种单位】 同34. 吉农2号黄瓜。

44. 吉杂五号黄瓜

【种　源】 吉林省蔬菜花卉研究所选配的一代杂种。1994年通过吉林省农作物品种审定委员会审定。

【特征特性】 植株长势强,分枝多。叶片深绿色,肥大。主蔓结瓜为主,第一雌花着生在第八节上,单株结瓜6~8条。瓜呈长棒形,长40厘米左右,横径3.5~4.0厘米,单瓜重350克左右。肉质细嫩,味甜,适于生、熟食。抗霜霉病、枯萎病、炭疽病及角斑病。中早熟种。每667平方米产2 800~3 300千克。适宜露地种植。

【种植地区】 吉林省各地。

【栽培要点】 参见43. 吉杂四号黄瓜。

【供种单位】 同35. 吉选2号黄瓜。

45. 吉杂6号黄瓜

【种　源】 吉林省蔬菜花卉研究所选配的一代杂种。1997年通过吉林省农作物品种审定委员会审定。

【特征特性】 植株长势强,分枝多。叶片肥大,深绿色。以侧蔓结瓜为主,单株结瓜4条左右。瓜呈棒形,皮绿色,瓜顶尖,并有少量浅绿色条纹,刺白色,较稀,瘤明显。瓜长25~30厘米,横径4~5厘米,单瓜重300克。瓜肉厚,白色,品质佳。

抗霜霉病、炭疽病、枯萎病、角斑病等。中熟种。每667平方米产3 500～4 300千克。适宜露地种植。

【种植地区】 吉林省各地。

【栽培要点】 参见43. 吉杂四号黄瓜。

【供种单位】 同35. 吉选2号黄瓜。

46. 吉农三号黄瓜

【种　源】 吉林农业大学园艺系选育的新品种。1997年通过吉林省农作物品种审定委员会审定。

【特征特性】 植株长势较强，叶片绿色。第一雌花着生在主蔓第四至第六节上，雌花着生率高，单株结瓜5～8条。瓜呈长棒形，绿色，有刺瘤，瓜长25～35厘米，单瓜重150～250克。瓜肉脆嫩，品质较好。中熟种。每667平方米产3 500千克。适宜露地栽培。

【种植地区】 吉林省各地。

【栽培要点】 参见34. 吉农2号黄瓜。

【供种单位】 同34. 吉农2号黄瓜。

47. 长青二号黄瓜

【种　源】 吉林省蔬菜花卉研究所选育的新品种。1997年通过吉林省农作物品种审定委员会审定。

【特征特性】 植株长势强，茎节较粗短，叶片肥大。瓜呈长棒形，深绿色，白刺，刺瘤密。耐低温，耐热，抗枯萎病，耐霜霉病。每667平方米产5 800千克以上。适宜冬、春日光温室及春季塑料大棚栽培。

【种植地区】 吉林省各地。

【栽培要点】 参见35. 吉选2号黄瓜。

【供种单位】 同34. 吉农2号黄瓜。

48. 豫黄瓜2号

【种　源】 河南农业大学园艺系与河南省农业科学院园艺研究所选配的一代杂种。1998年通过河南省农作物品种审定委员会审定。

【特征特性】 植株长势强，主蔓长190～200厘米。以主蔓结瓜为主，侧蔓亦有结瓜能力，并有回头瓜。第一雌花着生在主蔓第四至第五节上（春播），以后每间隔1～2节着生1雌花，雌花率高。瓜呈长棒形，长约30厘米。瓜皮深绿色，有光泽，无棱，瘤小，白刺，刺密，无黄色纵条纹。单瓜重200克左右。瓜把短，把长小于瓜长的1/7。瓜肉质脆，味清香，无苦涩味。抗枯萎病、疫病、霜霉病、白粉病、炭疽病。中晚熟种。每667平方米产5 000千克。适宜春季小拱棚、春秋露地及秋延后栽培。

【种植地区】 河南及华中地区。

【栽培要点】 华中地区春露地栽培，3月10日左右播种，4月15日左右定植；早春小拱棚栽培，2月15日左右播种，3月25日左右定植。定植后及时浇水，然后中耕，促进早缓苗。根瓜采收后，要保证肥水供应。侧枝留1条瓜，瓜前留2片叶摘心，采收侧枝瓜的同时，打掉侧枝。及时摘除基部老叶。注意防治蚜虫、黄守瓜、红蜘蛛等害虫。

【供种单位】 ①河南农业大学园艺系。地址：河南省郑州市。邮编：450002。 ②河南省农业科学院园艺研究所。地址：河南省郑州市。邮编：450002。

49. 渝杂黄二号黄瓜

【种　源】 重庆市农业科学研究所选配的一代杂种。1997 年通过重庆市农作物品种审定委员会审定。

【特征特性】 植株长势强，以主蔓结瓜。第一雌花着生在第四至第五节上，以后每间隔 4 节着生 1 雌花。瓜呈长棒形，长 30～32 厘米，横径 3.5～4.0 厘米。皮深绿色，有光泽，白刺，瘤不明显，脐部无黄条纹。单瓜重 150～200 克。瓜把短。耐阴，耐寒，抗霜霉病、白粉病。早熟种。每 667 平方米产 4 000～5 000 千克。适宜露地栽培。

【种植地区】 重庆、四川、云南、山东、河南等地。

【栽培要点】 重庆地区春早熟栽培，2 月中下旬大棚播种育苗，3 月上中旬定植，畦宽 1.33 米，每畦栽双行，穴距 40～50 厘米，每穴栽双株。结瓜盛期每 2 天采收 1 次。每采收 2～3 次追肥 1 次。

【供种单位】 重庆市农业科学研究所。地址：重庆市九龙坡。邮编：400055。

50. 豫黄瓜 3 号

【种　源】 河南省洛阳市农业科学研究所选配的一代杂种。1998 年通过河南省农作物品种审定委员会审定。

【特征特性】 蔓长 2.2 米以上，叶掌状五角形，深绿色。主、侧蔓均能结瓜。主蔓第一雌花着生在第四节左右，侧蔓第一雌花着生在第一至第二节上，主蔓结瓜多。瓜呈长棒形，瓜长30～33 厘米，深绿色，刺瘤适中，单瓜重 134～210 克。瓜肉质脆，微甜。全生育期 120 天左右。适宜秋大棚栽培，春、秋露地栽培表现亦好。

【种植地区】 河南省各地。

【栽培要点】 洛阳地区秋大棚栽培，7月下旬至8月上旬直播，行距60厘米，株距23～25厘米；秋露地栽培，7月上中旬直播，行距50厘米，株距23厘米。收根瓜后，开始增加浇水次数，结瓜盛期隔水追肥。从幼苗1叶1心开始防病，每隔7～10天喷药1次。

【供种单位】 河南省洛阳市农业科学研究所。地址：河南省洛阳市。邮编：471022。

51. 津绿3号黄瓜

【种　源】 天津市黄瓜研究所选配的一代杂种。1999年通过山西省农作物品种审定委员会审定。

【特征特性】 植株长势强，叶深绿色。主蔓结瓜为主，第一雌花着生在第四节左右。瓜呈棒状，长30厘米左右，单瓜重约150克。瓜皮深绿色，有光泽，密生白刺，瘤明显。瓜肉绿白色，质脆，品质优。耐低温、弱光，抗枯萎病、霜霉病、白粉病。早熟种，从播种至始收需60～70天。每667平方米产6 000千克。适宜保护地栽培。

【种植地区】 天津、山西、山东、河北、河南、辽宁等地。

【栽培要点】 华北地区春大棚栽培，2月中旬播种育苗，3月下旬定植；越冬温室栽培，9月下旬至10月上旬播种育苗。嫁接可提高耐低温及抗枯萎病能力。施足底肥，结瓜期及时追肥，采收中期加大肥水供应，并进行叶面追肥2～3次。结瓜前期应及时采收。生长中后期注意防治霜霉病、蚜虫、潜叶蝇等。

【供种单位】 同9. 津春2号黄瓜。

十、冬　瓜

冬瓜又名白瓜、水芝、枕瓜、蔬蓏。为葫芦科冬瓜属中的栽培种，一年生攀缘性草本植物。染色体数 2n＝2x＝24。果实适熟食和制果脯。种子和瓜皮可以入药。冬瓜籽对肠痈、肺痈、小便淋痛有疗效，瓜皮可治疗水肿症。

根系强大，深 1 米以上，吸收力很强。茎蔓生，五棱，中空，绿色，被茸毛。叶片掌状，具茸毛。雌雄同株，单性花，个别品种有两性花。果实有长椭圆形、短椭圆形和近椭圆形等。果皮绿色，表面有白色蜡粉。生长期长，果实耐贮运。

冬瓜喜温耐热，适宜在 20～30℃的温度范围内生长，适温为 25～30℃，15℃以下生长缓慢，授粉不良，坐果差。喜光，在光照充足，照度较强的条件下，生长良好，产量高。各地都安排在气温较高季节栽培。黄河以北，一般在初春采用保护地育苗，4 月底至 5 月上旬定植。长江流域则在冬末春初育苗，4 月中旬定植。晚熟栽培可于 4～6 月间播种。幼苗生长缓慢，要求较高温度，要注意防寒保温。冬瓜种子的种皮厚，不易发芽，须充分浸种后再催芽。

冬瓜生长期长，果实大，需肥量多，一般生产 5 000 千克瓜，需氮 15～18 千克，磷 12～13 千克，钾 12～15 千克。吸收氮、磷、钾的比例为 2.1∶1∶2.4。

定植密度：小果型品种每 667 平方米栽 800～1 000 株。大果型品种每 667 平方米栽 400 株左右。地冬瓜比架冬瓜密度小。

定植后的管理：有爬地冬瓜和棚架冬瓜两种栽培方式，以棚架冬瓜为主。用竹木材料搭棚或支架，能合理利用空间，便于密植，不易烂果，产量高。大果型品种选第三至第五朵雌花坐果为宜。第一、二朵雌花坐果的果实小，高节位坐果，因植株长势弱，果实发育不良。地冬瓜坐果前应摘除全部侧蔓或选留1～2条强壮侧蔓，利用主蔓和侧蔓结果。棚架冬瓜在坐果前应摘除全部侧蔓，坐果后保留3～5条侧蔓或全部摘除。主蔓摘心或不摘心，同时应合理引蔓、压蔓。叶蔓繁茂，蒸腾面积大，果实大，消耗水分多，不耐旱。在果实发育期间应增加灌水量，提高土壤湿度，并结合灌水进行分期追肥。降雨季节，应及时排水防涝。采收前停止灌水，以提高冬瓜的耐藏性。

病虫害及其防治。主要病害有疫病、病毒病、炭疽病、白粉病等；虫害有黄守瓜、瓜蚜等。防治措施参见黄瓜。

1. 粉杂2号冬瓜

【种　源】 湖南省长沙市蔬菜研究所配制的一代杂种。1995年通过湖南省农作物品种审定委员会审定。

【特征特性】 植株蔓生，茎五棱形，中空，被茸毛。叶掌状，浅裂有茸毛。主蔓第一雌花着生在第七至第十节上，第二雌花着生在第十三至第十五节上。瓜圆筒形，长35～40厘米，横径8～10厘米，单瓜重3～5千克。瓜皮绿色，表面有较多蜡粉。肉厚3.2～4.0厘米。耐高温，耐日灼，适应性强。早熟种。每667平方米产5 000千克以上。

【种植地区】 华中、华南及华东等地。

【栽培要点】 长沙地区，2～3月份育苗，4月中旬定植，支架栽培，每667平方米栽苗900～1 000株；爬地无支架栽培，每667平方米栽苗500～600株。

【供种单位】 长沙市蔬菜研究所。地址:湖南省长沙市北郊马栏山。邮编:410003。

2. 粉杂1号冬瓜

【种 源】 湖南省长沙市蔬菜研究所选配的一代杂种。1991年通过湖南省农作物品种审定委员会审定。

【特征特性】 植株蔓生,主蔓第十八至第二十节着生第一雌花,以后每间隔7～9节着生1雌花。瓜长圆炮弹形,长108厘米,横径26厘米,单瓜重8～23千克,最大的达35千克。瓜皮深绿色,有蜡粉,有茸毛。瓜肉厚4.5厘米。质地致密,味甜。耐贮运。中熟种。每667平方米产5000～7000千克。

【种植地区】 华中、华南及华东等地。

【栽培要点】 每株留1瓜,每667平方米栽苗800株。

【供种单位】 同1. 粉杂2号冬瓜。

3. 巨丰1号冬瓜

【种 源】 四川省剑阁县蔬菜研究所从本地大冬瓜试材中经系选而育成的特大型冬瓜新品种。1991年通过四川省农作物品种审定委员会审定。

【特征特性】 植株蔓生,长势强。叶片宽大,深绿色。主蔓第十五至第二十节着生第一朵雌花,以后间隔5～7节着生1朵雌花。瓜长圆柱形,长100～127厘米,横径30～45厘米,单瓜重35～45千克,最大70千克。瓜皮多蜡粉,肉厚6～7厘米。生育期150天,播后50天开始结瓜,坐瓜后45天成熟。耐贮藏,存放6个月不变质。每667平方米产15000～20000千克,最高25000千克。

【种植地区】 四川省各地。

【栽培要点】 四川地区，4月中旬至5月下旬播种育苗，2片真叶移栽，每667平方米栽苗400株。留主蔓第二雌花结瓜，瓜坐稳后，每隔7天追肥1次。及时摘除侧蔓、卷须和雄花。

【供种单位】 四川省剑阁县蔬菜研究所。地址：四川省剑阁县普安镇。邮编：628300。

4. 青杂2号冬瓜

【种　源】 湖南省长沙市蔬菜研究所选配的一代杂种。1995年通过湖南省农作物品种审定委员会审定。

【特征特性】 植株蔓生，主蔓第八至第十节和第十四至第十六节分别着生第一、第二雌花。瓜呈长圆筒形，长45～50厘米，横径17～20厘米，单瓜重13千克以上。嫩瓜皮深绿色，表面光滑，被茸毛。抗逆性强。早熟种。每667平方米产5 500千克左右。

【种植地区】 长江中下游。

【栽培要点】 长江中下游地区，3月下旬至4月上旬定植露地，每667平方米栽苗900～1 000株。若采收嫩瓜，第一瓜坐住25～28天时，要及时采收，保第二瓜继续生长；若采收老瓜，应选第二、第三雌花坐瓜。

【供种单位】 长沙市蔬菜研究所科技服务部。地址：湖南省长沙市北郊马栏山。邮编：410003。

5. 青杂1号冬瓜

【种　源】 湖南省长沙市蔬菜研究所用85-4与85-25两个自交系配制的一代杂种。1991年通过湖南省农作物品种审定委员会审定。

【特征特性】 植株蔓生，长势强。主蔓第二十至第二十二节着生第一雌花，以后每间隔6～7节着生1雌花。瓜圆柱形，长85～90厘米，横径16～23厘米，单瓜重10～18千克。瓜皮墨绿色，表面光滑，被茸毛。肉厚，腔小，质地致密，品质好。抗疫病，耐贮运，适应性广。晚熟种。每667平方米产7 300～7 900千克。

【种植地区】 全国各地。

【栽培要点】 长沙地区，4月上旬至5月下旬均可播种。每667平方米栽苗800株左右，每株留1瓜。施足基肥，坐瓜后每周追肥1次。及时摘除无用侧蔓、卷须和无效雄花，做好人工辅助授粉。

【供种单位】 同4. 青杂2号冬瓜。

6. 冠星二号冬瓜

【种　源】 广东省广州市蔬菜研究所选配的一代杂种。1999年通过广东省农作物品种审定委员会审定。

【特征特性】 瓜呈圆筒形，长18厘米，横径8厘米。瓜皮深绿色，上有星点。单瓜重500克。早熟种。每667平方米产3 500～5 000千克。

【种植地区】 黄河以南。

【栽培要点】 广东地区，3月份播种育苗，4月下旬定植。搭架栽培，每株可留多个瓜。

【供种单位】 广东省广州市蔬菜研究所。地址：广州市新港东路151号。邮编：510315。

十一、苦　瓜

苦瓜又名凉瓜、锦荔枝、癞葡萄。为葫芦科苦瓜属中的栽培种，一年生攀缘性草本植物。染色体数 2n＝2x＝22。以嫩瓜供食用，宜熟食。嫩瓜中糖苷含量高，味苦。有助消化和清热解暑功效。随着瓜的成熟，糖苷渐被分解，苦味变淡。

苦瓜根系较发达，根群主要分布在 30 厘米土层内。茎蔓生，五棱，深绿色，被茸毛。初生真叶对生，盾形，绿色；以后真叶互生，掌状深裂，绿色。雌雄异花同株。瓜果有纺锤形、短圆锥形及长圆锥形，表面有 10 条左右不规则凸起的纵棱。嫩瓜深绿色至绿白色，成熟时瓜肉开裂，橙黄色。

苦瓜喜温耐热，是夏季高温季节栽培的主要蔬菜。开花结果适温为 25～30℃，30℃以上的温度也能正常生长。属短日照植物。多在春夏季节栽培，播种季节由南至北，从 2 月份至 4 月份顺次延迟。华南和台湾等地区还可秋季栽培。发芽适温 30～35℃。苗期生长速度慢，多采用育苗栽种。

苦瓜较耐肥，耐旱，但不耐涝，对土壤要求不甚严格，各种土质均可栽种。

定植密度：北方多高架栽培，行距 0.7～0.8 米，株距 0.2 米。南方多高畦和棚架栽培，畦宽 2.0～2.7 米，每畦栽 2 行，行距 1.0～1.3 米，株距 0.5～0.7 米；棚架栽培，行距 0.7～0.8 米，穴距 0.3～0.5 米，每穴 2～3 株。

定植后的管理：生长初期需压蔓，促发不定根，扩大根系吸收能力。苦瓜侧蔓多，应摘除迟发生雌花的侧蔓，减少遮荫，并使养分集中结瓜。需适时支架(棚)引蔓。定植前施足基肥，苗期适当追肥，开花结瓜期持续供肥，并增加灌水，保持土壤湿润。雨天及时排水防涝。病虫害少。

1. 湘丰1号(湘苦瓜1号)苦瓜

【种　源】 湖南省蔬菜研究所选配的一代杂种。1990年通过湖南省农作物品种审定委员会审定。

【特征特性】 植株长势强，株高2.5米以上，分枝多。叶绿色。主蔓第一雌花着生在第五至第九节上，以后每间隔3～5节出现1朵雌花。瓜呈长纺锤形，浅绿白色，长40厘米，横径约5.2厘米，单瓜重339克。早熟种，从定植至始收约45天。每667平方米产3000～5500千克；春播延秋栽培，每667平方米可达6500千克。适宜露地和保护地栽培。

【种植地区】 湖南、四川、湖北、江西、贵州等省。

【栽培要点】 长沙地区，春季保护地栽培，2月中旬播种，3月中旬定植，每667平方米定植1000穴，每穴栽2株；春露地栽培，3月中旬在保护地播种，苗龄25～30天，4月中旬定植，每667平方米栽苗1000～1200株，行距120厘米，株距50厘米；夏秋栽培，6～7月份播种，直播或育苗移栽均可，育苗移栽的苗期10天左右，定植后至开花前追2次10%～15%的猪粪水，第一批果坐住后每隔5～7天追肥1次。及时搭架，搭水平棚架或人字架，绑蔓时结合整枝。全生长期保持土壤湿润，但不能积水。第一瓜尽早采收，每隔2～3天采收1次，盛收期可每天采收1次。春露地和保护地栽培的，7月下旬即采收完毕；延秋栽培的可采收到10月上旬。结瓜期注意防治实蝇，每隔3～5天喷药1次。

【供种单位】 湖南省蔬菜研究所。地址：长沙市东郊马坡岭。邮编:410125。

2. 湘苦瓜3号

【种　源】 湖南省蔬菜研究所选配的一代杂种。1996年通过湖南省农作物品种审定委员会审定。

【特征特性】 主蔓长5.5米,分枝性强。叶掌状深裂,绿色。主蔓第十节着生第一朵雌花。瓜呈纺锤形,长28.4厘米,横径5厘米。瓜皮绿白色,表面有肉瘤突起。单瓜重300～400克。肉质脆嫩,微苦,风味好。耐寒,抗枯萎病、病毒病。早熟种。每667平方米产3 500～4 000千克。

【种植地区】 湖南、湖北、江西、四川、贵州等地。

【栽培要点】 参见1. 湘丰1号(湘苦瓜1号)苦瓜。

【供种单位】 同1. 湘丰1号(湘苦瓜1号)苦瓜。

3. 湘苦瓜2号

【种　源】 湖南省蔬菜研究所选配的一代杂种。1996年通过湖南省农作物品种审定委员会审定。

【特征特性】 株高3米以上,植株生长旺盛。主蔓第十节着生第一朵雌花,上棚后,以侧蔓结瓜为主。瓜呈长棒形,长40～50厘米,横径5.4厘米,单瓜重350～450克。肉厚1.2厘米左右,表面有瘤状突起。商品瓜为浅绿白色,老熟瓜顶部为橙红色,易开裂。耐热,较耐寒,高抗枯萎病、病毒病,中抗霜霉病和白粉病。中早熟种,从定植至始收约50天。每667平方米产4 000千克。

【种植地区】 同1. 湘丰1号(湘苦瓜1号)苦瓜。

【栽培要点】 长沙地区,保护地早熟栽培,2月下旬至3月中旬播种;露地越夏栽培,3月下旬至4月上旬播种于塑料棚中，4月中旬定植，每667平方米栽苗1 000～1 200株，行距120～150厘米，株距50～60厘米。其他管理参见1. 湘丰1号（湘苦瓜1号）苦瓜。

【供种单位】 同1. 湘丰1号（湘苦瓜1号）苦瓜。

4. 穗新2号苦瓜

【种　源】 广州市蔬菜研究所以滑身苦瓜和英引苦瓜为亲本配制的一代杂种。1992年通过广东省农作物品种审定委员会审定。

【特征特性】 植株生长势强，分枝多，主侧蔓均可结瓜。主蔓第一朵雌花着生在第十五至第二十节上。瓜长圆锥形，绿色有光泽，长15～20厘米，肩宽5～7.5厘米，瓜面瘤状突起呈粗条纹状。肉厚1厘米以上，肉质脆嫩，苦味适中，口感好。单瓜重240～450克。早熟种。每667平方米产1 100～2 000千克。

【种植地区】 广东及华南其他各省。

【栽培要点】 广州地区，4月底至8月下旬均可播种，直播或育苗移栽。育苗移栽的，苗龄不宜过长。幼苗移栽前追肥1次。株高40厘米后要及时插架引蔓。50厘米以下的侧蔓要及时摘除。

【供种单位】 广东省广州市蔬菜研究所。地址：广州市海珠区新港东路151号。邮编：510315。

5. 翠绿1号大顶苦瓜

【种　源】 广东省农业科学院蔬菜研究所利用强雌系19为母本、江选105为父本配制的一代杂种。1996年通过广东省农作物品种审定委员会审定。

【特征特性】 植株长势强，株高2.5～3.0米。叶色深绿。主蔓第一朵雌花着生在第十节上，坐果率高。瓜呈圆锥形，整齐美观，深绿色，长14～16厘米。肩宽8～10厘米，蒂平，顶部钝，条瘤和圆瘤相间，条瘤粗直。单瓜重400克。肉厚1.1厘米，品质优。早熟种，从播种至始收需60～70天，连续收获40天左右。每667平方米产1 300千克以上。

【种植地区】 珠江三角洲。

【栽培要点】 广州地区春播，1～4月份育苗移栽或直播；秋播，7月下旬至8月下旬直播。

【供种单位】 广东省农业科学院蔬菜研究所。地址：广州市石牌五山。邮编：510640。

6. 翠绿大顶苦瓜

【种　源】 广东省农业科学院蔬菜研究所用强雌系5号和新会大顶作亲本杂交选育而成的新品种。1996年通过广东省农作物品种审定委员会审定。

【特征特性】 植株长势强，分枝较强。雌花多。瓜呈中圆锥形，翠绿有光泽，长20厘米，肩宽9厘米，单瓜重400克左右。瘤粗直，直瘤与粒瘤相间。肉厚0.9～1.1厘米，肉质脆滑，苦味适中，品质优。耐寒，抗炭疽病。早熟种。每667平方米产1 297千克以上。

【种植地区】 广东及广西、海南、福建等地。

【栽培要点】 广州地区春播，1～3月份育苗，苗龄30～35天；秋播，7月中旬至8月上旬直播。

【供种单位】 同5. 翠绿1号大顶苦瓜。

十二、丝　瓜

丝瓜为葫芦科丝瓜属中的栽培种，一年生攀缘性草本植物。染色体数 2n＝2x＝26。嫩瓜供食用，适炒食、做汤。成熟瓜纤维发达，可入药，称丝瓜络，有调节月经、去湿治痢等疗效，还可供洗刷器物用。茎液可作化妆品原料。

丝瓜根系发达，吸收力强。茎蔓生，绿色，分枝力强。叶片掌状或心脏形。雌雄异花同株。瓜呈短圆柱形至长圆柱形，有棱或无棱，表面有皱褶。

丝瓜喜温耐热，是夏季高温季节栽培的主要蔬菜之一。植株生长发育的适温为 25～30℃，30℃以上温度也能正常生长。开花、结果期需要较高温度和长日照或强光照。适应性强。长江流域和长江以北各地，多在春季播种育苗，终霜后定植，6～8 月份采收。华南地区分春播、夏播和秋播。春瓜 2～3 月份播种育苗，4 月中旬至 7 月中旬采收；夏瓜 4～5 月份播种育苗，6～8 月份采收；秋瓜 6～8 月份播种育苗，9～11 月份采收。

丝瓜对土壤要求不严格，各种土壤均宜栽培。但因蔓叶茂盛，生长期长，结果多，故需肥较多。

定植密度：因栽培方式和季节不同，定植密度差异较大。棚架栽培，畦宽 2.7～3.3 米（中间畦沟宽 0.7 米），两边各栽 1 行，株距 23～26 厘米；人字形支架栽培，畦宽 1.7～2.0 米（连沟），每畦栽 1 行，春播株距 16～20 厘米，夏播 23～26 厘米，秋播 10～13 厘米。

定植后的管理：栽培方式有棚架、人字形支架等。丝瓜蔓叶生长旺盛，需进行植株调整。支架栽培，先地面压蔓，主蔓在雌花坐瓜前后上架。上架后“之”字形引蔓，结瓜前一般不留侧蔓，结瓜后选留强壮、早生雌花的侧蔓，摘除幼弱侧蔓。棚架栽培，结瓜前在地面盘蔓和压蔓，上棚后让侧蔓任意生长。幼苗和抽蔓期需水量较少，盛果期需水量增多，应增加灌水次数并结合追肥。

病虫害及其防治。主要病害有：褐斑病、炭疽病、蔓枯病、疫病、病毒病等；虫害有：瓜蚜和黄守瓜等。防治方法参见黄瓜。

1. 夏棠1号丝瓜

【种　源】 华南农业大学园艺系从农家品种“棠东”丝瓜中经系统选育而育成的新品种。1991年通过广东省农作物品种审定委员会审定。

【特征特性】 第一雌花着生在第十至第十二节上，雌花率高，单株结瓜4～5条。瓜呈长棒形，头尾匀称，长60厘米左右，横径4.5～5.5厘米，单瓜重0.4～0.6千克。瓜皮青绿色，棱10条，棱色墨绿。皮薄肉厚，肉质柔软，粗纤维少，味甜。耐热，耐涝，抗病。早熟种。春播每667平方米产2 500千克左右；秋播每667平方米产1 500～1 900千克。

【种植地区】 全国各地均可栽培。

【栽培要点】 广州地区露地栽培，从3月中旬至8月下旬均可播种，以春夏和秋季两茬栽种为主。畦宽106厘米，种单行，株距26厘米；畦宽145厘米，种双行，株距30厘米，每667平方米栽苗2 000株左右。从第一片真叶展开时开始追肥，薄施、勤施，5～7天1次；初花后重施追肥；结瓜期保证充足的水分供应。

【供种单位】 华南农业大学园艺系。地址:广东省广州市石牌五山。邮编:510642。

2. 丰抗丝瓜

【种　源】 广东省农业科学院蔬菜研究所选配的一代杂种。1996 年通过广东省农作物品种审定委员会审定。

【特征特性】 植株生长势强,分枝力强。第一雌花着生在第十至第十一节上,以后每间隔 1～2 节着生 1 雌花。瓜呈长棒形,长 62 厘米,头尾匀称,瓜皮深绿色。单瓜重 223 克。肉质柔软。抗霜霉病、白粉病。中早熟种,从播种至始收需40～45 天。每 667 平方米产 1 579.8 千克。适宜春、秋栽培。

【种植地区】 华南各省。

【栽培要点】 华南地区春季栽培,3 月上旬至 4 月上旬播种;秋季栽培,7 月下旬至 8 月中旬播种。苗期要适当控制肥水,结瓜后 5～7 天追 1 次肥。

【供种单位】 广东省农业科学院蔬菜研究所。地址:广州市石牌五山。邮编:510640。

3. 夏绿 1 号丝瓜

【种　源】 广东省广州市蔬菜研究所选育的新品种。1999 年通过广东省农作物品种审定委员会审定。

【特征特性】 瓜呈长棒形,长 50～60 厘米,横径 5 厘米,单瓜重 400 克。瓜皮深绿色,表面有棱。耐热。早熟种。每 667 平方米产 2 500 千克。适宜夏、秋栽培。

【种植地区】 华南各地。

【栽培要点】 参见 1. 夏棠 1 号丝瓜。

【供种单位】 广东省广州市蔬菜研究所。地址:广州市新港东路151号。邮编:510315。

4. 冷江肉丝瓜

【种　源】 湖南省冷水江市蔬菜种子公司选育的新品种。1997年通过湖南省娄底地区农作物品种审定委员会审定。

【特征特性】 植株长势强,分枝多,叶掌状五裂,深绿色。第一雌花着生在主蔓第五至第七节,以后节节有雌花,侧枝雌花多,单株结瓜30～40条。瓜呈圆筒形,上下匀称,长40～60厘米,横径5～8厘米,单瓜重0.5千克,最大瓜重1.5千克。瓜皮绿色,瓜肉细嫩,粗纤维少,耐老化,食味佳。早熟种。每667平方米产8 000千克以上。

【种植地区】 湖南、湖北、四川、江苏、上海、浙江、福建、北京、天津、新疆等地。

【栽培要点】 湖南地区春季早熟栽培,3月上旬温床营养钵育苗,3月下旬至4月上旬定植保护地内;露地栽培,3月下旬至4月上旬播种育苗,4月中旬定植。行距150厘米,株距40～60厘米。搭架栽培,人工引蔓绑蔓。生长前期注意摘除侧枝,盛果期摘除过多过密的雄花、老叶。勤追肥,采收期要大肥大水。

【供种单位】 湖南省冷水江市蔬菜种子公司。地址:湖南省冷水江市。邮编:417500。

5. 早杂1号肉丝瓜

【种　源】 湖北省咸宁市蔬菜科技中心育成的新品种。已通过湖北省农作物品种审定委员会审定。

【特征特性】 植株长势强,分枝多,但分枝上很少再生第二侧枝。叶深绿色,掌状5～7裂。第一雌花着生在主蔓第五至第六节上,以后每节均着生雌花。瓜长圆柱形,长38～48厘米,横径7～10厘米,单瓜重450克左右。瓜皮绿色,表面多小皱纹,被白霜。皮薄,肉厚,粗纤维少。洁白细嫩,柔软,味甜,风味清香。耐热,耐涝,耐瘠薄。极早熟种,从播种至始收55～60天,持续采收60～70天。每667平方米产5 500千克以上。

【种植地区】 我国南北方均可种植。

【栽培要点】 湖北地区,苗龄40～50天,5月中下旬定植露地,行距70厘米,株距40～50厘米,每667平方米栽苗2 000～2 500株。缓苗后3～5天浇1次稀粪水,伸蔓时、开始坐瓜后各追1次肥,采收盛期每采收2次追肥1次。

【供种单位】 湖北省咸宁市蔬菜科技中心。地址:湖北省咸宁市。邮编:437000。

十三、南　瓜

南瓜别名倭瓜、饭瓜等。葫芦科南瓜属中的一个种,一年生蔓生草本植物。染色体数$2n=2x=40$。南瓜的嫩瓜与老熟瓜均可食用,营养丰富,含有较多的维生素A、淀粉、胡萝卜素、钾、磷等,味甜适口,性甘温,有补中益气作用,不仅适熟食或作馅料,还可加工成南瓜粉、南瓜汁,是很好的保健食品。种子富含脂肪,可炒食或榨油。世界各地都有栽培,亚洲栽培面积最大,我国普遍栽培。

南瓜根系发达,再生力强,耐瘠薄。茎蔓生,中空,五棱。叶掌状五裂，缺刻浅，叶脉处有明显白斑，叶面有柔毛。雌雄异花同株。果实有圆筒、扁圆或球形等。果皮深绿色或绿白色相间，成熟果黄色，多蜡粉。种子近椭圆形，白色。

南瓜属喜温蔬菜，生长发育的适温为18～32℃，开花结瓜的温度不能低于15℃，果实发育适温为25～27℃。南瓜属短日照植物，对光照强度要求较高，短日照和较大的昼夜温差有利雌花形成和降低雌花着生节位。南瓜对土壤要求不严格，一些难于栽培蔬菜的土地都可种植。但土壤肥沃，养分丰富，有利雌花形成和产量的提高。

南瓜在中国栽培多为1年1茬，露地直播或育苗移栽。10厘米地温稳定在12～13℃以上时，开始露地直播。播前，一般用40～50℃温水浸种2～4小时后，再放在28～30℃温度条件下催芽36～48小时后播种。栽植密度，一般行距130～150厘米，株距40～50厘米，早熟品种可稍密些。主蔓长到40～50厘米时开始压蔓，每5～6节压蔓1次。结合压蔓进行摘心和摘除多余的侧枝。南瓜较耐旱，可根据当地雨水多少进行灌溉。南瓜为虫媒异花授粉植物，多雨季节需人工辅助授粉。

南瓜主要病害有角斑病、白粉病、炭疽病、枯萎病等，防治方法参见黄瓜。

1. 晋南瓜3号

【种　源】 山西省太谷南阳龙岗玉米研究所选配的一代杂种，原名龙杂1号。1996年通过山西省农作物品种审定委员会审定。

【特征特性】 植株生长势强。瓜呈纺锤形，瓜皮墨绿带有土黄色棱形或不规则黄色斑块，瓜皮坚硬，不光滑。单瓜重4～5千克。肉厚3.0～3.5厘米，肉质紧密。瓜肉、瓜瓤均呈橘黄色。种子白色,较大。极耐贮运,品质好。蒸煮后,绵甜可口,特别是贮藏2个月后食用口味更佳。抗白粉病。全生育期140天左右,果实发育期40天左右。每667平方米产2700千克。

【种植地区】 华北地区。

【栽培要点】 华北地区的适宜播期以当地断霜后20天播种为宜,苗龄15～20天。每667平方米栽苗600株左右。勤压蔓勤打杈。当蔓长到50厘米时开始压蔓,以后每隔50厘米压1次蔓,共压3次左右。可用人工辅助授粉。

【供种单位】 山西省太谷南阳龙岗玉米研究所。地址:山西省太谷县城。邮编:030800。

2. 龙面早南瓜

【种　源】 黑龙江省农业科学院园艺研究所从日本引入的品种中,经系统选育而育成的新品种。1997年通过黑龙江省农作物品种审定委员会审定。

【特征特性】 植株生长势中等偏弱,以主蔓结瓜为主,侧枝不发达。第一雌花着生在第六至第八节上,以后每隔4～5节着生1雌花,或连续2节着生雌花。坐瓜率高,单株结瓜2～3个。瓜呈扁圆形,外皮灰绿色。单瓜重2千克。肉厚3厘米,橘黄色,肉质紧密,粉质性强,香甜干面,内外层品质一致,商品性好。抗病性强。耐贮藏,在常温下贮存120天以上,市场供应期达4～5个月。极早熟种,全生育期100天。每667平方米产2300千克左右。

【种植地区】 黑龙江、辽宁、吉林、内蒙古、湖北等地。

【栽培要点】 多采用浸种或干籽直播栽培方式。每667平方米留苗500～600株。单蔓整枝,第一瓜前的侧蔓全部摘除,第二瓜后的侧蔓适当去除,坐瓜后可停止整枝。进行2～3

次压蔓,压蔓时不要埋住雌花。坐瓜后叶面喷施3%～5%的磷酸二氢钾2～3次。采下的瓜可在室内通风处贮藏1～4个月。

【供种单位】 黑龙江省农业科学院园艺研究所。地址:哈尔滨市哈平路。邮编:150069。

3. 寿星南瓜

【种　源】 安徽省丰乐现代农业科学研究所选育的新品种。1997年通过安徽省农作物品种审定委员会审定。

【特征特性】 叶色浓绿。瓜呈扁球形,表面光滑,墨绿皮相间浅绿斑点,有不明显放射状条带。单株结瓜2～4个。单瓜重2千克左右。瓜肉深橘黄色,肉厚4厘米,肉质致密,粉质好,粗纤维极少。生食有板栗的清香,熟食极粉甜,口感好。全生育期88天。每667平方米产3 500千克。

【种植地区】 安徽、北京、上海、浙江、山东、湖北、云南、海南等地。

【栽培要点】 长江中下游地区,2月底至7月初均可播种。根据密度实行单蔓或双蔓整枝。

【供种单位】 安徽省丰乐现代农业科学研究所。安徽省合肥市。邮编:230031。

4. 白沙蜜本南瓜

【种　源】 广东省汕头市白沙蔬菜原种研究所以蜜早南瓜和狗腿南瓜为亲本配制的一代杂种。1997年通过广东省农作物品种审定委员会审定。

【特征特性】 植株蔓生,分枝多。叶片钝角、掌状,绿色。第一雌花着生在主蔓第十五至第十六节上,以后每隔4～5节着生 1 雌花。瓜呈棒锤形，长 36 厘米左右，横径约 14 厘米，瓜顶端膨大，种子少且集中在瓜顶端。单瓜重 2.5～3.0 千克。成熟瓜瓜皮橙黄色，肉橙红色，质地细腻，味甜，水分少，粮菜两用，品质优良。抗逆性强，适应性广，耐贮运。中早熟种，定植后 85～90 天收获。每 667 平方米产 2 000 千克左右。适宜春、秋两季栽培。

【种植地区】 广东、广西、海南、福建、浙江等地。

【栽培要点】 汕头地区春季栽培，1 月下旬播种育苗，3 月上旬定植；秋季栽培 7 月下旬至 8 月上旬直播，每穴播 3 粒种子。地爬式栽培，畦宽 3 米(含沟)，穴距 1 米，每穴栽 2 株，每 667 平方米栽苗 440 株；或畦宽 2.7 米，穴距 0.7 米，每穴栽 1 株，每 667 平方米栽苗约 380 株。倒蔓以后，结合培土施 1 次追肥，以后根据植株生长情况再追肥 2～3 次。及时整枝，将茎部发生的无效侧枝打掉一部分。地爬南瓜要牵蔓，并进行压蔓，一般蔓长 80 厘米时开始进行，以后每隔 40 厘米压蔓 1 次，共压蔓 2～3 次。进行人工辅助授粉，争取每株结 2 个瓜。

【供种单位】 广东省汕头市白沙蔬菜原种研究所。地址：广东省澄海市白沙埔。邮编:515800。

5. 小青瓜(小团瓜)南瓜

【种　源】 贵州农学院园艺系蔬菜研究室从地方品种中选育出的小型南瓜品种。1992 年通过贵州省农作物品种审定委员会审定。

【特征特性】 植株中等，蔓长 1.3～2.0 米。第一雌花着生在第六至第十一节上。主侧蔓均可结瓜，每隔 2～3 节着生 1 雌花，亦可连续 2～3 节着生雌花。瓜呈圆形、椭圆形或扁圆形，嫩瓜皮色浅绿或深绿，单瓜重 2.5～3.0 千克。瓜肉含可溶性固形物 3%～5%。味甜,品质优。除生长后期易染白粉病外,很少有其他病虫害发生。早熟种。每 667 平方米产2 000～2 500 千克。

【种植地区】 全国各地均可栽种。

【栽培要点】 贵州中部地区春播,2 月下旬至 3 月上旬播种,4 月上旬定植,苗龄 25～30 天。抽蔓后和开花结果期轻追粪水或速效化肥。每隔 3～4 节用土块压蔓,并随蔓抽长逐渐将蔓盘成圆圈。生长前期注意防治蚜虫和黄守瓜。

【供种单位】 贵州农学院园艺系。地址:贵阳市花溪区金竹镇。邮编:550006。

6. 平凉大板籽南瓜

【种　源】 甘肃省平凉地区农业科学研究所从吉林省桦甸县引进的地方品种中经集团选择和混合选择育成的新品种。1992 年通过甘肃省农作物品种审定委员会审定。

【特征特性】 中蔓型,主蔓长 5 米左右。第一雌花着生在第八至第十节上,以后每隔 3～4 叶着生 1 雌花。主侧蔓均可结瓜。瓜呈扁圆形,嫩瓜深绿色,皮上有白点;老熟瓜橘红色,无香味,无白霜。单瓜结籽 215～494 粒。籽粒白色、光板、籽大,瓜仁饱满,百粒重 26.8 克,平均每 667 平方米产籽 89.7 千克。适应性强,耐阴,抗南瓜实蝇。

【种植地区】 甘肃、宁夏、陕西等地。

【栽培要点】 甘肃地区地膜覆盖栽培,4 月中旬播种;露地栽培 4 月下旬播种。每 667 平方米栽苗 1 500 株左右,间作栽种,每 667 平方米栽苗 500～600 株。及时整枝打杈,单蔓整枝,每株留 2 个瓜,第二个瓜坐住后,留 4 片叶摘心。开花盛期采用人工辅助授粉。

【供种单位】 甘肃省种子公司。地址:兰州市平凉路403号。邮编:730000。

十四、西葫芦

西葫芦又名美洲南瓜。为葫芦科南瓜属中叶片少、有白斑、果柄五棱形的栽培种,一年生草本植物。染色体数 $2n = 2x = 40(42)$。果实含有多种营养物质,多以嫩瓜炒食或作馅,种子可加工成干香食品。

西葫芦茎有矮生和蔓生两种,五棱、多刺。叶柄直立,粗糙,多刺,宽三角形,掌状深裂。雌雄异花同株,单性花。果实多长圆筒形,果面平滑,皮呈绿色、浅绿色或白色,具绿色条纹。成熟果黄色,蜡粉多。

西葫芦为较喜温蔬菜,植株生长发育最适温为25~30℃,但温度过高,超过35℃,授粉不良,坐果差,且易患病毒病。对光照的要求不甚严格,充足光照可以促进早熟。根系强大,吸收力强,有较强耐旱能力,但因其生长迅速,蔓叶繁茂,蒸腾面积大,果实发育时期仍需大量水分。适应性强,各种土壤均可种植,即使种植在较瘠薄的土壤上,也能生长。多1年1茬,一般行育苗移栽,南方无霜或轻霜地区,于1~3月份播种;长江中下游地区于3月上旬冷床育苗或3月下旬露地直播;北方须在终霜后定植。每667平方米栽1 500株左右。作物耐粗放,管理简单。病害有:角斑病、白粉病、炭疽病、蔓枯病;虫害有:瓜蚜等。通过加强田间管理和喷洒农药进行防治。

潍早1号西葫芦

【种　源】 山东省潍坊市农业科学院配制的一代杂种。1998年通过山东省农作物品种审定委员会审定。

【特征特性】 植株较直立，主蔓长50～60厘米，株幅约55厘米。叶片五角掌形，深绿色，叶缘浅裂。第四至第五节着生第一雌花。瓜呈圆柱形，长25～30厘米，横径8～10厘米，瓜皮乳白色，有光泽，单瓜重800～1 200克。高抗病毒病、白粉病，较抗霜霉病。极早熟种，定植后20～25天即可采摘单瓜重达600～800克的嫩瓜。每667平方米产5 000千克。适合早春保护地和秋延后栽培。

【种植地区】 山东、河北、河南、辽宁、吉林、黑龙江等省。

【栽培要点】 株型直立紧凑，适宜密植。

【供种单位】 山东省潍坊市农业科学院。地址：山东省潍坊市。邮编：261041。

十五、西　瓜

为葫芦科西瓜属中的栽培种，一年生蔓性草本植物。染色体数 $2n=2x=22$。食用成熟果实，含糖7.3%～13.0%，还有丰富的无机盐和多种维生素。具清热解暑的功效，对治疗肾炎、糖尿病及膀胱炎等疾病有辅助疗效。果皮可制蜜饯、果酱或作饲料。种子可榨油或炒食。我国各地均有栽培，种植面积较大。

西瓜的主根系分布深广，深1米以上，根群主要分布在

20～30 厘米耕作层内。根系纤细易断，再生力弱，不耐移植，生产上多采用直播栽培。叶片互生，有深裂、浅裂和全缘叶。雌雄异花同株。果实有圆形、卵形、椭圆形、圆筒形等。果面平滑或具棱沟，表皮绿白色、绿色、深绿色、墨绿色、黑色，间有细网纹或条带。果肉乳白色、淡黄色、深黄色、淡红色、大红色等。肉质有紧肉和沙瓤两种。

西瓜喜高温干燥，生长和结果的适温为 25～30℃，空气相对湿度 60%左右。对光照要求严格，需要充足的阳光。我国北部和中部地区，以夏季栽培为主，也有少数在秋季栽培；南部地区 1 年可栽培 2～3 茬。露地直播或育苗移栽，直播于 10 厘米土层的温度稳定在 15℃以上时开始播种；育苗移栽的适栽苗龄为 30～35 天，终霜前 15～20 天播种。幼苗期要保证苗全、苗齐。露地直播的种子需先催芽，播后应及时覆盖地膜，保温保湿，促进出苗。

西瓜适宜在土壤肥沃、富含有机质、结构疏松、排灌良好的砂壤土栽培，产量高，品质好。吸收钾最多，磷最少，吸收氮、磷、钾的比例为 3∶1∶4。

种植密度：早熟品种每 667 平方米栽600～800 株；中晚熟品种450～600 株。

种植后的管理：瓜畦形式，北方多用小平畦播种（或定植），大畦爬蔓坐瓜；南方做高畦栽培，便于排水。栽苗宜带土定植，先开沟（或穴），浇水后栽苗、培土、封沟。西瓜是一种耐旱作物，但又是需水较多的作物，尤其在果实发育膨大时期需要大量水分。苗期一般不浇水，伸蔓后开始灌水。伸蔓期茎叶旺盛生长，同时开始转入生殖生长，需重肥、整枝、压蔓，控制植株生长，使瓜蔓合理分布。采用人工辅助授粉调节坐果部位。坐果后重施结瓜肥，促进果实迅速膨大。西瓜极不耐涝，雨后应及时排水。适时采收果实对保证品质十分重要，可根据品种从开花至果实成熟的天数来判断，也可根据果实发育期间的积温计算。熟瓜的特征是：坐瓜节卷须枯萎，果柄刚毛脱落，果蒂处收缩凹陷，果皮花纹清晰，底色发黄，比重下降，拍打时发混浊音等。

病虫害及其防治。主要病害有：炭疽病、枯萎病、疫病、白粉病、蔓枯病等；虫害有：小地老虎、瓜蚜、萝卜地种蝇、黄守瓜等。防治方法参见黄瓜。

1. 早熟1号无籽西瓜

【种　源】 北京市种子公司以北京2号四倍体西瓜作母本、自交系83166-4-3作父本配制的一代杂种。1996年通过北京市农作物品种审定委员会审定。

【特征特性】 植株生长势强。瓜呈圆形，瓜皮底色浅绿，上有明显齿形条纹，单瓜重5千克。瓜肉红色，含糖8.6%～11.0%，品质佳。瓜皮韧性好，耐贮运。早熟种，从开花至果实成熟约29天。每667平方米产3 800千克左右。

【种植地区】 北京、河北、河南、山东、山西、天津等地。

【栽培要点】 北京地区小棚栽培，3月上中旬冷床育苗，苗龄30天左右，4月中旬定植，5月中下旬撤去小棚。每667平方米栽苗420～450株。每株留3～4蔓，留2～3个瓜，6月中旬采收。露地栽培比小棚晚栽20天左右。膨瓜初期要追肥、浇水。

【供种单位】 北京市种子公司。地址：北京市海淀区北太平庄路15号。邮编：100088。

2. 兴农1号西瓜

【种　源】 北京市大兴县农业科学研究所配制的一代杂种。1996年通过北京市农作物品种审定委员会审定。

【特征特性】 瓜呈高圆形，皮绿色，上有深绿色条纹，单瓜重5～6千克。瓜肉红色，质细脆，微沙，粗纤维少，含糖11.7%。易坐果，耐阴湿，不易感炭疽病，耐贮运。全生育期春播100天，夏播70～75天，从开花至果实成熟约30天。每667平方米产4 000千克左右。适宜春、夏两季种植。

【种植地区】 北京及华北地区。

【栽培要点】 北京地区春季露地地膜覆盖直播栽培，4月上旬播种，5月中旬改天膜为地膜。每667平方米留800株左右。6月底至7月初采收。

【供种单位】 北京市大兴县农业科学研究所。地址：北京市大兴县黄村。邮编：102600。

3. 京抗2号西瓜

【种　源】 北京蔬菜研究中心配制的一代杂种。1996年通过北京市农作物品种审定委员会审定。

【特征特性】 苗期生长较弱，后期生长旺盛。果实圆形，瓜皮绿色并覆有明显的深绿色条纹，单瓜重5千克以上。瓜肉红色，籽少，含糖11.9%，品质佳。瓜皮厚1厘米，耐运输。抗枯萎病。中熟种，全生育期90天，从开花至果实成熟约30天。每667平方米产4 500～5 000千克。

【种植地区】 北京、河北、湖北、山东及东北等地。

【栽培要点】 北京地区春露地地膜覆盖直播栽培，4月上旬播种，5月中旬改天膜为地膜。行距1.3～1.5米，株距60

厘米，每667平方米留苗800株左右。三蔓整枝，坐瓜前去掉多余侧枝，坐瓜后不整枝，每株留1个瓜。施足底肥，膨瓜后要加强肥水管理。6月底、7月初采收。

【供种单位】 北京蔬菜研究中心。地址：北京市海淀区板井村。邮编：100089。

4. 黑蜜无籽2号西瓜

【种　源】 北京市农业技术推广站从中国农业科学院郑州果树研究所引进。1993年通过北京市农作物品种审定委员会认定。

【特征特性】 植株茎蔓较粗，分枝力强。叶较宽而厚，深绿色。雌雄花大而色深，花粉不孕，坐瓜较难。瓜呈高圆形，皮墨绿色，间有隐暗条纹，表面粗糙，单瓜重5～7千克。中晚熟种，全生育期112天，从开花至果实成熟需35～40天。每667平方米产3 000～4 000千克。

【种植地区】 适宜华北、西北、东北地区种植。江西、江苏、福建、湖北、湖南、广西等地也可栽培。

【栽培要点】 种子皮厚而坚硬，尤其种脐部肥厚而硬，播种时要人工破壳，嗑开种子长度的1/3。温水浸种1.0～1.5小时后置33～35℃温箱中催芽。采用温床育苗，地膜覆盖栽培。配制授粉品种，进行人工辅助授粉，授粉品种要籽小，糖分高，果皮与黑蜜二号不同，同时要晚播5～7天。加强中后期田间管理，中期控制肥水，坐稳瓜后大肥大水促膨瓜。

【供种单位】 北京市农业技术推广站。地址：北京市安定门外惠新里甲10号。邮编：100029。

5. 西农8号西瓜

【种　源】 西北农业大学西瓜甜瓜研究室选配的一代杂种。1992年通过陕西省农作物品种审定委员会审定。

【特征特性】 植株长势强，茎蔓粗壮。雌花节位低。瓜呈椭圆形，皮色浅绿，上有深绿色条带，单瓜重7千克左右。瓜肉细腻爽脆，多汁、味甜，含糖11%～12%。耐旱、耐湿、耐贮运，较抗枯萎病和炭疽病。中晚熟种，全生育期100天左右。每667平方米产4000千克左右，高产可达5000千克以上。

【种植地区】 全国各地均可种植。

【栽培要点】 陕西地区，3月下旬播种，4月下旬定植，每667平方米栽苗600～700株。采用双蔓或三蔓整枝，每株留1瓜，以选留第二或第三朵雌花坐瓜为宜。坐瓜后7天左右需追肥灌水。坐瓜后36～38天采收。

【供种单位】 西北农业大学。地址：陕西省咸阳市杨陵区。邮编：712100。

6. 新秀1号无籽西瓜

【种　源】 广东省农业科学院蔬菜研究所选配的一代杂种。1997年通过广东省农作物品种审定委员会审定。

【特征特性】 植株长势强，分枝多。第一雌花着生在第八至第九节上，最佳坐瓜节位一般在第十七至第十八节，单株坐瓜1～2个。瓜呈近圆形，皮墨绿色，皮薄而坚韧，单瓜重5千克。瓜肉红色。全生育期98天，从开花至瓜成熟约35天。每667平方米产2500～3000千克。

【种植地区】 长江流域以南各省。

【栽培要点】 广东省春播，2月下旬至4月上旬播种；秋播,7月中旬至8月上旬播种。行距2米,株距75厘米,每667平方米留苗400株,每株留3蔓。

【供种单位】 广东省农业科学院蔬菜研究所。地址:广州市石牌五山。邮编:510640。

7. 湘西瓜13号

【种　源】 湖南省园艺研究所配制的一代杂种。1998年通过湖南省农作物品种审定委员会审定。

【特征特性】 瓜呈圆形,皮薄,金黄色,单瓜重3～4千克。瓜肉红色,汁多味甜,粗纤维少,含糖8.5%～11.0%。抗疫病、炭疽病、枯萎病。全生育期80天,从开花至瓜成熟需30～32天。每667平方米产2200千克。

【种植地区】 湖南省各地。

【栽培要点】 湖南省4月初播种,营养钵育苗,4月底移栽,每667平方米栽苗550～600株。

【供种单位】 湖南省园艺研究所。地址:长沙市。邮编:410125。

8. 湘西瓜7号(华农宝)

【种　源】 湘西土家族苗族自治州经济作物站用重凯1号作母本、吉抗130作父本配制的一代杂种。1991年通过湖南省农作物品种审定委员会审定。

【特征特性】 植株长势强,易坐瓜。瓜长椭圆形,皮墨绿色,单瓜重7千克,大的可达13千克。瓜肉红色,致密脆甜,含糖11%左右,品质佳。抗逆性强,耐贮运。中熟种。每667平方米产3500千克左右,高产者达5000千克以上。

【种植地区】 全国各地均可种植。

【栽培要点】 每667平方米栽苗350～400株，选留第三或第四朵雌花坐瓜，瓜膨大期加强水肥管理。

【供种单位】 湖南省吉首市湘西土家族苗族自治州经济作物研究所。地址：湖南省吉首市北吉新路2号。邮编：416000。

9. 湘花西瓜

【种 源】 湖南省园艺研究所育成。1992年通过湖南省农作物品种审定委员会审定。

【特征特性】 植株生长势中等。瓜呈椭圆形，皮绿色，上有14～16条清晰的深绿色齿条花纹。肉红色，质脆，汁多，味甜，含糖10.5％～11.0％，品质好。较抗枯萎病、疫病。中早熟种，全生育期80～85天。从开花至瓜成熟需30～33天。每667平方米产2 500～3 000千克，高产者达4 000～5 000千克。

【种植地区】 全国各地均可栽培。

【栽培要点】 长江流域，4月中下旬播种，7月上旬采收。每667平方米栽苗500株左右。

【供种单位】 湖南省园艺研究所。地址：长沙市东郊马坡岭。邮编：410125。

10. 湘杂4号西瓜

【种 源】 湖南省园艺研究所配制的一代杂种。1992年通过湖南省农作物品种审定委员会审定。

【特征特性】 坐果率高，瓜型端正整齐。瓜肉红色，含糖10％～11％。瓜皮厚1厘米，坚韧、耐贮运。较抗叶枯病、炭疽病。中早熟种，全生育期88天。每667平方米产2 500千克左右，最高达5 000千克。

【种植地区】【栽培要点】【供种单位】 同9. 湘花西瓜。

11. 苏蜜2号西瓜

【种　源】 江苏省农业科学院蔬菜研究所选配的一代杂种。1992年通过江苏省农作物品种审定委员会审定。

【特征特性】 植株长势强，主蔓平均长3.2米。第一雌花着生在第五至第九节上。瓜圆形，皮色深绿，细网纹，皮厚1.04厘米，韧性好。瓜肉红色，质地紧密、汁多，含糖9%～12%，风味佳。种子少。中早熟种，全生育期95～100天。每667平方米产3 000千克左右。

【种植地区】 全国各地均可种植。

【栽培要点】 南方多雨地区，4月上中旬播种育苗，每667平方米栽苗600～650株。前期氮肥不宜过多，果实膨大期需增施磷钾肥。双蔓整枝，选留第二朵雌花结瓜。

【供种单位】 江苏省农业科学院蔬菜研究所。地址：南京市孝陵卫。邮编：210014。

12. 桂红3号西瓜

【种　源】 广西壮族自治区农业科学院园艺研究所选配的一代杂种。1992年通过广西壮族自治区农作物品种审定委员会审定。

【特征特性】 植株长势强。最佳坐瓜节位在第二十至第二十六节上。瓜呈短椭圆形，皮浅绿色，有细网纹，单瓜重6.8千克，最大的16千克。瓜肉红色，肉质细密、清脆，不空心，含糖12%。瓜皮坚韧，极耐贮运。耐阴、耐热、耐湿，抗枯萎病、炭疽病、白粉病。中早熟种，全生育期春播95～100天，秋播65～

70天。开花至瓜成熟30～35天。每667平方米产3200千克，最高产者达6240千克。

【种植地区】 全国各地均可种植。

【栽培要点】 日平均气温稳定在15℃以上时可以播种，用营养钵育苗，苗龄30天左右，每667平方米栽苗400～450株。三蔓整枝，以主蔓结瓜为主，每株留1个瓜。当小瓜长至0.5千克大小时，摘去结瓜蔓的顶芽。瓜膨大期及时供应水肥。花期不宜过重疏枝剪蔓。

【供种单位】 广西壮族自治区农业科学院园艺研究所。地址：南宁市西乡塘路44号。邮编：530007。

13. 赣杂1号西瓜

【种　源】 江西省九江市农业科学研究所用861与马兰小籽作亲本配制的一代杂种。1991年通过江西省农作物品种审定委员会审定。

【特征特性】 植株长势强。主蔓第七节左右着生第一朵雌花，单株结瓜平均1.5～2.0个。瓜长椭圆形，皮淡绿色，有细网纹，单瓜重5.0～7.5千克，最大的可达12千克。瓜肉红色，质地细脆、汁多，不空心，味甜，含糖9%～11%。瓜皮厚0.8～1.1厘米，坚韧，耐贮运。抗逆性强。中熟种，全生育期95～100天，从开花至瓜成熟需35～40天。每667平方米产2500～3000千克。

【种植地区】 全国各地均可种植。

【栽培要点】 长江中下游地区，3月中旬至4月上旬播种，保护地营养钵催芽育苗，2片真叶时定植，每667平方米栽苗450～500株。采用3～4蔓整枝，人工辅助授粉，选留主蔓第二朵雌花坐瓜。

【供种单位】 江西省九江市蔬菜办公室。地址:江西省九江市。邮编:332000。

14. 湘西瓜11号

【种　源】 湖南省岳阳市农业科学研究所选配的无籽西瓜。1996年通过湖南省农作物品种审定委员会审定。

【特征特性】 植株长势强。瓜呈圆球形,皮墨绿色,外形美观,单瓜重5～7千克。瓜肉红色,细嫩爽口,粗纤维少,白秕籽极小且少,含糖12%左右,风味佳。皮薄且韧,耐贮运。耐湿热,适应性广,抗病性强。中晚熟种,全生育期105天左右。每667平方米产4 500千克以上。

【种植地区】 湖南省各地。

【栽培要点】 参见7. 湘西瓜13号。

【供种单位】 湖南省岳阳市农业科学研究所。地址:湖南省岳阳市大桥湖。邮编:414000。

15. 超冠龙西瓜

【种　源】 河北省农林科学院蔬菜花卉研究所配制的一代杂种。1998年通过河北省农作物品种审定委员会审定。

【特征特性】 植株长势强,分枝多,根系发达。瓜呈椭圆形,皮绿色有暗绿色花条,平均单瓜重4.7千克。肉红色,质脆,含糖8.4%～10.7%,品质好。抗病性强。全生育期102天。每667平方米产4 300千克左右。

【种植地区】 华北地区。

【栽培要点】 参见5. 西农8号西瓜。

【供种单位】 河北省农林科学院蔬菜花卉研究所。地址:石家庄市机场路24号。邮编:050051。

16. 抗王西瓜

【种　源】 河北省廊坊师范专科学校选配的一代杂种。1998年通过河北省农作物品种审定委员会审定。

【特征特性】 植株生长势强，分枝多。叶掌状、深裂，叶色深绿。瓜呈圆形，皮绿色，覆有深绿色粗花纹，单瓜重4千克左右。瓜瓤粉红色，质沙脆，粗纤维少，含糖8.1%～10.2%，风味佳。瓜皮厚1厘米，耐贮运。抗逆性强，耐重茬，抗枯萎病。全生育期96天。每667平方米产4 000千克左右。

【种植地区】 华北、西北和东北地区。

【栽培要点】 河北地区小棚栽培，3月中旬育苗，4月中旬定植，每667平方米栽苗450株左右。露地栽培晚定植20天左右。

【供种单位】 河北省廊坊师范专科学校。地址：河北省廊坊市。邮编：065000。

17. 津丰1号西瓜

【种　源】 天津市种子公司选配的一代杂种。1998年通过河北省农作物品种审定委员会审定。

【特征特性】 植株生长势强，茎蔓粗壮，分枝较多。裂叶，较宽厚，叶色深绿，叶面覆有蜡质。瓜呈椭圆形，皮墨绿色，隐网纹，覆有蜡质，单瓜重4～7千克。瓜瓤红色，含糖8%～11%，品质优。抗枯萎病、花叶病毒病和炭疽病，抗逆性强。耐贮运。全生育期104天左右。每667平方米产3 500～4 000千克。

【种植地区】 华北、华东、东北及西南部分地区。

【栽培要点】 每667平方米栽苗700株左右，每株留1

瓜。

【供种单位】 天津市种子公司。地址:天津市河西区友谊路西园道5号。邮编:300061。

18. 开杂5号西瓜

【种　源】 河南省开封市农林科学研究所用开封66作母本、开封161作父本配制的一代杂种。1998年通过河南省农作物品种审定委员会审定。

【特征特性】 植株长势强。瓜呈椭圆形,皮黑色,表面光滑,有蜡粉,单瓜重4～6千克。瓜瓤红色,质脆多汁,含糖8.0%～10.9%,品质优良。抗逆性强,抗枯萎病和炭疽病,中抗病毒病。全生育期101天左右。每667平方米产3 500～4 000千克。

【种植地区】 我国北方地区。

【栽培要点】 参见17.津丰1号西瓜。

【供种单位】 河南省开封市农林科学研究所。地址:河南省开封市北郊。邮编:475001。

19. 景丰宝2号西瓜

【种　源】 黑龙江省景丰良种开发有限公司选配的一代杂种。1997年通过黑龙江省农作物品种审定委员会审定。

【特征特性】 植株茎蔓粗,节间短,叶片肥大。第一雌花着生在第四至第五节上,以后每隔5节着生1雌花。瓜呈椭圆形,皮深绿色,单瓜重8～12千克。瓜瓤红色,品质好。种子黑褐色,籽少。耐贮运。抗枯萎病、炭疽病。生育期84天,从开花至瓜成熟约35天。每667平方米产3 100～3 600千克。

【种植地区】 黑龙江省各地。

【栽培要点】 每667平方米栽苗500～600株，每株留1瓜。

【供种单位】 黑龙江省景丰良种开发有限公司。地址：黑龙江省望奎县。邮编：152100。

20. 069西瓜

【种　源】 河北省中捷农场农业科学研究所用中育6号作母本、久比利作父本配制的一代杂种。1997年通过河北省农作物品种审定委员会认定。

【特征特性】 植株长势强。瓜呈椭圆形，皮深绿色，有锯齿形黑色条纹，单瓜重5千克以上，最大的达15千克。瓜瓤红色，含糖8.5%～12.5%，品质较好。抗逆性强，抗旱，耐盐碱。全生育期107天左右。每667平方米产2400千克。

【种植地区】 河北省及陕西省等旱作农业区。

【栽培要点】 每667平方米栽苗800～1000株。

【供种单位】 河北省中捷农场。地址：河北省沧州市。邮编：061000。

21. 特早佳龙（又名W-6）西瓜

【种　源】 中国农业科学院郑州果树研究所用83007为母本、79001为父本配制的一代杂种。1996年通过河南省农作物品种审定委员会审定。

【特征特性】 植株生长势中等，极易坐瓜。瓜呈椭圆形，皮绿色，上有16～18条墨绿色锯齿条带，外形美观，似金钟冠龙，单瓜重5～6千克。瓜肉红色，肉质脆沙，中心含糖11.5%，品质上等。瓜皮厚0.9～1.0厘米，皮坚韧，耐运输。种子中等偏小，深灰色带麻点。抗病性强，适应性广。早熟种，从坐瓜至成熟约28天。每667平方米产2 600千克。

【种植地区】 全国各地均可种植。

【栽培要点】 参见1. 早熟1号无籽西瓜。

【供种单位】 中国农业科学院郑州果树研究所。地址:郑州市南郊。邮编:450004。

22. 海农6号西瓜

【种　源】 北京市海淀区农业科学研究所用WA-3作母本、85-10-2作父本配制的一代杂种。1998年通过北京市农作物品种审定委员会审定。

【特征特性】 幼苗健壮,生长势强。第一雌花着生在第六至第八节上,坐瓜率高。瓜椭圆形,皮黄绿色,上有深绿色、规整美观的花条纹,单瓜重10千克左右。瓜瓤红色,籽少,粗纤维少,品质佳,口感好,含糖9%~12%,最高的可达13%。瓜皮厚1厘米左右,韧性大,耐贮运。抗枯萎病、炭疽病。中熟种,从开花至瓜成熟约31天。每667平方米产4 000~5 000千克。

【种植地区】 北京、河北、河南、山东、山西、湖南、湖北、内蒙古、辽宁、吉林及黑龙江等地。

【栽培要点】 苗龄以28天为宜,3~4片真叶时定植。当幼瓜长到鸡蛋大小时,开始浇膨瓜水,施膨瓜肥;当瓜长到14~15厘米时,结合浇水再施第二次膨瓜肥,以后保持土壤湿润。

【供种单位】 北京市海淀区绿海科技开发总公司。地址:北京市海淀区草桥7号。邮编:100080。

23. 汴杂7号西瓜

【种　源】 河南省开封市蔬菜研究所配制的一代杂种。1992年通过河南省农作物品种审定委员会审定。

【特征特性】 植株长势强,分枝多。第一雌花着生在第八至第九节上,以后每间隔5～6节着生1雌花。瓜呈椭圆形,瓜皮黑色有光泽,坐瓜整齐。瓜肉红色,质脆爽口,粗纤维少,不空心,含糖11%。耐旱、耐瘠,较抗枯萎病,多雨季节易感炭疽病。中晚熟种,生育期100～110天,从开花至瓜成熟约34天。每667平方米产4000～5000千克。

【种植地区】 华北、西北等地区。

【栽培要点】 每667平方米栽苗700株左右。双蔓整枝,选留第二或第三雌花坐瓜,坐瓜前严格整枝、打杈、压蔓。

【供种单位】 开封市蔬菜研究所。地址:河南省开封市南郊大李庄。邮编:475003。

24. 齐抗901西瓜

【种　源】 黑龙江省齐齐哈尔市园艺研究所选配的一代杂种。1992年通过黑龙江省农作物品种审定委员会审定。

【特征特性】 幼苗茁壮,长势强。叶色深绿。坐果率高。瓜椭圆形,花皮,大瓜型。红瓤,籽少,含糖8%～12%,口感好,品质中上。皮厚1厘米左右,耐贮运。抗枯萎病、炭疽病。中晚熟种,生育期100～105天。每667平方米产5000千克。

【种植地区】 全国各地均可栽培。

【栽培要点】 每667平方米栽苗600～800株。采用双蔓或三蔓整枝,选留第二或第三雌花坐瓜。

【供种单位】 齐齐哈尔市园艺研究所。地址:黑龙江省齐齐哈尔市劳动路12号。邮编:161005。

25. 华夏新红宝西瓜

【种　源】 黑龙江省齐齐哈尔市园艺研究所选配的一代杂种。1992年通过黑龙江省农作物品种审定委员会审定。

【特征特性】 植株长势中等。瓜椭圆形,皮黄绿色,单瓜重5～8千克,最大的可达12千克。瓜瓤红色,粗纤维少,含糖9%～12%,品质佳。耐贮运。抗枯萎病、炭疽病。中晚熟种。每667平方米产4000～5000千克。

【种植地区】 东北、华北、华东等地。

【栽培要点】【供种单位】 同24.齐抗901西瓜。

26. 红冠龙西瓜

【种　源】 陕西省蔬菜花卉研究所选育的新品种。1998年通过陕西省农作物品种审定委员会审定。

【特征特性】 叶片深绿色,缺刻中深。主蔓第七节着生第一雌花,以后每间隔3～5节着生1雌花。瓜呈椭圆形,皮浅绿色,上有不规则深绿色条带,单瓜重9～10千克。瓜肉红色,不空心,不倒瓤,肉质细脆,多汁爽口,风味好,含糖10.5%～12.6%。耐运输,极耐贮藏。高抗枯萎病、炭疽病,较耐病毒病。中熟种,生育期100天,坐瓜后36～38天采收。

【种植地区】 陕西省各地。

【栽培要点】 西安地区,3月中下旬播种,4月中下旬定植,每667平方米栽苗600～700株。采用双蔓或三蔓整枝,每株留1瓜,选留第二或第三雌花坐瓜。

【供种单位】 陕西省蔬菜花卉研究所。地址:陕西杨陵。邮编:712100。

27. 早巨龙(早龙18)西瓜

【种　源】 河北省蔬菜种苗中心选配的一代杂种。1999年通过河北省农作物品种审定委员会审定。

【特征特性】 叶片掌状5裂,深绿色,叶缘有疏齿,表面有蜡粉。分枝多。第一雌花着生在第八节左右,以后每隔5节着生1雌花。瓜呈椭圆形,瓜皮深绿色,上有墨绿色条纹,单瓜重4千克左右。瓜肉粉红色,肉质沙脆,粗纤维少,含糖8.0%～10.5%,风味佳。瓜皮薄,有韧性,耐贮运。抗病毒病、炭疽病及枯萎病。早熟种,生育期96天,从开花至成熟需32天左右。每667平方米产3 000～4 000千克。

【种植地区】 河北省各地。

【栽培要点】 河北地区春露地种植,4月上中旬露地直播,并覆盖地膜。每667平方米留苗900株左右,每株留1瓜。

【供种单位】 河北省蔬菜种苗中心。地址:河北省石家庄市。邮编:050000。

28. 新农8号西瓜

【种　源】 河北省新乐市种子有限公司选配的一代杂种。1999年通过河北省农作物品种审定委员会审定。

【特征特性】 叶片掌状深裂,深绿色。分枝多。第一雌花着生在第十一节左右。瓜长椭圆形,瓜皮浅绿色,上有绿色锯齿条带,单瓜重6.5千克。瓜肉红色,含糖11.8%左右,风味佳。耐运输,耐旱,耐高温,抗枯萎病、病毒病及炭疽病。中晚熟种,从开花至瓜成熟需35天左右。每667平方米产5 000千克。适宜春露地栽培。

【种植地区】 河北省各地。

【栽培要点】 河北地区春露地栽培，4月上中旬播种，每667平方米留苗800株左右，每株留1瓜。

【供种单位】 河北省新乐市种子有限公司。地址：河北省新乐市。邮编：050700。

29. 金冠1号西瓜

【种 源】 中国农业科学院蔬菜花卉研究所选配的一代杂种。1999年通过河北省农作物品种审定委员会审定。

【特征特性】 植株长势较弱，结瓜能力强。苗期叶柄基部呈黄色，可作为鉴别真假杂种的标志性状。成株期茎、叶柄、叶脉及幼果呈黄色。瓜呈高圆至短椭圆形，皮深金黄色，单瓜重2.5千克左右，大瓜可达4千克。瓤红色，肉质细爽多汁，略带香味，含糖11%～12%。瓜皮薄韧，不易破裂，耐贮藏运输。适应性强，可进行反季节栽培。早熟种，春夏栽培，生育期约90天；夏秋栽培65天；冬春保护地栽培约100天。每667平方米产3 000～5 000千克。

【种植地区】 北京、河北、辽宁、内蒙古、甘肃、山东、江苏、河南、福建、湖南、广东、海南等地。

【栽培要点】 注意轮作，重茬栽培应嫁接换根。多施有机肥和磷钾肥。提倡支架栽培。支架栽培大行70厘米，株距40厘米；小行50厘米，株距40厘米。无支架栽培行距120厘米，株距50厘米。需进行人工辅助授粉，在开花授粉期，严禁浇水追肥，待瓜长至鸡蛋大小时浇水追肥。支架栽培，主蔓上架或吊蔓，基部侧蔓爬地；无支架栽培，进行三蔓整枝。当第一茬瓜采收后，可及时进行再生栽培，即在主蔓4～5节处剪枝，并浇水追肥，促侧枝萌发，选一强壮侧蔓上架结瓜。

【供种单位】 中国农业科学院蔬菜花卉研究所。地址：北京市海淀区白石桥路30号。邮编:100081。

30. 黄晶一号西瓜

【种　源】 安徽省合肥市西瓜蔬菜研究所与合肥市华厦西瓜育种家联谊会合作选配的一代杂种。1996年通过安徽省农作物品种审定委员会审定。

【特征特性】 主蔓长2.6米左右,叶披针形羽状条纹,深绿色。瓜呈圆形,瓜脐饱满,皮绿色,单瓜重3.5千克。瓜肉鹅黄色,脆嫩多汁,味甜爽口,风味较佳。较耐低温,抗病。全生育期90天左右,自开花至瓜成熟需30天左右。每667平方米产2 200千克。适宜露地及小拱棚双膜覆盖栽培。

【种植地区】 安徽省各地城市近郊。

【栽培要点】 合肥地区春季露地栽培,3月下旬至4月上旬播种,苗龄25～30天,约2～3片真叶时定植,行距230厘米,株距45厘米,每667平方米栽苗650株。

【供种单位】 安徽省合肥市西瓜蔬菜研究所。地址:安徽省合肥市。邮编:230001。

31. 丰乐八号西瓜

【种　源】 安徽省合肥市种子公司选配的一代杂种。1996年通过安徽省农作物品种审定委员会审定。

【特征特性】 植株长势较弱,叶片中等大小,叶柄、叶脉均为黄色。瓜呈圆形,皮黄色,皮厚0.2厘米左右,薄而坚韧。瓜肉红色,肉质细脆,口感较好。高抗炭疽病,抗逆性强。全生育期90天左右,从开花至瓜成熟约需26天。每667平方米产1 660千克。适宜保护地及露地栽培。

【种植地区】 安徽省各地。

【栽培要点】 合肥地区春保护地栽培，2月下旬至3月下旬营养钵育苗，苗龄30～35天定植，行距1.2米，株距40厘米。二蔓整枝，每株留瓜1～2个。

【供种单位】 安徽省合肥市种子公司。地址：安徽省合肥市。邮编：230001。

32. 华蜜八号西瓜

【种　源】 安徽省华厦西甜瓜研究所选配的一代杂种。1997年通过安徽省农作物品种审定委员会审定。

【特征特性】 植株长势强。瓜呈椭圆形，瓜皮绿色，上覆墨绿色中齿带，单瓜重8～9千克。瓜肉红色，肉质细脆，含糖12%以上，风味佳。瓜皮薄、坚韧，耐贮运。耐湿，抗枯萎病。全生育期95天左右，从开花至瓜成熟需33天。每667平方米产3 500千克左右。适宜保护地栽培。

【种植地区】 安徽省各地。

【栽培要点】 每667平方米栽苗700株左右，三蔓整枝，选主蔓第三雌花或子蔓第二雌花留瓜，每株留1个瓜。

【供种单位】 安徽省华厦西甜瓜研究所。地址：安徽省合肥市。邮编：230031。

33. 丰乐无籽一号西瓜

【种　源】 安徽省合肥丰乐现代农业科学研究所选配的一代杂种。1998年通过安徽省农作物品种审定委员会审定。

【特征特性】 植株长势较强，叶片中等大小，叶被茸毛。瓜呈球形，皮浅绿色，上有深绿色不规则锯齿状条纹，瓜肉红色，质脆，无着色籽。瓜皮厚1.3厘米，耐贮运。抗病性强，适应性广。全生育期100天左右，从开花至瓜成熟需35天。每

667 平方米产 3 000 千克左右。适宜露地栽培。

【种植地区】 安徽省各地。

【栽培要点】 合肥地区春露地栽培，3 月中旬温床（电热线）播种育苗，苗龄 30 天。每株留 1 个瓜。

【供种单位】 安徽省合肥丰乐现代农业科学研究所。地址：安徽省合肥市，邮编：230001。

34. 苏红宝西瓜

【种　源】 江苏省农业科学院蔬菜研究所选配的一代杂种。1996 年通过江苏省农作物品种审定委员会审定。

【特征特性】 植株长势强。以主蔓结瓜为主，第一雌花着生在主蔓第八至第九节上，坐瓜节位在第十四至第十五节。瓜呈椭圆形，瓜皮绿色嵌有墨绿色细条纹，单瓜重 7.74 千克。瓜瓤红色，肉质细密，含糖 7.5%～10.0%，籽小，籽少，风味好。瓜皮厚 1.4 厘米，韧性好，耐贮运。抗枯萎病。中晚熟种，全生育期 100 天左右，开花至瓜成熟需 32～35 天。每 667 平方米产 2 200～2 500 千克。适宜露地种植。

【种植地区】 江苏省沿江及苏北地区。

【栽培要点】 南京地区，3 月下旬播种，采用小拱棚覆盖营养钵育苗，2～3 片真叶时定植于露地，并覆盖地膜，每 667 平方米栽苗 450～550 株。主蔓长到 50 厘米时进行整枝，每株采用 1 主蔓 2 侧蔓的整枝方式，在主蔓第十四节左右留第二或第三朵雌花坐瓜。瓜膨大期追肥 1～2 次，磷、钾肥搭配施用。整个生长期注意防治病虫害。

【供种单位】 同 11. 苏蜜 2 号西瓜。

35. 85-26 西瓜

【种　源】 新疆瓜果葡萄研究所选配的一代杂种。1991 年由江苏省太仓市种子公司和江苏省种子站共同引进该省。1996 年通过江苏省农作物品种审定委员会审定。

【特征特性】 植株长势强，分枝多。瓜呈椭圆形，墨绿色，表皮光滑，单瓜重 4.2 千克左右。瓜肉红色，含糖 7%～12%，口感嫩、爽、甜，风味好。耐旱，耐热，耐贮运，抗枯萎病，耐炭疽病。地膜覆盖全生育期 100 天左右，从开花至瓜成熟约需 35 天。每 667 平方米产 2 300～2 600 千克。适宜露地栽培。

【种植地区】 新疆及江苏省各地。

【栽培要点】 江苏地区，3 月下旬用营养钵播种育苗，4 月下旬定植，行距 2.4 米，株距 50～55 厘米，每 667 平方米栽苗 500～550 株。采用 1 主蔓 2 侧蔓方式整枝。伸蔓前地表铺好麦秆草，以利坐瓜。瓜田忌积水。

【供种单位】 ①江苏省太仓市种子公司。地址：江苏省太仓市。邮编：215400。 ②江苏省种子公司。地址：南京市草场门外月光广场 8 号。邮编：210013。

36. 抗病苏蜜西瓜

【种　源】 江苏省农业科学院蔬菜研究所选配的一代杂种。1997 年通过江苏省农作物品种审定委员会审定。

【特征特性】 植株长势强，易坐瓜。第一雌花着生在主蔓第九节左右，以后每间隔 4～5 节着生 1 雌花。瓜呈长椭圆形，果形指数 1.7 左右，瓜皮墨绿色，单瓜重 4～5 千克。瓜肉红色，质细，含糖 8%～12%，口感好。瓜皮厚约 1 厘米，较耐贮运。高抗枯萎病。早熟种，全生育期 90～95 天，从开花至瓜成熟需 30～32 天。每 667 平方米产 2 500～3 000 千克。适宜保护地及露地栽培。

【种植地区】 江苏省各地。

【栽培要点】 育苗移栽，苗龄 30～32 天。苏南地区，每 667 平方米栽苗 500～600 株；苏北地区 700～800 株。采用三蔓或二蔓整枝，选留第二、第三雌花坐瓜。膨瓜期重施 1 次追肥。苗期注意猝倒病及蚜虫、黄守瓜等病虫害的防治。

【供种单位】 同 11. 苏蜜 2 号西瓜。

37. 金龙宝西瓜

【种　源】 甘肃省兰州市农业科学研究所选配的一代杂种。1996 年通过甘肃省农作物品种审定委员会审定。

【特征特性】 植株长势较强。瓜呈椭圆形，果形指数 1.46，瓜皮深绿色，表面覆盖 16 条墨绿色锯齿形窄条带，单瓜重 6 千克。瓜肉红色且均匀一致，肉质脆甜，不空心，成熟后不倒瓤，含糖 9.6%～11.5%，口感好。果皮坚韧，耐运输。种子黑色。抗炭疽病、疫病，中抗枯萎病。中熟种，全生育期（兰州）107 天，从开花至瓜成熟需 35 天。每 667 平方米产 4 500 千克。适宜露地种植。

【种植地区】 甘肃、河北、北京、天津、山西、黑龙江、吉林、辽宁及内蒙古等地。

【栽培要点】 选择土层深厚、排灌方便的砂壤土栽培，每 667 平方米栽苗 800～1 000 株。直播时每穴播 2 粒种子，留 1 株苗。坐瓜前控制水肥供应。选主蔓第二朵雌花坐瓜，每株只留 1 瓜，其余幼瓜及早摘除。幼瓜长至鸡蛋大小时，应及时追肥浇水，采收前 10 天停止浇水。

【供种单位】 甘肃省兰州市农业科学研究所。地址：兰州市。邮编:730000。

38. 寿山西瓜

【种　源】 台湾农友种苗股份有限公司选配的一代杂种。1992年由浙江省宁波市种子公司引进。1996年通过浙江省农作物品种审定委员会认定。

【特征特性】 植株长势强,分枝较多。第一雌花着生在主蔓第六至第八节上,以后每间隔6～7节着生1雌花。瓜长椭圆形,皮深绿色,单瓜重6～8千克,最大的可达15千克。肉深红色,质地细嫩,松脆爽口,汁多味甜,含糖11.5%,口感好。瓜皮厚1.1厘米,皮薄坚韧,耐贮运。种子黑褐色。抗枯萎病、病毒病、炭疽病。中熟种,全生育期86～90天。每667平方米产2 900～3 800千克。

【种植地区】 浙江、福建、江西等地。

【栽培要点】 宁波地区,3月中下旬播种育苗,4月中下旬定植;也可露地直播,4月上中旬播种,并覆盖地膜。每667平方米栽苗500～550株。三蔓整枝,选留第二或第三雌花坐瓜。坐瓜前后追坐瓜肥和膨瓜肥。人工辅助授粉。

【供种单位】 浙江省宁波市种子公司。地址:浙江省宁波市宝善路220号。邮编:315012。

39. 景龙宝西瓜

【种　源】 黑龙江省哈尔滨市景丰农业高新技术有限责任公司选配的一代杂种。1998年通过黑龙江省农作物品种审定委员会审定。

【特征特性】 植株长势强,叶片肥大。第一雌花着生在主蔓第五至第六节上,以后每间隔4～5节着生1雌花。瓜呈椭圆形，皮绿色，带有深绿色条带，单瓜重 8～10 千克，最大的 15 千克。肉红色，粗纤维少，含糖 12.7%～13.3%，多汁爽口。皮薄而韧，籽小。早熟种，全生育期 82 天左右，从开花至瓜成熟需 30～32 天。抗枯萎病。

【种植地区】 黑龙江省各地。

【栽培要点】 每 667 平方米栽苗 600 株。三蔓整枝，每株留 1 个瓜。瓜长至 0.5 千克时追肥。

【供种单位】 黑龙江省景丰农业高新技术有限责任公司，地址：黑龙江省哈尔滨市。邮编：150036。

40. 京抗 3 号西瓜

【种　源】 北京蔬菜研究中心选配的一代杂种。1997 年通过北京市农作物品种审定委员会审定。

【特征特性】 植株长势中等。瓜呈椭圆形，皮绿色，上有明显齿形条纹，单瓜重 5 千克。瓜肉桃红色，多汁，脆嫩爽口，含糖 11%。皮厚 1 厘米，韧性好，耐运输。抗枯萎病。中早熟种。每 667 平方米产 4 500 千克左右。

【种植地区】 北京、河北、河南、湖北、山东、辽宁等地。

【栽培要点】 北京地区露地地膜覆盖栽培，3 月上中旬播种育苗，4 月上中旬移栽，或 3 月下旬至 4 月上旬直播。行距 1.2～1.5 米，株距 60 厘米，每 667 平方米栽苗750～800 株。三蔓整枝，坐瓜前打掉多余侧枝，坐瓜后不整枝，不打杈，每株留 1 个瓜，选留第二或第三雌花坐瓜。

【供种单位】 同 3. 京抗 2 号西瓜。

41. 海农 8 号西瓜

【种　源】 北京市海淀区农业科学研究所选配的一代杂

种。1999年通过北京市农作物品种审定委员会审定。

【特征特性】 第一雌花着生在主蔓第七节左右。瓜呈长圆形，表皮有花条纹，纵径32.2厘米，横径21.3厘米，单瓜重10千克左右，最大的可达15千克。瓜瓤红色，脆沙，含糖9%～12%，口感好，品质优，籽少。瓜皮厚1厘米，耐贮运。抗旱，耐瘠薄，抗枯萎病、炭疽病。从开花至瓜成熟需32天左右。每667平方米产5 000千克。

【种植地区】 北京、天津、甘肃、山西、山东、河北等地。

【栽培要点】 育苗移栽，苗龄26～28天，每667平方米栽苗700株左右。膨瓜期适量追肥浇水。

【供种单位】 同22. 海农6号西瓜。

42. 暑宝无籽西瓜

【种　源】 北京市农业技术推广站选配的一代杂种。1999年通过北京市农作物品种审定委员会审定。

【特征特性】 植株长势中等。第一雌花着生在主蔓第七至第九节上，以后每间隔5节着生1雌花。瓜呈高圆形，瓜皮底色墨绿，上有16～17条条纹，单瓜重6～8千克。瓜瓤红色，质细，粗纤维少，汁多，脆爽，风味好，不倒瓤，含糖8%～11%。白籽，秕籽小而少。皮厚1.1厘米，耐运输。中熟种，全生育期105天左右，从开花至瓜成熟需33～35天。每667平方米产4 000～5 000千克。中抗枯萎病。

【种植地区】 北京地区。

【栽培要点】 北京地区3月下旬至4月上旬冷床育苗，4月下旬至5月上旬定植，苗龄28～30天，3片真叶定植，每667平方米栽苗650～750株，行距1.4～1.5米，株距60～70厘米。双蔓或三蔓整枝，选留第三雌花坐瓜，1株留1瓜。施足底肥，坐瓜后追肥。浇底墒水、伸蔓水和膨瓜水。

【供种单位】 北京市农业技术推广站。地址：北京市朝阳区惠新里高原街 4 号。邮编：100101。

43. 花蜜无籽西瓜

【种　源】 北京市农业技术推广站选配的一代杂种。1999 年通过北京市农作物品种审定委员会审定。

【特征特性】 第一雌花着生在主蔓第七至第九节上，以后每间隔 5 节着生 1 雌花。瓜呈高圆形，花皮，外形美观，单瓜重 5～7 千克。瓤红色，质地细腻，粗纤维少，沙脆，含糖 8.5%～11.0%。皮薄，韧性好。高抗枯萎病。中熟种，全生育期 100 天左右，从开花至瓜成熟需 30～33 天。每 667 平方米产4 000～4 500 千克。

【种植地区】 北京及华北、华中等地。

【栽培要点】 每 667 平方米栽苗 700 株左右。其他管理同 42. 暑宝无籽西瓜。

【供种单位】 同 42. 暑宝无籽西瓜。

十六、甜　瓜

甜瓜又名香瓜、哈密瓜，是葫芦科甜瓜属中的一个种，一年生蔓性草本植物。染色体数 $2n=2x=24$。食用成熟果实，果实香甜或甘甜，含糖 8%～15%，还含有多种维生素及蛋白质、脂肪、无机盐等。以鲜果食用为主，也可制瓜干、瓜脯、瓜汁、瓜酱及腌渍品等。我国各地均有栽培。

甜瓜根系发达，主根深1米以上，侧根分布直径达2～3米，多数根系分布在30厘米耕作层内。根再生力弱，不耐移植。茎有棱，被短刺毛，分枝性强。叶单叶互生，近圆形或肾形，全缘或五裂，被毛。果实有圆形、椭圆形、纺锤形、长筒形等形状。成熟果的果皮具有不同程度的白、绿、黄或褐色，或附着各种颜色的条纹或斑点，果面光滑或具网纹、裂纹、深沟等。果肉有白、橘红、绿、黄等色。

我国通常又把甜瓜分为厚皮甜瓜和薄皮甜瓜。厚皮甜瓜主要包括网纹甜瓜、硬皮甜瓜，主要分布于新疆、甘肃等地，20世纪80年代开始，华北地区也有种植。厚皮甜瓜不耐高湿，但需要充足光照和较大的昼夜温差。薄皮甜瓜又称普通甜瓜、香瓜，较耐高湿，在日照较少、温差较小的环境也能正常生长。我国各地广泛种植，东北、华北是主产区。

甜瓜喜温、耐热，不耐霜冻，尤其在结果期对温度要求严格，以昼温27～30℃，夜温15～18℃，昼夜温差13℃以上为好。

甜瓜栽培季节受霜期和积温限制，我国东北、西北地区，1年1作，春种秋收；华北、华南春种夏收。高畦直播或用营养钵育苗移栽。营养钵育苗，以苗龄30～35天，长有3～5片真叶时定植为宜。定植密度取决于品种特性和整枝方式。中晚熟大果型品种，采用双蔓整枝，每667平方米种植450～700株；早熟小果型品种，单蔓整枝，每667平方米种植1 000～1 500株。

甜瓜要求肥水充足，尤其是结果期吸收量最大。多施有机肥对提高产量及果实品质十分重要，一般基肥应占总施肥量的1/2～2/3，且集中沟施或穴施。甜瓜生长前期需水量小，若前期土壤水分过多，茎蔓易徒长，延迟坐瓜。果实膨大期需水量增多，但果实成熟期土壤水分不可过多，尤其是厚皮甜瓜，空气相对湿度不宜高于70%，否则易染病。

甜瓜多数品种以孙蔓结瓜为主，因此应及时整枝摘心。整枝方式有单蔓式、双蔓式、三蔓式和多蔓式。一般厚皮甜瓜每株留1～3个瓜，薄皮甜瓜每株留2～4个瓜。

甜瓜主要病害有霜霉病、白粉病、枯萎病、炭疽病、疫病等；主要虫害有黄守瓜、瓜蚜等。防治方法参见黄瓜。

1. 新蜜19厚皮甜瓜

【种　源】 新疆生产建设兵团农六师农业科学研究所选育的新品种。1997年通过新疆维吾尔自治区农作物品种审定委员会审定。

【特征特性】 主蔓第三节着生第一朵雌花，但坐瓜节位选留在第六至第七节上。瓜呈短椭圆形，皮橘黄色，密布网纹，单瓜重2千克左右。瓜肉白色，质地细脆，含糖15%。早熟种，全生育期75～80天。每667平方米产2 100～2 500千克。

【种植地区】 新疆、宁夏、内蒙古、河北、吉林、辽宁、黑龙江、河南、北京等地。

【栽培要点】 选择肥水条件较好的地块种植。施足底肥。定植行距1.6米，株距35厘米，每667平方米栽苗1 200株左右。采用改良式一条龙整枝方式，即主蔓1～3节上的子蔓全部去掉，主蔓4～5节上的子蔓留2片叶摘心，去掉孙蔓，主蔓第六节以上的子蔓见雌花留1片叶摘心，去掉孙蔓。生长期间注意防治病虫害。采收前7天停止浇水。

【供种单位】 新疆生产建设兵团农六师农业科学研究所。地址：新疆昌吉五家渠。邮编：831300。

2. 新蜜13(新皇后)厚皮甜瓜

【种　源】 新疆葡萄瓜果开发研究中心用89-1作母本、89-4作父本配制的一代杂种。1996年通过新疆维吾尔自治区农作物品种审定委员会审定。

【特征特性】 植株长势强,株高3米左右,不易徒长。叶片大且厚,深绿色。第一雌花着生在主蔓第四至第八节上,平均单株结瓜1.2个。瓜呈椭圆形,成熟瓜皮金黄色,表面网纹细密,瓜形美观,单瓜重3千克以上。瓜肉浅橘红色,肉厚3.5~4.0厘米,肉质细、脆、松、爽口,香味浓郁,含糖13%以上。较抗枯萎病、蔓枯病。早熟种,从开花至成熟需40~45天。每667平方米产2 000~3 000千克。

【种植地区】 新疆及山东、河北、海南等地。

【栽培要点】 适宜露地及保护地种植。选择高肥水地块栽培,并施足底肥。早熟栽培每667平方米保苗800~1 000株,选留第五至第八节留瓜;中晚熟栽培每667平方米保苗500~800株,采用双蔓或三蔓整枝,选留第十节后留瓜。瓜长至拳头大小时停止整枝,以后每隔7~10天用0.3%磷酸二氢钾加0.5%尿素进行叶面追肥3~4次。果皮转为金黄色时采收。

【供种单位】 新疆葡萄瓜果开发研究中心。地址:新疆维吾尔自治区鄯善县。邮编:838201。

3. 西甜1号甜瓜

【种　源】 陕西省西安市农业科学研究所从地方品种"白兔娃"中系统选育而成的新品种。1996年通过陕西省农作物品种审定委员会审定。

【特征特性】 蔓长1.2米,叶深绿色。主蔓或子蔓第一节结瓜,单株结瓜4~6个。瓜长筒形,幼瓜呈浅绿色,成熟瓜白色有光泽。瓜肉白色,籽黄色,肉质酥脆,香嫩可口,含糖10%~11%。全生育期60天,极早熟种。每667平方米产2000千克左右。

【种植地区】 陕西省各地。

【栽培要点】 每667平方米栽苗2000~3000株。坐瓜后约7天结合追肥浇膨瓜水。

【供种单位】 陕西省西安市农业科学研究所。地址:陕西省西安市。邮编:710054。

4. 东湖1号甜瓜

【种　源】 湖南省农业大学园艺系通过系统选育而育成的新品种。1994年通过湖南农作物品种审定委员会审定。

【特征特性】 节间长5~10厘米,中空。叶片近圆形,有柔毛。花单性或两性,雄花丛生,雌花多单生。瓜卵圆形,白绿色,单瓜重200~300克。质脆细嫩,粗纤维少,含糖13.8%,具芳香味。种子白色。全生育期95天左右。每667平方米产1000~1500千克。

【种植地区】 湖南省各地。

【栽培要点】 每667平方米栽苗1300~1400株。主蔓长至7~8片叶时摘心,子蔓5~6片叶时第二次摘心,促发孙蔓结瓜。

【供种单位】 湖南省农业大学园艺系。地址:湖南省长沙市东郊东湖。邮编:410128。

5. 铁甜金脆甜瓜

【种　源】 吉林省长春市郊铁北园艺试验站选育的新品种。1994 年通过吉林省农作物品种审定委员会审定。

【特征特性】 植株长势强。子蔓、孙蔓第一节均着生雌花，以子蔓第一至第二节结瓜为主，单株结瓜 4～6 个。瓜近圆形，长 12 厘米，横径 10 厘米，单瓜重 400～600 克。瓜皮成熟时白色有透明感，并附着 10 条纵线纹，阳面有淡黄色晕。瓜肉杏黄色，厚 2 厘米，含糖 16%，肉质细腻酥脆，极甜，香味浓。抗病性强。极早熟种，全生育期 60～65 天。每 667 平方米产 3 500～4 000 千克。

【种植地区】 东北、华北、西北及湖北、湖南、江西等地。

【栽培要点】 吉林省地膜覆盖栽培，4 月中旬育苗，苗龄 30 天。每 667 平方米栽苗 2 800～3 200 株。

【供种单位】 长春市郊铁北园艺试验站。地址：吉林省长春市郊老家火车站西南。邮编：130102。

6. 甘黄金甜瓜

【种　源】 甘肃省农业科学院蔬菜研究所用日本的 8208 和 8206 为亲本配制的一代杂种。1991 年通过甘肃省农作物品种审定委员会审定。

【特征特性】 植株长势强，叶色深绿。子蔓、孙蔓均可结瓜，单株结瓜 4～5 个。瓜呈长卵形，皮薄呈金黄色，光滑，单瓜重 400～600 克。瓜肉白色，厚 2 厘米，瓤淡黄色，含糖 14.7%，质脆，味甜，清香。种子铁锈红色。抗性强。中早熟种，全生育期 85～95 天。每 667 平方米产 2 000 千克左右。

【种植地区】 甘肃及北方各省薄皮甜瓜产区。

【栽培要点】 每667平方米栽苗1 500～1 800株。当主蔓长至8片叶时摘心。采用十二蔓整枝法：即先选留4条健壮子蔓，待子蔓长到4～5片叶时摘心，每条子蔓再选留3条孙蔓，靠基部的孙蔓留3叶摘心，第二条孙蔓留2叶摘心，第三条孙蔓留1叶摘心。

【供种单位】 甘肃省农业科学院蔬菜研究所。地址：甘肃省兰州市安宁区刘家堡。邮编：730070。

7. 兰蜜（甘蜜宝）甜瓜

【种　源】 甘肃省兰州市农业科学研究所配制的一代杂种。1997年通过甘肃省农作物品种审定委员会审定。

【特征特性】 植株长势强。子、孙蔓均可结瓜，易坐瓜。瓜呈椭圆形，幼瓜瓜皮绿色，成熟瓜皮黄色，表面密布网纹，不脱蒂，瓜皮厚，单瓜重3千克。瓜肉浅橘红色，肉质松脆细腻，含糖13%，品质优。耐贮运，耐病。中熟种，从开花至采摘需40～42天。每667平方米产3 000千克。

【种植地区】 甘肃、内蒙古、陕西、山西及山东等地。

【栽培要点】 早春保护地栽培，1月中下旬播种育苗，3月上中旬定植，5月下旬至6月上旬采摘。搭架栽培，每667平方米栽苗2 000株。单蔓或双蔓整枝，在第八至第十节上选留瓜形周正幼瓜1个，多余的幼瓜和侧枝及时疏去，幼瓜长至0.4千克时开始吊瓜；地膜覆盖露地栽培，4月上中旬播种，每667平方米留苗800～1 000株。主蔓留6～7片叶摘心，选留2条子蔓，将瓜留在6～8节孙蔓上，1株1瓜。注意防治叶枯病和白粉病。

【供种单位】 甘肃省兰州市农业科学研究所。地址：兰州市。邮编：730000。

8. 金红甜瓜

【种　源】河北省廊坊师范专科学校配制的一代杂种。1998 年通过河北省农作物品种审定委员会审定。

【特征特性】植株长势偏弱，株型较小，分枝多，但茎蔓偏细。叶深绿色，掌状心脏形，浅中裂，叶缘疏齿状。第一雌花着生在主蔓第五节的子蔓上。瓜呈高圆形，幼瓜深绿色，成熟瓜金黄色，表面偶有稀少浅细纹或微棱沟，单瓜重1.2～1.5千克。瓜肉白色微绿，甜软多汁，有香味，含糖 14%～16%，肉厚 3.7 厘米。不裂果，较耐贮运。耐低温，喜高温，抗枯萎病。中早熟种，从开花至瓜成熟约 41 天。温室栽培每 667 平方米产 2 300 千克，春大棚栽培每 667 平方米产 3 100 千克左右。

【种植地区】河北省各地。

【栽培要点】参见 7. 兰蜜(甘蜜宝)甜瓜。

【供种单位】河北省廊坊师范专科学校。地址：河北省廊坊市。邮编：065000。

9. 兰丰甜瓜

【种　源】河北农业大学用 82-61 作母本、73-28 作父本配制的一代杂种。1998 年通过河北省农作物品种审定委员会审定。

【特征特性】植株长势强，分枝多，茎蔓多棱带刺毛。叶绿色，肥厚。第一雌花着生在主蔓第八节左右的子蔓第一至第二节上。瓜呈椭圆形，表面有细密网纹，幼瓜绿色，成熟瓜乳黄色，单瓜重 1.2～1.5 千克。瓜肉橙红色，肉厚 3.5 厘米，初熟时肉质酥脆，充分成熟后细软多汁，甘甜芳香，含糖14%～16%。瓜皮韧性好，耐贮运。耐低温、弱光，抗枯萎病、白粉病。

中早熟种厚皮甜瓜型，从开花至成熟约43天。适宜温室栽培，每667平方米产3 500～4 500千克。

【种植地区】 河北省各地。

【栽培要点】 春季温室栽培，每667平方米栽苗1 800～2 000株，在第十四至第十六节留瓜，1株留2个瓜。其他管理同一般品种。

【供种单位】 河北农业大学园艺系。地址：河北省保定市。邮编：071001。

10. 金太阳甜瓜

【种　源】 河北省石家庄市郊区双星西瓜研究会配制的厚皮甜瓜一代杂种。1998年通过河北省农作物品种审定委员会审定。

【特征特性】 茎有棱，中空。叶心脏形，较小。瓜呈长椭圆形，成熟瓜金黄色，表面光滑，单瓜重1～2千克。瓜肉厚2.6厘米，白色，松软，含糖12%～13%，品质中上。抗病毒病、枯萎病，耐低温、弱光。全生育期95天，从开花至瓜成熟需30～33天。保护地栽培每667平方米产2 000千克左右。

【种植地区】 河北省各地。

【栽培要点】 参见7. 兰蜜(甘蜜宝)甜瓜。

【供种单位】 河北省石家庄市郊区双星西瓜研究会。地址：石家庄市郊区。邮编：050061

11. 齐香甜瓜

【种　源】 黑龙江省齐齐哈尔永和甜瓜经济作物研究所选配的一代杂种。1998年通过黑龙江省农作物品种审定委员会审定。

【特征特性】 植株长势较强，叶片深绿色。子蔓、孙蔓均可着生雌花。瓜长圆形，浅绿色，有8～10条浅绿色条纹，表面光滑，单瓜重350～400克。瓜肉厚1.8～2.0厘米，白色，质脆。瓜瓤黄白色，含糖11.2%。瓜表皮有韧性，耐运输。较抗枯萎病、白粉病。从出苗至始收需72～75天。每667平方米产2 000千克左右。适宜春季露地栽培。

【种植地区】 黑龙江省及北方部分地区。

【栽培要点】 每667平方米栽苗2 200～2 300株，一般留3条子蔓，每株结3～4个瓜为宜。

【供种单位】 黑龙江省齐齐哈尔永和甜瓜经济作物研究所。地址：齐齐哈尔市富拉尔基区。邮编：161041。

12. 齐甜1号甜瓜

【种　源】 黑龙江省齐齐哈尔市蔬菜研究所从地方品种“铁把青”的自然变异群体中经系统选育而成的新品种。1991年通过黑龙江省农作物品种审定委员会审定。

【特征特性】 植株长势强，子蔓、孙蔓均能结瓜，以子蔓结瓜为主。子蔓第二至第三片叶开始结瓜，孙蔓第一片叶结瓜，单株结瓜4～6个。瓜呈长梨形，表面有浅沟，成熟瓜为黄绿色，瓜长12厘米，横径8厘米，单瓜重0.3千克左右，最大的0.6千克。瓜肉白绿色，瓜瓤橘黄色，肉厚1.9厘米，质脆，味甜，含糖13.5%～16.0%，香味浓。果实成熟时瓜柄不易脱落。较耐炭疽病、白粉病。早熟种，出苗至收商品瓜约65天。每667平方米产1 900千克左右。

【种植地区】 黑龙江省及北方部分地区。

【栽培要点】 齐齐哈尔地区春季露地栽培，5月中旬播种，苗龄25～30天，具4～5片真叶时定植，行距65～70厘米，株距 40～45 厘米。植株长出 4 片真叶时摘心，促子蔓生长，每株留 3～4 条健壮子蔓，每条子蔓留 1 个瓜后再留 2～3 片叶摘心。

【供种单位】 黑龙江省齐齐哈尔市蔬菜研究所。地址：黑龙江省齐齐哈尔市富拉尔基区。邮编：161041。

13. 齐甜 2 号甜瓜

【种　源】 黑龙江省齐齐哈尔市蔬菜研究所从地方品种“花瓜”与“三白瓜”杂交后代中经系选而育成的新品种。1993 年通过黑龙江省农作物品种审定委员会审定。

【特征特性】 植株长势中等，子、孙蔓均可结瓜。瓜呈椭圆形，绿花皮，成熟时皮色变黄，并带有浅绿色条纹，瓜长 8 厘米，横径 6 厘米，单瓜重 170 克。瓜肉厚 1 厘米左右，白色，甜脆适口，香味浓郁，含糖 15%以上。早熟种，从出苗至瓜成熟约 65 天。每 667 平方米产 1 500 千克。

【种植地区】【栽培要点】【供种单位】 同 12. 齐甜 1 号甜瓜。

14. 大庆蜜瓜

【种　源】 黑龙江省大庆师范专科学校选育的新品种。1993 年通过黑龙江省农作物品种审定委员会审定。

【特征特性】 株幅小，株型紧凑，节间短，长势中等。以子蔓结瓜为主，每株留 2 个瓜。幼瓜淡绿色，成熟瓜淡黄色，瓜皮布网纹，瓜呈圆球形或阔卵圆形，单瓜重 750～1 000 克。肉白色或淡绿色，种子腔小，肉厚 3 厘米，含糖 11.3%，采摘期瓜质稍脆，贮后变软，风味更佳，香味浓郁，甘甜多汁，品质优良。抗霜霉病、炭疽病、枯萎病，耐弱光，耐湿。中熟种，全生育期

110天左右，自开花至瓜成熟需40～45天。每667平方米产2 367千克。适宜支架栽培。

【种植地区】 东北三省及内蒙古、山东、河南、上海、北京等地。

【栽培要点】 大庆地区保护地栽培，5月1日前后定植，每667平方米栽苗2 500株左右。在主蔓第十至第十三节着生的子蔓上选留2个瓜后，留2片叶摘心，其余子蔓全部摘除。瓜膨大期注意供水，多施钾、磷肥。

【供种单位】 大庆师范专科学校。地址：黑龙江省大庆市。邮编：163712。

15. 龙甜4号甜瓜

【种　源】 黑龙江省农业科学院园艺研究所选育的新品种。1998年通过黑龙江省农作物品种审定委员会审定。

【特征特性】 瓜呈长卵圆形，成熟时黄白色，表皮光滑，单瓜重400～600克。肉白色，肉质细腻，前期甜脆，后期粉面，含糖13%～15%。单株结瓜4个，每667平方米产2 500千克以上。

【种植地区】 黑龙江及吉林、内蒙古等地。

【栽培要点】 采用育苗移栽方式，苗龄30天，3～5片真叶时定植；采用直播方式，每穴播种子5～6粒，留1株苗。行距70厘米，株距50厘米，每株留3～4条健壮子蔓。

【供种单位】 黑龙江省农业科学院园艺研究所。地址：黑龙江省哈尔滨市哈平路。邮编：161606。

16. 黄金蜜翠甜瓜

【种　源】 江苏省农业科学院蔬菜研究所选配的一代杂

种。1999 年通过江苏省农作物品种审定委员会审定。

【特征特性】 瓜呈长圆筒形，长 12.5 厘米，横径 10 厘米，成熟时瓜皮金黄色，表面光滑，无条带，单瓜重200～250克。肉厚 2 厘米，雪白色，质地脆嫩，气味芳香，含糖11.5%～12.0%。品质佳，耐运输。早熟种，从播种至瓜成熟需 85 天，从开花至瓜成熟需 28 天。每 667 平方米产 1 200 千克左右。适宜春露地及小棚覆盖栽培。

【种植地区】 江苏省各地。

【栽培要点】 南京地区小棚覆盖栽培，3 月中旬播种，用营养钵育苗，苗龄 30～35 天。定植畦宽 2 米，每畦栽 1 行，每 667 平方米栽苗 1 000～1 200 株。主蔓长至 5～6 片叶时摘心，选留 2 条健壮子蔓向畦两边爬行，在每 1 条子蔓上选留 3 条孙蔓，孙蔓结瓜后留 2～3 片叶摘心。每株留瓜 4～5 个。生长的中、后期，及时防治霜霉病、白粉病及蚜虫。

【供种单位】 同西瓜类 11. 苏蜜 2 号西瓜。

17. 龙甜 1 号甜瓜

【种　源】 吉林省长春市种子公司 1989 年从黑龙江省农业科学院园艺研究所引进。1994 年通过吉林省农作物品种审定委员会审定。

【特征特性】 植株长势较强，叶片心脏形，深绿色。瓜近圆形，幼果绿色，成熟时黄白色，表面光滑，有光泽，有明显的 10 条纵沟。瓜肉浅黄色，肉质细脆，味香甜。种子白色。耐运输，较抗蔓割病、白粉病。早熟种，从播种至成熟约需 75 天。每 667 平方米产 1 498～1 763 千克。适宜露地种植。

【种植地区】 黑龙江、吉林等地。

【栽培要点】 长春地区春露地地膜覆盖栽培，4 月下旬播种育苗,5月下旬定植,或5月上中旬直播。畦宽1.2米,双行,株距45厘米。幼苗长至5片真叶时摘心,留子蔓结瓜,子蔓不摘心。

【供种单位】 吉林省长春市种子公司。地址:吉林省长春市。邮编:130000。

18. 顶心黄甜瓜

【种　源】 吉林省长春市农业科学院园艺研究所选育的新品种。1994年通过吉林省农作物品种审定委员会审定。

【特征特性】 植株长势较强,茎蔓粗壮,子蔓、孙蔓均可结瓜,以孙蔓结瓜为主。瓜呈阔卵形,成熟时瓜顶黄色,瓜皮橙黄色带绿碎斑块,单瓜重450～600克。瓜肉厚2厘米,黄白色,含糖9%～11%,肉松软,味醇香,适口性好。瓤浅橙色,种子黄白色,千粒重15克。较抗枯萎病。早熟种,从开花至瓜成熟需31天。每667平方米产1943～2261千克。适宜露地栽培。

【种植地区】 吉林省各地。

【栽培要点】 长春地区春露地地膜覆盖栽培,4月中旬播种育苗,5月下旬定植,或5月中旬直播。双蔓或三蔓式整枝,子蔓、孙蔓均第一节可坐瓜,瓜膨大后,瓜前留1～2片叶摘心,单株留瓜3个。施足底肥,注意追施磷、钾肥。及时防治病虫害。

【供种单位】 吉林省长春市农业科学院园艺研究所。地址:吉林省长春市朝阳区城西。邮编:130111。

19. 八里香甜瓜

【种　源】 吉林省白城市种子公司选育的新品种。1996

年通过吉林省农作物品种审定委员会审定。

【特征特性】 植株长势强，子蔓、孙蔓均可结瓜。瓜呈阔卵圆形，成熟时瓜皮灰绿色，上覆黄色斑块，单瓜重450～650克。瓜肉与瓤均为绿色，肉厚2.2～2.5厘米，含糖11%左右。种子黄白色，千粒重14.5克。抗枯萎病。中熟种，全生育期88天左右。每667平方米产2 085～2 673千克。适宜露地栽培。

【种植地区】 吉林省各地。

【栽培要点】 白城地区露地栽培，4月12日至25日冷床育苗，苗期30天。适时整枝，以孙蔓结瓜为主，单株留3个瓜。

【供种单位】 吉林省白城市种子公司。地址：吉林省白城市。邮编：137000。

十七、菜　豆

菜豆又名四季豆、芸豆、玉豆等。为豆科菜豆属中的栽培种，一年生缠绕性草本植物。染色体数2n=2x=22。食用嫩荚或种子，欧美一些国家多用作速冻和制罐头。豆粒含有大量蛋白质，营养丰富。

菜豆根系较发达，主根深达80厘米以上，有根瘤。茎矮生、半蔓生和蔓生。初生真叶为单叶，对生，以后真叶为三出复叶，互生，绿色，叶面和叶柄具茸毛。花为蝶形花冠，龙骨瓣呈螺旋状弯曲，是菜豆属的重要特征。典型的自花授粉作物。荚条形，直或弯曲，嫩荚有绿色、淡绿色、紫红色或紫红花斑等。

菜豆是喜温蔬菜，既怕严寒，又畏酷暑，植株生长和豆荚发育的适温为20～25℃。菜豆属短日照植物。叶片具有自动调节接受光照的能力，对光照强度的要求较严格。菜豆栽培季节以避免霜期和最炎热季节开花结荚为原则。我国东北、西北和华北北部蔓生种为春夏播种，矮生种生育期短，可春、秋两季栽培。其他地区，不论蔓生种或矮生种都分春、秋两季栽培，以春季栽培为主。多直播、穴种，播前精选种子，并用1%福尔马林浸种 20 分钟，再用清水冲净(或用播种量的 3%福美双拌种)，预防炭疽病。春菜豆一般在 10 厘米土层温度稳定在 10℃左右时播种，也可提前 10～15 天在保护地育苗。

菜豆对土壤的适应性较广，除地下水位高的粘重土壤外，各种土壤都可生长，但较适于土层比较深厚，有机质多，排灌良好的壤土或砂壤土种植。以 pH 6～7 的中性土壤为宜。

种植密度。蔓生种：行距 50～60 厘米，穴距 30～40 厘米。矮生种：行距 33～46 厘米，穴距 33 厘米左右，每穴播种子3～4 粒，留苗 2 株。

种植后的管理：苗期、抽蔓期和开花结荚初期都以茎叶生长为主，根瘤少，需追施少量氮肥。开花前控制浇水，结荚后增加水分。结荚盛期，植株长势减弱，需避免缺水脱肥。

病虫害及其防治。主要病害有：炭疽病、细菌性疫病、锈病、灰霉病、菌核病等；虫害以豆荚野螟为害最重。可通过选用抗病品种，精选无病种子或用药剂浸种、拌种，实行轮作及喷洒农药等措施进行防治。

1. 甘芸 1 号菜豆

【种　源】 辽宁省大连市甘井子区农业技术推广中心选育的新品种。1991 年通过辽宁省农作物品种审定委员会审定。

【特征特性】 植株蔓生，长势强，株高3米左右，有2～3个侧枝。抽蔓初期，蔓上着生浅紫红色条纹。花白色。嫩荚白绿色，呈圆棍形，长19～22厘米，宽1.4厘米，厚1.2厘米，单荚重19克，粗纤维少，品质优。老熟荚呈黄白色并着生紫红色条纹。种子棕黄色。春、秋两季均可栽培。春播第一花序着生在第三至第四节上；秋种第一花序着生在第七至第八节上。上下部位可同时开花结荚。较抗炭疽病。中晚熟种。每667平方米产2 000～3 600千克。

【种植地区】 华北、东北、华中、华东及西北等地。

【栽培要点】 用营养钵育苗，苗龄20～25天，幼苗1叶1心、株高8～10厘米时开始移栽。行距50厘米，穴距25厘米，每穴留苗3～4株。苗期适当蹲苗，采收中期重施1次追肥。

【供种单位】 辽宁省大连市甘井子区农技站。地址：辽宁省大连市甘井子区。邮编：116031。

2. 新秀1号菜豆

【种　源】 天津市蔬菜研究所从80-2×30-7杂交后代中，经系选而育成的新品种。1991年通过天津市农作物品种审定委员会审定。

【特征特性】 植株蔓生，株高2.5米，生长势强。在第一至第二节位上长出1～2个有效侧枝，侧枝开花结荚力强。叶片大，淡绿色。花白色，每花序结荚2～4个，单株结荚20～30个。嫩荚绿色，圆棍形，稍弯曲，长18～20厘米，横径1.1厘米，厚1.1厘米，单荚重15～18克。每荚有种子8～10粒，种子长肾形，种皮黄色。早熟种。春播至嫩荚采收需50～55天，每667平方米产1 800～2 500千克；秋播46～50天，每667

平方米产 1 500～2 000 千克。

【种植地区】 全国各地均可栽种。

【栽培要点】 华北地区春播,4 月上中旬播种;秋播 7 月中下旬播种。行距 60～70 厘米,穴距 21～24 厘米,每穴留苗 2 株。苗期控制灌水,采摘期避免干旱,生长期注意防治蚜虫、红蜘蛛、白粉虱。

【供种单位】 天津市蔬菜研究所。地址:天津市南开区红旗路航天道 6 号。邮编:300192。

3.83 B 菜豆

【种　源】 辽宁省大连市甘井子区农业技术推广中心从 79-6-2 菜豆品种的一株自然变异后代中,经过系选而育成的新品种。1993 年先后通过辽宁省、北京市农作物品种审定委员会审定。

【特征特性】 植株蔓生,株高约 3 米,叶片深绿,花蕾在显蕾后期,花瓣前端呈紫红色,开花后为白色。花序长,结荚率高。第一花序着生在第二至第四节上。嫩荚直圆棍形,绿色,长 19.4～20.5 厘米,横径 1.1 厘米,单荚重 11.8～17.6 克。种子肾形,灰黄色,有光泽。味甜质脆,无革质膜,品质优。抗锈病。早熟种,从播种到始收嫩荚需 64～72 天,采收期 25 天左右。每 667 平方米产 2 500～4 000 千克。适宜保护地及春、秋季露地栽培。

【种植地区】 辽宁、北京等 17 个省、区、市。

【栽培要点】 露地高畦、高垄栽培可采用直播方式,行距 50 厘米,穴距 30 厘米,每穴播种 3～4 粒。春季也可在中小棚采用营养钵育苗,苗龄 15～20 天,幼苗长有 1 叶 1 心、苗高 10 厘米左右时移栽至中小棚中,在撤塑料膜前 10～15 天开始放风炼苗。花期及第一次采摘嫩荚后，及时喷药防治豆螟虫和棉铃虫。

【供种单位】 ①辽宁省大连市甘井子区农业技术推广中心。地址：辽宁省大连市甘井子区。邮编：116031。②北京市种子公司。地址：北京市北太平庄路15号。邮编：100088。

4. 82-1菜豆

【种　源】 1989年北京市种子公司从辽宁省大连市甘井子区农业技术推广中心引进。1993年通过北京市农作物品种审定委员会审定。

【特征特性】 植株蔓生，生长势中等，分枝力弱，主蔓结荚为主。叶片中大，深绿色。始花节位在第二至第三节上，花白色。荚圆棍形，长16厘米，横径1厘米，绿色，无革质膜，品质好。种子棕黄色。抗炭疽病、锈病、病毒病。早熟种。每667平方米产1 500千克。适宜春、秋露地及保护地栽培。

【种植地区】 长江流域及北方地区。

【栽培要点】 北京地区春露地栽培，4月上中旬直播，行距60～75厘米，株距21～24厘米。插高架。开花后可用大肥大水促其生长发育，并注意适时采收。注意轮作倒茬。

【供种单位】 北京市种子公司。地址：北京市海淀区北太平庄路15号。邮编：100088。

5. 哈菜豆1号

【种　源】 黑龙江省哈尔滨市蔬菜研究所育成。北京市种子管理站引进。1992年通过北京农作物品种审定委员会审定。

【特征特性】 植株蔓生。叶心脏形，花白色。第一花序着生在第三至第四节上，平均每个花序结荚2.9个，单荚重14.5克。嫩荚绿色，扁条形，长18.5厘米。每荚有种子6～8粒。种子肾形，种皮棕褐色，种脐白色。嫩荚粗纤维少，品质佳。抗炭疽病。适宜春、秋露地及保护地栽培。

【种植地区】 北京及华北、东北等地。

【栽培要点】 北京地区春露地栽培，直播4月中旬播种；育苗移栽3月下旬播种。秋播7月20日至25日播种。露地种植株行距24厘米×67厘米；保护地种植，行株距60厘米×21厘米。

【供种单位】 北京市种子公司。地址：北京市海淀区北太平庄路15号。邮编：100088。

6. 8511菜豆

【种　源】 河北省唐山市农业科学研究所从矮生菜豆自然杂交后代中选育出的新品种。1998年通过河北省农作物品种审定委员会审定。

【特征特性】 植株蔓生，生长势中等。叶片绿色，花白色。嫩荚扁条形，绿色，荚长16～20厘米，宽1.4～1.6厘米，厚1.0～1.1厘米，单荚重10.2克。种子肾形，褐色。耐寒，耐旱，较抗病。早熟种，从播种至采收需50天左右。每667平方米产900千克。

【种植地区】 华北、东北和西北地区。

【栽培要点】 参见2. 新秀1号菜豆。

【供种单位】 河北省唐山市农业科学研究所。地址：河北省唐山市。邮编：063001。

7. 95-8 菜豆

【种　源】 河北省农林科学院蔬菜花卉研究所以171-6作母本、12-1-9作父本进行杂交而育成的新品种。1998年通过河北省农作物品种审定委员会审定。

【特征特性】 植株蔓生，生长势强。叶片绿色。花冠紫红色。嫩荚浅绿色，扁条形，长20厘米，宽2厘米，厚1厘米，单荚重17克。种子肾形，褐色有花纹。嫩荚肉质脆嫩，粗纤维少，耐老熟，品质好。抗寒，耐热，抗炭疽病、锈病、病毒病。从播种至收获需55天左右，前期结荚集中。每667平方米产1000千克左右。

【种植地区】 河北省中南部地区。

【栽培要点】 参见2. 新秀1号菜豆。

【供种单位】 河北省农林科学院蔬菜花卉研究所。地址：河北省石家庄机场路24号。邮编：050051。

8. 85-1 菜豆

【种　源】 辽宁省大连市甘井子区农业技术推广中心选育的新品种。1995年通过辽宁省农作物品种审定委员会审定。

【特征特性】 植株蔓生，生长势中等。叶绿色，花白色。第一花序着生在第二至第三节上，以主蔓结荚为主。荚白绿色，呈圆棍形，长20厘米，宽1.5厘米，单荚重19.2克。肉厚，耐老熟，缝合线处有筋。粗纤维少，品质优，风味佳。抗炭疽病、锈病。早熟种，春种从开花至始收约17天，采收期25天；秋种从开花至始收约16天，采收期26天。露地栽培，每667平方米产2500千克；温室、大棚栽培，每667平方米产3000～

5 000 千克。

【种植地区】 辽宁、山东、河南、河北、陕西、山西等地。

【栽培要点】 选择排水良好的砂壤土种植。采用营养钵育苗，苗龄 15～20 天，幼苗具 1 叶 1 心、苗高 8～10 厘米时进行移栽。开花后要经常保持土壤湿润。生长期及时防治菜豆螟虫、棉铃虫及美洲斑潜蝇。

【供种单位】 同 1. 甘芸 1 号菜豆。

9. 鲁芸豆 1 号菜豆

【种　源】 山东省青岛市农业科学研究所从大连市农业技术推广中心引进的架芸豆 79-6-1 中选出的自然变异株而育成的新品种。1997 年通过山东省农作物品种审定委员会审定。

【特征特性】 植株蔓生，株高 2.5 米左右。花白色。第一花序着生在第三至第五节上，结荚率高。荚扁条形，长 25.5 厘米，白绿色，单荚重 26.5 克。风味品质较好。种子白色。抗病性较强。中早熟种。每 667 平方米产 1 925.3 千克。

【种植地区】 山东及我国北方部分地区。

【栽培要点】 参见 8. 85-1 菜豆。

【供种单位】 山东省青岛市农业科学研究所。地址：山东省青岛市崂山区李村。邮编：266100。

10. 鲁芸豆 2 号菜豆

【种　源】 山东省青岛市农业科学研究所从枣庄市农牧局引进的半架芸豆中选育的新品种。1997 年通过山东省农作物品种审定委员会审定。

【特征特性】 植株蔓生。花白色。荚扁条形，长 21.3 厘米，宽 1.5 厘米，白绿色。风味品质较好。较抗锈病。种子乳黄色。每 667 平方米产 1 766.6 千克。

【种植地区】【栽培要点】【供种单位】 均同 9. 鲁芸豆 1 号菜豆。

11. 晋菜豆 1 号

【种　源】 山西省大同市南郊区城关蔬菜试验站选育的新品种。1994 年通过山西省农作物品种审定委员会审定。

【特征特性】 植株蔓生，长势强，生长期长，可恋秋栽培。第三节开始着生花序，以后节节有花序。每序花结荚 4～6 个，嫩荚淡绿色，呈扁条形，稍带弯曲。荚长 20～26 厘米，宽 1.8 厘米，单荚重 23 克。荚皮厚嫩，无筋无柴，品质好。种子肾形，白色。每 667 平方米产 3 000～3 300 千克。

【种植地区】 山西及华北部分地区。

【栽培要点】 大同地区，立夏至小满播种，行距 50 厘米，穴距 40 厘米，每穴 3 粒籽。施足底肥，抽蔓时每 667 平方米随水追施尿素 10 千克，开花后禁止灌水，坐荚后 10 天左右再灌 1 次水。

【供种单位】 山西省大同市南郊蔬菜研究所。地址：山西省大同市南郊。邮编：037000。

12. 8510 菜豆

【种　源】 河北省唐山市农业科学研究所选育的新品种。1994 年通过河北省农作物品种审定委员会审定。

【特征特性】 植株蔓生，叶片绿色。每序花结荚 2～4 个，嫩荚浅绿至白绿色。荚长扁条形，长 16 厘米，宽 4 厘米，厚 0.8 厘米，每荚有种子 5～9 粒，单荚重 12 克。种子乳白色，种皮上有皱褶。耐旱，耐热。早熟种，从播种至始收约55天。每667平方米产1 300千克。

【种植地区】 河北及华北部分地区。

【栽培要点】 参见11. 晋菜豆1号。

【供种单位】 河北省唐山市农业科学研究所。地址：河北省唐山市。邮编：063000。

13. 碧丰菜豆

【种　源】 中国农业科学院蔬菜花卉研究所和北京市农业科学院蔬菜研究所1979年从荷兰引进。1992年通过北京市农作物品种审定委员会审定。

【特征特性】 植株蔓生，生长势强，侧枝多。叶绿色。第一花序着生在主蔓第五至第六节上，花白色，每序结荚3～5个，单株结荚20个左右。嫩荚绿色，宽扁条形，长21～23厘米，宽1.6～1.8厘米，厚0.7～0.9厘米，着生种粒部位的荚面稍突出，单荚重14～16克。粗纤维少，脆嫩，适切丝炒食，品质佳。每荚有种子6～9粒，种子肾形，白色。抗锈病。早熟种。每667平方米产1 300～2 000千克。适宜春季露地栽培。

【种植地区】 北京、天津、黑龙江、辽宁、宁夏、陕西、广东、广西、湖南、江苏等地。

【栽培要点】 北京地区春季露地栽培，断霜前直播，行距60～70厘米，穴距25～30厘米，每穴播3～4粒种子。施足底肥。苗出齐后浇1次齐苗水，以后进行中耕蹲苗，到开花后开始浇水，坐荚后追肥2～3次。防治蚜虫、豆荚螟。及时采收。

【供种单位】 中国农业科学院蔬菜花卉研究所。地址：北京西郊白石桥路30号。邮编：100081。

14. 秋紫豆菜豆

【种　源】 陕西省凤县种子管理站从农家品种中选择变异单株，经系选而育成的新品种。1996 年通过陕西省农作物品种审定委员会审定。

【特征特性】 植株蔓生，长势强，株高 3.5～4.0 米。茎和叶柄紫色，叶片倒心形。第一花序着生在主蔓第六节上，每花序结荚 6～8 个。嫩荚紫色扁平，长 22～25 厘米，入锅后呈绿色。肉厚，粗纤维少，品质优。种子肾形，粒大黑色。耐寒，耐旱，耐瘠薄。抗病毒病、炭疽病。播种至始收需 55～60 天。每 667 平方米产 3 000～3 500 千克。适宜秋季栽种。

【种植地区】 我国北方地区。

【栽培要点】 陕西关中地区，7 月中旬播种，行距 80 厘米，穴距 20 厘米，每穴留苗 2 株，每 667 平方米留苗 8 000 株。苗期及时浇水，开始抽蔓时，结合插架浇 1 次水，待第一花序结荚后再浇 1 次水。结荚前喷药预防豆螟虫。

【供种单位】 陕西省凤县种子公司。地址：陕西省凤县。邮编：721700。

15. 矮早 18 菜豆

【种　源】 浙江省农业科学院园艺研究所从“法兰豆”与“黄金海岸”杂交后代中选育的新品种。1993 年通过浙江省农作物品种审定委员会审定。

【特征特性】 植株矮生，株高 33.2 厘米，有叶 24.8 片，株型较疏散。叶淡绿色。红花。荚长 10.7 厘米，尾部稍弯，荚皮薄，单荚重 5.0～5.8 克。种皮带隐纹。较抗锈病、炭疽病。早熟种，春播生育期 55～65 天；秋播 50～75 天。每 667 平方米产 1 153～1 178 千克。

【种植地区】 长江中下游地区。

【栽培要点】 每 667 平方米播 5 000 穴，每穴留苗 2 株。

【供种单位】 浙江省农业科学院园艺研究所。地址：浙江省杭州市。邮编：310021。

16. 地豆王 1 号菜豆

【种　源】 河北省石家庄市蔬菜研究所选育的新品种。1998 年通过河北省农作物品种审定委员会审定。

【特征特性】 植株矮生，株高 40 厘米左右，每株有分枝 6～8 个。叶片绿色，花浅紫色。嫩荚扁条形，浅绿色；老荚有紫晕。荚长 18 厘米左右，宽 2 厘米左右，单荚重 12 克。种子肾形，种皮褐色，上有黑色花纹。嫩荚肉质细嫩，粗纤维少，无革质膜，品质好。早熟种，播种至始收约 50 天。每 667 平方米产 1 500 千克左右。

【种植地区】 河北省各地。

【栽培要点】 春、秋两季均可栽培。石家庄地区，春播 4 月中下旬播种，采用平畦；秋播 7 月中下旬播种，采用半高垄栽培。行距 40 厘米，穴距 25 厘米，每穴播种子 3～4 粒，留双株苗，开花前追肥培土，生长期间注意防治螨类等害虫。

【供种单位】 石家庄市蔬菜研究所。地址：河北省石家庄市。邮编：050021。

17. 早花皮菜豆

【种　源】 吉林省蔬菜花卉研究所选育的新品种。1994 年通过吉林省农作物品种审定委员会审定。

【特征特性】 植株蔓生。花冠紫色。嫩荚宽扁条形，长

16～18 厘米，宽 2 厘米，厚 1 厘米，单荚重 13～14 克。嫩荚绿色，带紫色纹，荚面微凸，粗纤维少，每荚有种子 5～6 粒。种子呈椭圆形，种皮浅褐色带紫纹。抗炭疽病、枯萎病。早熟种，从播种至始收需 60 天。每 667 平方米产 1 100～1 300 千克。适宜保护地及露地栽培。

【种植地区】 吉林省各地。

【栽培要点】 长春地区，5 月上旬播种，行距 60 厘米，穴距 40 厘米，每穴播种子 3～4 粒。

【供种单位】 吉林省蔬菜花卉研究所。地址：吉林省长春市自由大路 200 号。邮编：130031。

18. 早绿地菜豆

【种　源】 北京市昌平县种子公司从国外引进品种中选出的新品种。1999 年通过北京市农作物品种审定委员会审定。

【特征特性】 植株矮生，株高 40～50 厘米，3～5 个侧枝，生长势强。叶绿色。花浅紫色。荚圆柱形，绿色，长约 15 厘米，宽 0.9 厘米。肉厚 0.5 厘米，质脆，粗纤维少，豆腥味较浓，微甜。抗锈病、疫病，耐涝。早熟种。每 667 平方米产 1 000～1 400 千克。

【种植地区】 北京、天津、河北、辽宁、甘肃等地。

【栽培要点】 北京地区，4 月中下旬露地直播，行距 30 厘米，穴距 20 厘米，每穴播 3～4 粒种子。播前墒情要好，花前不宜浇水，坐荚后浇水，每采收 1 次浇 1 次水。

【供种单位】 北京市昌平县种子公司。地址：北京市昌平县城。邮编：102200。

十八、长豇豆

长豇豆又名豆角、长豆角、带豆、裙带豆。为豆科豇豆属豇豆种中能形成长形豆荚的栽培种，一年生缠绕草本植物。染色体数 $2n=2x=22$。嫩豆荚肉质肥厚、脆嫩，适炒食，也可凉拌或腌泡。干豆粒与米共煮可作主食，也可做豆沙和糕点馅料。

长豇豆根系较发达，主根深达 50～80 厘米，根群主要分布在 15～18 厘米耕作层内，再生能力弱，有根瘤共生，生产上多采用直播栽培。茎分矮生、半蔓生和蔓生 3 种。初生真叶两枚，对生，以后真叶为三出复叶，互生。蝶形花，龙骨瓣内弯成弓形，非螺旋状，自花授粉作物。每花序一般结荚 2～4 个，荚线形，有深绿色、绿色、绿白色和紫红色。

长豇豆喜温耐热，对低温反应敏感，植株生长适温为20～25℃。35℃以上或 15℃以下，雨水多，湿度大，易引起根腐病或疫病等。长豇豆属短日照植物，但多数品种对日照长短的要求不严格。温带地区主要夏季栽培，热带亚热带地区可春秋两季栽培。长江以北多在 4～6 月份播种，长江流域 3～8 月份播种，华南地区从 2～9 月份分春、夏、秋 3 个栽培季节。多直播、穴种。春播均在终霜前 10 厘米土层地温稳定在 10℃左右时开始。若采用晚熟品种或选用早熟品种进行早熟栽培也可利用保护地育苗。

长豇豆对土壤的适应范围较广，但以肥沃壤土或砂壤土为好，不宜选用粘重和低湿的土壤。以 pH 6.2～7.0 为宜。

种植密度：蔓生种，行距 66 厘米，穴距 33 厘米，每 667 平方米3 000穴左右;矮生种,每667平方米可增至4 000～5 000穴,每穴播种子少则3～4粒,多至5～6粒,每穴留苗2株。

种植后的管理:长豇豆不耐肥,如前茬施肥多,后茬可不再施基肥。抽蔓前少施肥,控制茎叶生长。开花结荚后,增加肥水,促花促荚。盛收期根瘤减少,活性降低,每采收1～2次需追肥1次。长豇豆耐空气干燥和土壤干旱,土壤湿度过高,影响根系生长和根瘤发育,甚至引起病害。但开花结荚期需要较多水分,北方比较干旱地区应适当灌水。雨后注意排水,以免导致根系窒息,造成植株枯萎死亡。

病虫害及其防治。主要病害有:锈病、根腐病、白绢病、菌核病、煤霉病等;虫害有:豆荚野螟、白粉虱等。防治方法参见菜豆。

1. 鄂豇1号豇豆

【种　源】 湖北省农业科学院蔬菜研究所选育的新品种。1997年通过湖北省农作物品种审定委员会审定。

【特征特性】 植株蔓生,长势强,有分枝2～3个(秋季1～2个)。叶片较大,深绿色。第一花序着生在第二至第四节上(春季)或第四至第六节上(秋季)。花冠紫色略带蓝,多回头花,结荚期长。嫩荚白绿色,成熟荚银白色,荚长65～80厘米,横径1.0～1.2厘米,单荚重20～22克。每荚有种子17～23粒,种子肾形略扁,种皮红色。粗纤维少,肉厚,耐老熟,口感好,品质佳。全生育期100～110天,每667平方米产2 100千克以上。适宜春、秋两季栽培。

【种植地区】 湖北、湖南、江西、安徽等地。

【栽培要点】 湖北省春季栽培,2月下旬至3月上旬进行地膜覆盖直播,播种至采摘嫩荚约60天;秋播40天即可采收嫩荚。畦宽1.5米，播2行，穴距23～25厘米，每穴播3粒种子。育苗移栽的每穴栽苗2株，定植后25～30天及时搭架。播前施足底肥，追肥宜勤施薄施，全期追肥4～5次。

【供种单位】 湖北省农业科学院蔬菜研究所。地址：湖北省武汉市。邮编：430064。

2. 扬早豇12豇豆

【种　源】 江苏省扬州市蔬菜研究所育成的新品种。1994年通过江苏省农作物品种审定委员会审定。

【特征特性】 植株蔓生，蔓长3.2米，分枝弱，长势中等。第一花序着生在主蔓第三节上，单株结荚18个以上。嫩荚深绿色，长55～65厘米，每荚有种子16～21粒。肉质厚而紧密，不易老熟。早熟种。每667平方米产1 600千克以上。

【种植地区】 江苏、安徽、福建、四川、云南、贵州等十余省。

【栽培要点】 长江中下游地区春季栽培，4月中旬育苗，苗龄10天。每667平方米栽4 500穴左右，每穴2～3株。大小行种植，大行行距80厘米，小行行距47厘米，穴距23厘米。

【供种单位】 江苏省扬州市蔬菜研究所。地址：江苏省扬州市念泗桥路北端。邮编：225002。

3. 扬豇40豇豆

【种　源】 江苏省扬州市蔬菜研究所从之豇28-2变异株中经系选而育成的新品种。1994年通过扬州市农作物品种审定委员会审定。

【特征特性】 植株蔓生，蔓长3.5米左右，长势强。在主蔓的中上部有1～2个分枝。主侧蔓均能结荚。第一花序着生在主蔓第七至第八节上，侧蔓第一至第二节着生第一花序。花紫色。嫩荚浅绿色，荚长60厘米，横径0.8厘米，单荚重18～25克。肉质嫩，粗纤维少，品质佳，不易老熟。每荚有种子19～21粒。耐热，耐涝，耐旱，抗病。中晚熟种，从出苗至终收约90天。每667平方米产1 600～2 300千克。

【种植地区】 江苏、安徽、福建、湖北等地。

【栽培要点】 长江中下游地区，4～7月份均可播种。畦宽1.4米左右，双行种植，每667平方米4 000穴，每穴留苗2～3株。加强结荚期的肥水管理，结合防治病虫害进行叶面喷施磷钾肥。

【供种单位】 同2. 扬早豇12号豇豆。

4. 双丰1号豇豆

【种　源】 四川省达川地区农业科学研究所选育的新品种。1995年通过四川省农作物品种审定委员会审定。

【特征特性】 植株蔓生，株高2.2米左右，蔓较细，叶片较小，长势强。全株结荚节位12～15个。嫩荚绿色，荚长57.7厘米，横径0.6～0.8厘米，单荚重25～26克，每荚平均有种子16.5粒。耐热，抗锈病。全生育期128天。每667平方米产1 500千克。适宜春、秋两季栽培。

【种植地区】 四川、安徽、江西、福建等省。

【栽培要点】 四川地区春季栽培，3月上旬温室育苗，4月上旬定植露地；秋季栽培，7月上中旬露地直播。每667平方米4 000～4 500穴，每穴留苗2～3株。

【供种单位】 四川省达川地区农业科学研究所。地址：四川省达川市。邮编：635000。

5. 湘豇1号豇豆

【种　源】 湖南省长沙市蔬菜研究所选育的新品种。1992年通过湖南省农作物品种审定委员会审定。

【特征特性】 植株蔓生，主蔓长2.9米，生长势强，节间长22厘米，分枝2～4个。叶色深绿，第一花序着生在第二至第四节上，每花序结荚2～4个。花淡紫色。嫩荚浅绿色，长58厘米左右，横径约1厘米，单荚重14克左右。每荚有种子19粒，种子肾形，红褐色。主枝和侧枝都能结荚。抗煤霉病和根腐病。早熟种。春播全生育期95～115天；夏、秋播全生育期85～100天。每667平方米产2 500～3 000千克。

【种植地区】 华中、西南、华南等地。

【栽培要点】 湘中地区，4月上旬播种，畦宽1.7米，双行种植，穴距27～23厘米，每穴留苗4株。施足基肥，始收前追肥3～5次，第一次采收后每隔4～5天追肥1次，保持充足肥水，以防早衰。及时采摘，每隔2～3天采收1次。花期和结荚期注意防治豆荚螟和豇豆螟等虫害。

【供种单位】 湖南省长沙市蔬菜研究所。地址：湖南省长沙市北郊马栏山。邮编：410003。

6. 湘豇2号豇豆

【种　源】 湖南省长沙市蔬菜研究所从“红嘴燕×齐尾青”的杂交后代中，经系选而育成的新品种。1992年通过湖南省农作物品种审定委员会审定。

【特征特性】 植株蔓生，主蔓长2.9米，节间长22.3厘米，有1～3个分枝，生长势强。叶片深绿色，第一花序着生在第二至第五节上，每一花序结荚2～4个。嫩荚深绿色，荚长

64 厘米，横径 1.1 厘米，单荚重 16 克。豆荚整齐，品质好。每荚有种子 19 粒，种子肾形，深红褐色。主枝和侧枝均能结荚。较抗煤霉病和根腐病。早熟种。春播全生育期 95～115 天；秋播 85～95 天。每 667 平方米产 2 500～3 000 千克。

【种植地区】 湖南、湖北、江西等十余省。

【栽培要点】【供种单位】 参见 5. 湘豇 1 号豇豆。

7. 湘豇 3 号豇豆

【种　源】 湖南省长沙市蔬菜研究所选育的新品种。1998 年通过湖南省农作物品种审定委员会审定。

【特征特性】 嫩荚浅绿色，肉质脆嫩，味甜，口感好。较耐寒、耐渍，较抗煤霉病、锈病。早熟种，全生育期 120 天。每 667 平方米产 2 800 千克。

【栽培要点】 湖南省春季栽培，3～4 月份播种，地膜覆盖育苗移栽；夏秋季栽培，5 月份～8 月初直播，每 667 平方米 5 000 穴，每穴留苗 2 株。

【种植地区】【供种单位】 参见 5. 湘豇 1 号豇豆。

8. 三 R 绿豇豆

【种　源】 北京市种子公司 1992 年从河北省农林科学院蔬菜研究所引进的豇豆新品种。1996 年通过北京市农作物品种审定委员会审定。

【特征特性】 植株蔓生，蔓长 2 米以上，侧枝较少，长势较强。第一花序着生在第三至第五节上。嫩荚深绿色，荚长 70 厘米以上，横径 0.5～0.6 厘米。荚老化慢，种粒大，肾形，种皮黑色有波纹。耐寒，抗病。早熟种。每 667 平方米产 1 400～2 000 千克。适宜春、秋两季栽培。

【种植地区】 北京及华北地区。

【栽培要点】 华北地区,4月上中旬大小行播种,大行距60～66厘米,小行距54厘米,穴距24厘米,每667平方米3 000～4 000穴,每穴留苗2～3株。结荚前多中耕、少浇水或不浇水,结荚期加强肥水管理,中后期适当追肥。防早衰。

【供种单位】 北京市种子公司。地址:北京市北太平庄路15号。邮编:100088。

9. 白沙7号豇豆

【种　源】 广东省汕头市白沙蔬菜原种研究所选育的新品种。1999年通过广东省农作物品种审定委员会审定。

【特征特性】 植株蔓生,主蔓结荚。叶片深绿色,肥厚。第一花序着生在主蔓第三至第四节上。荚翠绿色,长60～70厘米,单荚重35～40克。肉厚质脆。较抗花叶病毒病。早熟种,从播种至始收春季需55天,夏季35天。每667平方米产2 000千克。

【种植地区】 广东、福建等地。

【栽培要点】 参见5. 湘豇1号豇豆。

【供种单位】 广东省汕头市白沙蔬菜原种研究所。地址:广东省澄海市白沙埔。邮编:515800。

10. 早翠豇豆

【种　源】 湖北省武汉大学农学系选育的新品种。1998年通过湖北省农作物品种审定委员会审定。

【特征特性】 植株蔓生,长势强,无分枝或1个分枝。叶片较小,深绿色,三出复叶,顶生小叶。始花节位在第二至第三节上,单株着生13～18个花序,每个花序生对荚。荚长圆条形，长 60 厘米，浅绿色，单荚重 20 克左右。荚腹缝线较明显，种子棕红色。较耐湿，抗病。早熟种，春露地栽培，播后 40 天开花，48 天可始收嫩荚，采收期 40 天；夏播 31 天开花，38 天收嫩荚，连续采收 35 天。始花后除第五节或第六节无花序外，其余节节有花。春种每 667 平方米产 1 400～2 000 千克；秋种每 667 平方米产 1 300 千克。

【种植地区】 湖北省各地。

【栽培要点】 每 667 平方米留苗 11 000 株。

【供种单位】 长江蔬菜杂志社新技术服务部。地址：湖北省武汉市汉口万松园路 15 号。邮编：430022。

11. 贵农 79031 豇豆

【种　源】 贵州农学院园艺系选育的新品种。1995 年通过贵州省农作物品种审定委员会审定。

【特征特性】 植株蔓生，生长势强。幼苗第一复叶节位以上的嫩茎呈红色。主侧蔓均可结荚。主蔓第五至第七节着生第一花序，全株共着生 6～8 个花序，单株结荚 13～17 个。嫩荚和老荚均为红色，荚顶端绿色，长 70～80 厘米，横径 0.8～1.1 厘米，单荚重 25～30 克。荚肉较厚，粗纤维少，煮食汤红黑色。种子肾形，种皮褐红色。较耐热、耐旱。中晚熟种。每 667 平方米产 2 600 千克以上。

【种植地区】 贵州、云南、四川等地。

【栽培要点】 主蔓长至 2.3 米时摘心。所有侧蔓仅留下第一节和复叶，其余全部摘除，以促进和利用侧蔓第一节形成花序结荚。

【供种单位】 贵州农学院园艺系。地址：贵州省贵阳市花溪区。邮编：550025。

12. 夏宝豇豆

【种　源】 广东省深圳农业科学研究中心蔬菜研究所选育的新品种。1997 年通过广东省农作物品种审定委员会审定。

【特征特性】 植株蔓生,蔓长 4.0～4.5 米,有 2～3 个分枝。叶片较小,叶肉厚,深绿色。节间较短,平均节间长 15.7 厘米。第一花序着生在主蔓第四节,以后每节均着生花序。荚长 55～60 厘米,横径 1.0～1.2 厘米,荚尾饱满匀直,每荚有种子 16 粒左右。荚绿白色,润泽如翡翠,商品性好。荚肉厚而紧实,不易老化,炒食脆嫩,粗纤维少,品质优良。抗枯萎病、锈病。早熟种。春种从播种至始收需 60～65 天;夏秋种需 40 天左右。每 667 平方米产 1 250～2 000 千克。

【种植地区】 广东、海南、广西、福建、江西、湖南、河南等地。

【栽培要点】 广东地区 3～7 月份均可播种。春播 3～4 月份,夏播 5～6 月份,秋播 7 月份,以春播产量最高。春播,畦宽 1.8 米,种双行,株距 12～13 厘米;夏、秋播种,畦宽 1.5 米,种双行,株距 10～12 厘米。施足底肥,苗期至抽蔓期追肥 2 次,开花结荚期追肥 2 次。开花结荚盛期水分供应要充足。

【供种单位】 广东省深圳农业科学研究中心蔬菜研究所。地址:广东省深圳市。邮编:518040。

13. 青豇 80 豇豆

【种　源】 河南省洛阳辣椒研究所选育的新品种。1992 年北京市种子公司引进。1996 年通过北京市农作物品种审定委员会认定。

【特征特性】 植株蔓生，侧枝较少，长势强。第一花序着生在第六至第八节上，坐荚率高。嫩荚绿色，长70厘米左右，横径0.5厘米左右。种子红褐色，粒较小。耐寒，耐涝，抗病性强。

【种植地区】 北京及华北地区。

【栽培要点】【供种单位】 同8.三R绿豇豆。

十九、豌　豆

豌豆又名回回豆、荷兰豆、麦豆。为豆科豌豆属一年生或两年生攀缘草本植物。染色体数 $2n=2x=14$。嫩荚、嫩豆和嫩苗可炒食，嫩豆还是制罐头和速冻蔬菜的主要原料。

豌豆为直根系，侧根少，根群主要分布在20厘米土层内，根系吸收难溶性化合物能力强。茎近四方形，中空，分矮生、半蔓生和蔓生3种。偶数羽状复叶，叶面略有蜡质或白粉。自花授粉作物。荚圆棍或扁形，绿色。按豆荚结构分为硬荚和软荚两类。硬荚类型，荚不可食用，以青豆粒供食。软荚类型，嫩荚和豆粒均可食用。还有专供采摘嫩苗的品种。

豌豆为半耐寒性植物，幼苗能耐－4～－5℃低温。开花结荚期的适温为15～20℃，温度超过26℃时，虽能促进豆荚早熟，但品质降低，产量减少。豌豆属长日照植物。结荚期要求较强的光照和较长的日照。南方秋播地区，9月下旬至11月上旬播种；北方春播地区，3～4月份播种，以直播为主。育苗的苗龄15天左右。采食豌豆嫩苗或嫩梢的栽培，北方于立冬至清明在阳畦或温室播种，南方多作秋播。

豌豆根部的分泌物会影响翌年根瘤菌的活动和根系生长，因此忌连作。白花豌豆对连作更为敏感，须行4～5年轮作。豌豆适合与玉米、麦类间作或混种。对土壤的要求不甚严格，但以土质疏松、富含有机质、pH 5.5～6.7的砂壤土或壤土较为适宜。

种植密度：条播，行距20～30厘米，株距7～10厘米；穴播，穴距20～30厘米。

种植后的管理：苗期适当追施氮肥，促进根系和茎叶生长。中耕1～2次。秋播区中耕时结合培土，有利幼苗越冬。蔓生种于蔓长30厘米左右时支架引蔓。干旱时于开花前浇1次水。结荚期浇1～2次水。抽蔓和结荚期各追肥1次。

病虫害及其防治。主要病害有：褐斑病和白粉病；虫害有：豌豆蚜等。通过选用抗病品种、轮作、播种无病种子及喷洒农药进行防治。

1. 久留米丰豌豆

【种　源】 中国农业科学院蔬菜花卉研究所从国外引进的品种。1995年通过北京市农作物品种审定委员会审定。

【特征特性】 株高约40厘米，主茎12～14节，2～3个分枝，单株结荚8～12个。花白色，嫩荚绿色，荚壁有革质膜，为硬荚种，荚长8～9厘米，宽1.3厘米，厚1.1厘米，单荚重6.5～7.0克。每荚有种子5～7粒，青豆粒深绿色，籽粒饱满，味甜脆嫩，口感好。完熟种子浅绿色，微皱。早熟种，每667平方米产949～1 069千克。适宜鲜食和加工。

【种植地区】 华北、华东、华南、西南等地。

【栽培要点】 华北地区，3月上中旬播种，露地直播，条播，行距33～35厘米，每667平方米用种量10～15千克。开花结荚期应加强肥水管理，生长期注意防治潜叶蝇。

【供种单位】 中国农业科学院蔬菜花卉研究所。地址：北京市海淀区白石桥路30号。邮编：100081。

2. 食荚甜脆豌1号豌豆

【种　源】 四川省农业科学院作物研究所用“中山青”优良单株作母本、“食荚大菜豌1号”作父本育成的食荚甜脆豌1号新品种。1998年通过四川省农作物品种审定委员会审定。

【特征特性】 植株长势强，株高70～75厘米，叶色深绿。花白色，成熟种子种皮为浅绿色。种子百粒重28.8克。嫩荚长8～11厘米，筒状，荚色翠绿，荚壁肉厚，百荚重850克。成熟荚黄白色，软荚型。每百克鲜荚含蛋白质28.89克，维生素C 445毫克，总糖50.81克。烹熟的嫩荚适口性好，清香，味甜，食味品质佳。抗菌核病，不抗白粉病。每667平方米产鲜荚896.8千克。

【种植地区】 四川、云南、贵州、广西、福建等地及部分北方地区。

【栽培要点】 四川盆地，10月30日左右播种，行距50～60厘米，穴距25厘米，每穴播种子2～3粒。播后应注意抗旱保全苗。幼苗期根据长势进行追肥，生长期及时中耕除草，防治蚜虫、红蜘蛛及白粉病。有条件的地方可采用搭架栽培。嫩荚生长定型后应及时采收，以免老化影响食用品质和商品性。

【供种单位】 四川省农业科学院作物研究所。地址：四川省成都市。邮编：610066。

3. 荚粒两用甜豌豆

【种　源】 吉林省蔬菜花卉研究所从国外引进品种中筛

选出的新品种。1996年通过吉林省农作物品种审定委员会审定。

【特征特性】 植株半蔓生，株高70～80厘米，有2～3个分枝，节间短。花白色。嫩荚圆棍形，浅绿色，荚长6～7厘米，横径1.5～2.0厘米，厚1.5～1.8厘米，单荚重9克左右。嫩荚无革质膜，肉厚、质脆、味甜，荚、粒均可食用。早熟种，从播种至始收嫩荚需70天。每667平方米产490～560千克。

【种植地区】 吉林省各地。

【栽培要点】 长春地区春季栽培，4月上旬露地播种，行距60厘米，穴距25厘米，每穴播3～4粒种子。开花前搭矮架。幼苗注意防治蚜豆和潜叶蝇。

【供种单位】 吉林省蔬菜花卉研究所。地址：吉林省长春市自由大路200号。邮编：130031。

4. 白沙961豌豆

【种　源】 广东省汕头市白沙蔬菜原种研究所选育的新品种。1999年通过广东省农作物品种审定委员会审定。

【特征特性】 植株蔓生，分枝中等，茎节短。主蔓第十一至第十二节着生第一花序，单荚花序。荚黄绿色，先端略弯，荚长8～10厘米，横径1.6～1.8厘米，每荚有种子6～7粒。耐旱，较耐热，抗白粉病。播种至始收需42～46天。每667平方米产700～800千克。适宜速冻加工或鲜炒。

【种植地区】 南、北方均可。

【栽培要点】 参见1. 久留米丰豌豆。

【供种单位】 广东省汕头市白沙蔬菜原种研究所。地址：广东省澄海市白沙埔。邮编：515800。

二十、萝 卜

萝卜又名莱菔、芦菔。为十字花科萝卜属能形成肥大肉质根的二年生草本植物。染色体数 2n＝2x＝18。营养丰富，可生食、炒食、腌渍、干制。因含淀粉酶，生食可助消化；含芥辣油，具特有的辣味。肉质根和种子含莱菔子素，有祛痰、止泻、利尿等功效。

萝卜为直根系，小型萝卜主根深 60～150 厘米，大型萝卜则深达 180 厘米，主要根群分布在 20～45 厘米土层内。肥大的肉质根是同化产物的贮藏器官，有不同皮色、肉色和形状。茎短缩。叶形有板叶和羽状裂叶，叶淡绿色、深绿色。叶柄有绿色、红色、紫色。异花授粉作物。

萝卜为半耐寒性植物，幼苗能耐－2～－3℃低温。肉质根生长的适温为 13～18℃。我国南方春夏萝卜一般在 2 月上旬至 4 月上旬播种，华北及东北地区 3 月下旬至 4 月上旬播种；秋萝卜在 7 月下旬以后播种；四季萝卜只要气候适宜可分期播种。种植萝卜应考虑把肉质根膨大期安排在当地温度最适宜的季节。土壤水分是影响萝卜产量和品质的重要因素，尤其在肉质根迅速膨大期，土壤含水量应稳定在 20%左右。土壤干湿不匀，肉质根易裂，影响品质。萝卜喜富含有机质、质地疏松、排水良好、土层深厚的中性砂壤土或壤土。

播种方式与密度：北方种植大型萝卜多起垄栽培，中型品种多采取宽垄双行或平畦栽培；南方采用高畦栽培，条播或穴播。大型萝卜品种，行距 40～50 厘米，株距 27～30 厘米；中型品种，行距 17～27 厘米，株距 17～20 厘米；小型的四季萝卜采用撒播 4～7 厘米见方。

播种后的管理：幼苗出土后生长迅速，要及时间苗，2～3 片真叶时进行第二次间苗，“破肚”时定苗。在幼苗“破肚”前的一个时期内，要少浇水，多中耕，促使根系向土层深处发展。叶部生长盛期，根部也逐渐膨大，需水肥渐多，要适量浇水追肥。一般“破肚”时追施人粪尿，并每 667 平方米增施磷肥或钾肥 5 千克。“露肩”时每 667 平方米追施速效氮肥 7.5～20.0 千克。肉质根迅速膨大期，再追肥 1 次。“破肚”以后，土壤需经常保持湿润，切勿忽干忽湿。

病虫害及其防治。主要病害有：病毒病、霜霉病、软腐病、黑腐病等；虫害有：菜蚜、菜粉蝶、菜心野螟、菜蛾、小地老虎等。防治方法参见大白菜。

1. 豫萝卜 1 号

【种　源】 河南省郑州市蔬菜研究所从“丹东大青”和“翘头青”的杂交后代中，经多代单株系统选择而育成的新品种。1994 年通过河南省农作物品种审定委员会审定。

【特征特性】 叶簇较开展，花叶型，叶色深绿，叶片较大，有 14 片左右。肉质根呈纺锤形，地上部占根长的 2/3 以上，皮色翠绿，表皮光滑，根头小，单根重 1.2 千克。肉质致密，呈乳白色，辣味稍淡，宜生、熟食，冬贮后不变色。耐热，抗病。属秋、冬型萝卜，每 667 平方米产 5 260.2 千克。

【种植地区】 河南省各地。

【栽培要点】 郑州地区，7 月上旬至 8 月中旬排开播种，行距 55 厘米，株距 25 厘米，每 667 平方米留苗 5 000 株左右。从“破肚”到“定桩”应适当控制地上部生长。底肥不足时，宜在露肩期追肥。

【供种单位】 河南省郑州市蔬菜研究所。地址:郑州市。邮编:450052。

2. 四月白(鄂萝卜1号)萝卜

【种　源】 湖北省武汉市蔬菜研究所配制的三交种萝卜。1996年通过湖北省农作物品种审定委员会审定。

【特征特性】 叶簇半直立,株高40～50厘米,开展度30厘米×40厘米。花叶型,叶色深绿,有叶片17～19片。肉质根呈长卵圆形,中部略弯,长26厘米,横径9～10厘米,地上部8～10厘米,皮白色,单根重0.75千克。肉白色,质地脆嫩,水分多,品质优。耐寒,生长期170天左右。一般每667平方米产3000千克,高产者达5000千克。

【种植地区】 长江中下游地区。

【栽培要点】 武汉地区,10月15日至20日播种,行距50厘米,株距23厘米,每667平方米留苗6000株。播后及时浇出苗水,出苗后及时间苗、定苗。及时追间苗肥、定苗肥、越冬肥及迎春肥。越冬前小水勤浇,越冬时控制浇水。一般4月上旬采收。

【供种单位】 湖北省武汉市蔬菜研究所。地址:武昌张家湾。邮编:430065。

3. 浙萝卜1号

【种　源】 浙江省农业科学院园艺研究所选配的一代杂种。1992年通过浙江省农作物品种审定委员会审定。

【特征特性】 植株长势强,株型大。叶簇半直立,平均单株有叶28.2片,每片叶有裂叶10～11对。肉质根长筒形,长

46.4 厘米，横径 10.9 厘米左右，单根重 3.2 千克，大的可达 6 千克。根部约有 1/3 入土，入土部分外皮白色，露土部分浅绿色。肉浅绿色，肉质致密，不易糠心。高抗芜菁花叶病毒病，耐寒性较强。晚熟种，生长期 90～100 天。每 667 平方米产 6 400 千克。

【种植地区】 浙江、湖北、湖南、江西和广东等省。

【栽培要点】 浙江地区，8 月下旬播种，每 667 平方米留苗3 300～3 800 株。要及时间苗、中耕除草。

【供种单位】 浙江省农业科学院园艺研究所。地址：浙江省杭州市石桥路 48 号。邮编：310021。

4. 卫青一号萝卜

【种　源】 天津农业学校选育的新品种。1993 年通过天津市农作物品种审定委员会审定。

【特征特性】 植株长势强，叶簇紧凑，半直立，株高 50～60 厘米，开展度 50 厘米×50 厘米。叶片绿色，羽状裂叶，有小叶 7 对左右，叶柄浅绿色。肉质根露出地面部分占 4/5，尾部稍弯，皮绿色，光滑，单根重 350～500 克。肉绿色，肉质脆嫩。耐贮藏。每 667 平方米产 3 500 千克。

【种植地区】 天津、北京、河北、河南、山东、山西、辽宁等地。

【栽培要点】 立秋前后播种。“破肚”期追肥浇水。8～9 片叶时注意打老叶，防止老叶腐烂造成萝卜粗皮。

【供种单位】 天津市蔬菜种子公司。地址：天津市河北区金钟路 158 号。邮编：300143。

5. 鲁萝卜6号

【种　源】 山东省农业科学院蔬菜研究所选配的一代杂种。1991年通过山东省农作物品种审定委员会审定。

【特征特性】 叶簇半直立,羽状裂叶,绿色。肉质根短圆柱形,出土部分占2/3,皮绿色,入土部分根皮黄白色,单根重500～600克。肉紫红色,生食质脆、味甜、多汁,品质优良。耐贮藏,较抗病毒病、霜霉病。生长期80天。每667平方米产3 000～4 000千克。

【种植地区】 黄淮流域。

【栽培要点】 山东各地8月中旬播种。采用垄作栽培,行距33～40厘米,株距25厘米。定苗前勤浇小水;肉质根露肩时,追肥,中耕后培土浇水;肉质根膨大时期,每隔5～7天浇1次水。

【供种单位】 山东省农业科学院蔬菜研究所。地址:山东省济南市东郊桑园路14号。邮编:250100。

6. 鲁萝卜8号

【种　源】 山东省莱阳农学院园艺系选配的一代杂种。1995年通过山东省农作物品种审定委员会审定。

【特征特性】 叶片细小,羽状裂叶,深绿色;叶柄细,叶面平滑。肉质根长圆柱形,顶部钝圆,长50厘米左右,皮白色,单根重1 360克以上。肉白色,质脆甜,粗纤维少,不易糠心。冬性强,抽薹晚,适应范围广,春、秋、夏均可种植,播种后50～55天即可采收。抗病毒病和霜霉病。早熟种。每667平方米产5 358.5千克。

【种植地区】 山东、广东、海南等地。

【栽培要点】 山东各地秋种,8月上旬播种,两片真叶展开时第一次间苗;3～4片真叶时进行第二次间苗;5～6片真叶展开时按株距定苗。莲座期控制浇水,防止徒长。肉质根膨大时期要保证充足的肥水供应,防止糠心,但水分要均匀,忌忽干忽湿。春种4月上旬播种。

【供种单位】 山东省莱阳农学院园艺系。地址:山东省莱阳市。邮编:265200。

7. 合肥青萝卜

【种　源】 安徽省合肥市西瓜蔬菜科学研究所选育的新品种。1996年通过安徽省农作物品种审定委员会审定。

【特征特性】 叶簇直立,叶长卵形,花叶全缘,绿色。肉质根筒形,长13～16厘米,横径8～11厘米,出土部分外皮绿色,占4/5,入土部分白色,单根重0.6千克。肉质脆嫩,味甜微辣。抗病,耐贮藏。生长期85天,每667平方米产4 000～5 000千克。

【种植地区】 安徽省及长江中下游地区。

【栽培要点】 参见5. 鲁萝卜6号。

【供种单位】 安徽省合肥市西瓜蔬菜科学研究所。地址:安徽省合肥市西七里塘。邮编:230031。

8. 丰翘一代萝卜

【种　源】 山西省农业科学院蔬菜研究所选配的一代杂种。1992年通过山西省农作物品种审定委员会审定。

【特征特性】 肉质根短圆柱形,长28～30厘米,横径10厘米,约1/2露出地面,出土部分绿色,入土部分白色,表皮光滑,单根重2千克。肉淡绿色,味甜质脆,含水分适中,品质好。

生食、熟食、腌渍皆宜。生长期 85 天，每 667 平方米产 4 000～5 000 千克。

【种植地区】 华北、西北地区。

【栽培要点】 太原地区，7 月下旬至 8 月上旬播种，行距 40 厘米，株距 33 厘米。叶量小，适宜密植。

【供种单位】 山西省农业科学院蔬菜研究所。地址：山西省太原市农科北路 6 号。邮编：030031。

9. 满堂红 91-1 萝卜

【种　源】 北京蔬菜研究中心选配的一代杂种。1994 年通过北京市农作物品种审定委员会审定。

【特征特性】 植株生长势强，叶簇直立，板叶型，叶片、叶柄均为绿色。肉质根短圆柱形，长 15 厘米，横径 12 厘米，单根重 0.8 千克左右。根皮绿色，根肉鲜红色，血红瓤比率 100%。肉质致密，脆嫩，味甜。每百克鲜重含维生素 C 37.3 毫克，可溶性糖 3.88 克。耐贮藏，抗芜菁花叶病毒病、霜霉病。生长期 75～80 天。每 667 平方米产 4 500 千克。适宜秋季种植。

【种植地区】 北京及华北、东北、华东部分地区。

【栽培要点】 北京地区，立秋前后 1～2 天高畦直播，行距 56 厘米，株距 23 厘米，每 667 平方米播种量 0.4 千克。霜降收获。

【供种单位】 北京蔬菜研究中心。地址：北京市海淀区板井村。邮编：100089。

10. 通园青 2 号萝卜

【种　源】 吉林省通化市园艺研究所选育的新品种。1995 年通过吉林省农作物品种审定委员会审定。

【特征特性】 植株长势强，叶簇半直立，叶脉绿色，叶缘深裂。肉质根短圆柱形，皮绿色，尾部白色而细，单株重1.0～1.5千克。肉绿白色，稍辣。抗病毒病、霜霉病。生长期90天左右，每667平方米产3 200～3 700千克。

【种植地区】 吉林省各地。

【栽培要点】 通化地区，7月15日至20日播种，行株距60厘米×30厘米。施足底肥，生长期间中耕2～3次，追肥2次，第一次在定苗后，第二次在根膨大期。10月15日前后收获。

【供种单位】 吉林省通化市农业科学研究所。地址：吉林省通化市。邮编：134000。

11. 通园青3号萝卜

【种　源】 吉林省通化市农业科学研究所选育的新品种。1996年通过吉林省农作物品种审定委员会审定。

【特征特性】 植株长势强，叶簇半直立，大叶15片左右，叶缘深裂。肉质根长圆柱形，皮绿色，尾部白色，单株重1～2千克。肉绿白色，有甜味，水分较多。抗病毒病和霜霉病。中晚熟种，生长期90天左右，每667平方米产3 300～4 200千克。

【种植地区】 吉林省长春、吉林、四平、辽源、通化等地。

【栽培要点】 通化地区，7月15日播种，行距60厘米，株距30厘米。其他管理参见10. 通园青2号萝卜。10月15日前后收获。

【供种单位】 同10. 通园青2号萝卜。

二十一、胡萝卜

胡萝卜又名红萝卜、黄萝卜、番萝卜、丁香萝卜、胡芦菔金、赤珊瑚、黄根等。为伞形科胡萝卜属野胡萝卜种胡萝卜变种中能形成肥大肉质根的二年生草本植物。染色体数 $2n=2x=18$。肉质根富含胡萝卜素，食用后经胃肠消化分解成维生素A，可防止夜盲症和呼吸道疾病。适炒食、煮食、酱渍、腌制等。

胡萝卜为直根系，主要根群分布在20～90厘米土层内。直根上部包括少部分胚轴肥大，形成肉质根，其上着生4列纤细侧根。肉质根有圆形、扁圆形、圆锥形、圆筒形等，根色有紫红色、橘红色、黄色、白色、青绿色。叶丛着生于短缩茎上，为3回羽状复叶。肉质根贮藏越冬后抽薹开花，伞形花序，异花授粉作物，虫媒花。

幼苗能耐短期－3～－5℃的低温，肉质根膨大期的适温为13～18℃。胡萝卜属长日照植物，对光照条件要求较高。一般夏秋播种，秋冬收获，使苗期处于较高温季节，肉质根肥大期在凉爽季节。为了夏季供应新鲜胡萝卜，可选用早熟品种春播，需使苗期避开过长的低温时期，防止幼苗通过春化阶段造成先期抽薹。

胡萝卜要求土层深厚、富含腐殖质及排水良好的砂壤土或壤土。粘重土壤，排水不良，易发生歧根、裂根，甚至烂根。每生产1 000千克胡萝卜约吸收氮3.2千克，磷1.3千克，钾5千克，对氮、磷、钾的吸收比例为2.5∶1∶4。

播种方式与密度：选用发芽率高的种子，搓去刺毛，浸种。在雨后或灌水后条播或撒播。垄作或平畦栽培。条播行距20～30厘米，沟深2～3厘米，保留株距5～10厘米。撒播的株、行距各8～12厘米。大型种每667平方米留苗30 000株左右，中、小型种40 000～60 000株。

播种后的管理：播后覆土0.6～1.0厘米，拍压，防止土壤板结而影响出苗。及时间苗，4～5叶时定苗。苗期经常保持湿润。结合间苗进行中耕除草，或采用化学除草。幼苗7～8叶时，趁土壤湿润深锄蹲苗，促进主根下伸和须根生长，并抑制地上部徒长。经10～20天肉质根明显膨大时，开始充分灌水并追施化肥。

病虫害及其防治：主要病害有黑腐病、菌核病、软腐病等；虫害有胡萝卜微管蚜和茴香凤蝶等。通过贮前剔除病伤的肉质根，并在阳光下晒后贮藏，收获和装运过程中避免破损，及时清除田间杂草，雨后注意排水及喷洒农药等措施进行防治。

1. 新透心红胡萝卜

【种　源】 陕西省宝鸡市农业学校选育的优良新品种。1995年通过陕西省农作物品种审定委员会审定。

【特征特性】 叶丛半直立，每株有叶片12～14片，绿色，叶柄基部紫红色。肉质根圆柱形，上下粗细均匀，长11.5～25.0厘米，横径3～5厘米，根皮鲜红色且光滑。肉质脆嫩，心柱较细，呈橘红色。生长期夏播95～110天，春播120～130天。每667平方米产3 000～5 000千克。

【种植地区】 陕西、甘肃、山西、吉林、黑龙江、辽宁、安徽、浙江等地。

【栽培要点】 选择疏松砂壤土种植，深翻25～33厘米。

合理密植，每667平方米栽30 000～40 000株。夏种7月5日至20日播种；春种5月5日至20日播种。肉质根膨大期开始追肥。

【供种单位】 陕西省宝鸡市农业学校。地址：陕西省宝鸡市。邮编：721300。

2. 扬州红1号胡萝卜

【种　源】 江苏农学院园艺系从日本新黑田五寸杂种后代的分离群体中选出的优良株系，经多代选纯而育成的新品种。1991年通过江苏省农作物品种审定委员会审定。

【特征特性】 植株生长势较强，株高55厘米，株形较开展。肉质根圆柱形，长13～16厘米，横径3.0～3.5厘米，上下粗细均匀，单根重85～100克，皮、肉及心柱均为深橙红色，表皮光洁，心柱较细，肉质脆嫩，生食和加工均可。耐寒，较耐盐碱，抗根腐病。中晚熟种，生长期100～120天。每667平方米产3 000～4 000千克。

【种植地区】 江淮流域。

【栽培要点】 适宜江淮流域秋季栽培。7月下旬至8月上中旬分期播种，11～12月份采收。

【供种单位】 江苏农学院园艺系。地址：江苏省扬州市苏农路。邮编：225001。

3. 金红1号胡萝卜

【种　源】 内蒙古农业科学院蔬菜研究所选配的一代杂种。1997年通过内蒙古农作物品种审定委员会审定。

【特征特性】 植株长势强。叶丛直立。肉质根长圆柱形，根长16厘米左右，横径4.85厘米，单根重197克。品质好，皮、肉、心柱为橙红色，含胡萝卜素 4.5 毫克/100 克，维生素 C 6.1 毫克/100 克，鲜食、加工兼用。生长期 105～110 天。每 667 平方米产 4 200 千克以上。

【种植地区】 内蒙古、山西、北京、河北、天津、辽宁、新疆等地。

【栽培要点】 内蒙古等地一般 5 月中下旬播种，可撒播和条播。条播行距 20～25 厘米。为防止草荒可在播后苗前或幼苗长有 2～3 片真叶时喷施胡萝卜专用除草剂。不论撒播或条播，都要及时疏苗、定苗。条播株距 8.5～10.0 厘米，每 667 平方米留苗 28 000～30 000 株；撒播行株距各 15 厘米左右，每 667 平方米留苗 30 000～40 000 株。一般 10 月上中旬收获。

【供种单位】 内蒙古农业科学院蔬菜研究所。地址：内蒙古呼和浩特市。邮编：010031。

4. 金红 2 号胡萝卜

【种　源】 内蒙古农业科学院蔬菜研究所选配的一代杂种。1997 年通过内蒙古农作物品种审定委员会审定。

【特征特性】 植株长势强。叶丛直立。肉质根长圆柱形，长 17 厘米左右，横径 4.7 厘米，单根重 217 克。品质好，皮、肉、心柱均为橙红色，含胡萝卜素 4.7 毫克/100 克、维生素 C 5.3 毫克/100 克。生长期 110～120 天。每 667 平方米产 4 400 千克以上。

【种植地区】【栽培要点】【供种单位】 同 3. 金红 1 号胡萝卜。

5. 新胡萝卜1号

【种　源】 新疆石河子蔬菜研究所选育的鲜食和加工兼用的新品种。1997年通过新疆维吾尔自治区农作物品种审定委员会审定。

【特征特性】 植株高50～60厘米，叶簇直立，生长势较强。单株9～11片叶，叶色深绿，叶面有茸毛。肉质根圆柱形，长14～16厘米，横径4～5厘米，单根重120～140克；表皮光滑，畸形根少，皮、肉和心柱均为橙红色。质脆味甜，水分适中。适应性强，耐贮藏。适宜春、秋两季栽培，生长期100～110天。每667平方米春种产3 500千克，秋种产4 300千克，最高者可产4 900千克。

【种植地区】 新疆各地及西安、成都等地。

【栽培要点】 选择土层深厚，pH 6.5左右的砂壤土或壤土种植。石河子地区春种4月中旬播种；夏种6月中旬播种。采用撒播和条播，一般撒播每667平方米用种量约800克。幼苗长到2～3片叶时间苗，5～6片叶时定苗，株距8～10厘米，每667平方米留苗40 000株左右。生长期间保持土壤湿润。肉质根膨大期开始灌水追肥。当心叶变黄时即可收获，收前15天停止灌水。

【供种单位】 新疆石河子蔬菜研究所。地址：新疆石河子市。邮编：832000。

二十二、菠　菜

菠菜又名波薐、波斯草、赤根菜。为藜科菠菜属中以绿叶为主要产品的一、二年生草本植物。染色体数 $2n=2x=12$。营养较丰富，可炒食、凉拌或做汤。含有草酸，食用过多会影响人体对钙的吸收。

菠菜直根发达，红色，味甜可食。主要根群分布在 25～30 厘米土层内。抽薹前叶片簇生于短缩茎。雌雄异株（少数雌雄同株），单性花（少数有两性花），异花授粉作物，风媒花。根据果实上刺的有无，分为有刺和无刺两个变种。

耐寒力强，冬季平均最低温为 -10℃左右的地区可露地安全越冬。耐寒力强的品种甚至可耐短期 -30℃的低温。植株生长适温为 20～25℃。菠菜适应性广，生育期短，一年四季均可栽培。早春播种，春末收获的称春菠菜；夏播秋收的称秋菠菜；秋播翌年春收获的称越冬菠菜；春末播种，夏季收获的称夏菠菜。还有初冬播种，种子埋土越冬，春季收获的称埋头菠菜。

菠菜对土壤的要求不严格，砂壤土栽培表现为早熟，粘壤土栽培易获丰产。耐酸力较弱，以 pH 5.5～7.0 的土壤为宜，pH 值低于 5.5 或高于 8.0，均生长不良。对氮、磷、钾的吸收比例为 2∶1∶2.5。

播种方式与田间管理。播种前先用 15～20℃水浸种 24 小时，催芽后湿播。一般每 667 平方米播种量为 3.0～3.5 千克，越冬菠菜每 667 平方米播种量增至 4～10 千克。北方多采用平畦栽培，南方多采用高畦栽培。撒播或条播。按行、株距各7～10厘米留苗。为防止菠菜越冬死苗，需防寒保墒，北方在土壤封冻前采取设风障、灌“冻水”、盖厩肥等措施。为保证夏菠菜全苗和促进生长，长江流域和华南地区多采用搭棚遮荫，减少高温和暴雨危害。两片真叶展开后开始灌水，并追施速效氮肥1～2次。

病虫害及其防治。主要病害有霜霉病、病毒病、炭疽病等；虫害有菜心野螟和菠菜潜叶蝇等。通过选用抗病品种、轮作倒茬、适当稀播、加强雨后排水及喷洒农药等措施进行防治。

1. 华菠1号菠菜

【种　源】 华中农业大学园艺系用8605强雌株系与87102自交系配制的一代杂种。1993年通过湖北省农作物品种审定委员会审定。

【特征特性】 植株半直立，株高25～30厘米。叶顶钝长、箭形，基部呈戟形，有浅缺刻裂叶1对，叶片长19厘米左右，宽14厘米左右；叶柄长19厘米左右，宽0.6厘米，叶面平展，叶色浓绿，叶肉较厚。初生的8～9片叶，叶柄较短，采收时有叶15～18片。根红色或淡红色，分蘖强。单株重50～100克。种子为刺籽。每667平方米产2 000千克。

【种植地区】 湖北、江苏、江西、湖南等地。

【栽培要点】 湖北地区，8月20日播种，35～40天即可收获。

【供种单位】 华中农业大学园艺系。地址：湖北省武汉市武昌南湖。邮编：430070。

2. 内菠1号菠菜

【种　源】 内蒙古农业科学院蔬菜研究所从赤峰圆叶菠菜群体中选出的优良单株，经连续多代单株混合选择而选出的新品种。1994年通过内蒙古农作物品种审定委员会审定。

【特征特性】 植株呈半直立状，株高25厘米，开展度40厘米×45厘米，长势强。叶卵圆形或尖端钝圆，基部呈戟形，叶色深绿，叶片光滑，最大叶长20厘米左右。种子无刺。涩味轻，品质佳。较抗病。从播种至收获需45～50天。每667平方米产2300千克以上。适宜春、秋两季栽培。

【种植地区】 东北、华北等地。

【栽培要点】 华北地区秋季栽培，8月中旬播种，每667平方米用种量约10千克，10月初开始收获；春季栽培，3月上中旬顶凌播种，每667平方米用种量3～4千克。

【供种单位】 内蒙古农业科学院蔬菜研究所。地址：内蒙古呼和浩特市南郊五里营。邮编：010030。

3. 菠杂10号菠菜

【种　源】 北京蔬菜研究中心选配的一代杂种。1992年通过北京市农作物品种审定委员会审定。

【特征特性】 植株健壮，株高31.7～40.8厘米。叶片箭头形，先端钝尖，基部戟形，叶面平展，正面深绿色，背面灰绿色，有1～2对浅或中深缺刻裂叶。叶片长13.8～16.8厘米，宽5.8～8.0厘米；叶柄长17.7～25.4厘米，宽0.7～0.9厘米，绿色，断面为半圆形。茎圆形，绿色，根颈部为粉红色。主根肉质，粉红色，须根发达。平均单株重36.8克。种子三角形，有刺，绝大多数为2刺，极少数3刺或4刺，淡黄色。抗病毒病，耐寒，越冬不易死苗。早熟种。每667平方米产2 500～4 000千克。适宜作越冬根茬菠菜栽培。

【种植地区】 适宜北京及华北、西北等地区种植；长江流域也可栽培。

【栽培要点】 北京地区露地越冬菠菜，9月底至10月初播种，撒播，每667平方米用种5～7千克。越冬前(11月中下旬)在土地夜冻日融时浇封冻水，采用地膜覆盖或夹风障保护越冬。地膜覆盖越冬栽培的，应在翌年2月底至3月初划破地膜，3月中下旬浇返青水，以后每7天浇1次稀粪水或追施1次化肥。

【供种单位】 北京蔬菜研究中心。地址：北京市海淀区板井村。邮编：100089。

4. 菠杂18菠菜

【种　源】 北京蔬菜研究中心配制的一代杂种。1999年通过北京市农作物品种审定委员会审定。

【特征特性】 植株生长旺盛。叶片大阔箭头形，叶尖钝圆，有1～2对浅缺刻裂叶，叶长21.4厘米，宽17.5厘米，叶面平展，叶正面绿色，背面灰绿色；叶柄长25.4厘米，宽1.17厘米。叶厚、质嫩，风味好。主根肉质粉红色，种子圆形。耐寒，抗霜霉病，较抗病毒病。每667平方米产1 500～2 400千克。

【种植地区】 东北、华北及长江流域。

【栽培要点】 华北地区秋季种植，8月中旬播种，每667平方米用种量5千克左右，种子先用凉水浸泡24小时，然后放在15℃左右的低温处催芽2～3天。播种后立即浇水，40天后即可收获上市。东北、华北的冬季亦可在日光温室栽培。长江流域可作露地越冬菠菜栽培。

【供种单位】 同3.菠杂10号菠菜。

5. 日本春秋大叶圆菠菜

【种 源】 从日本引进。1998年通过宁夏回族自治区农作物品种审定委员会审定。

【特征特性】 根粗且直，呈红色。基生叶的叶柄较长，叶片呈卵圆形，叶色浓绿，质地柔嫩。种子呈不规则圆形，黄绿色。耐寒，春、秋季均可种植，从播种至采收需50～60天。每667平方米产3000千克左右。

【种植地区】 宁夏灌区均可种植。

【栽培要点】 宁夏地区春季栽培，于日均气温达4～5℃时播种，每667平方米用种量2千克左右。及时间苗，保持适当株行距。

【供种单位】 宁夏回族自治区种子公司。地址：宁夏回族自治区银川市。邮编：750021。

二十三、芹 菜

芹菜又名芹、旱芹、药芹菜、野圆荽等。为伞形花科芹属中形成肥嫩叶柄的二年生草本植物。染色体数2n=2x=22。芹菜除含有蛋白质、无机盐及维生素等多种营养物质外，还含芹菜油，具芳香气味，有降低血压、健脑和清肠利便的功效。可炒食、生食或腌渍。

芹菜根系浅，主要分布在10～20厘米土层内。营养生长期茎短缩，叶片着生其上，1～2回羽状全裂叶。叶柄长而肥大，为主要食用部分。叶柄内侧有腹沟，柄髓腔大小依品种而异。茎端抽生花薹后发生多数分枝。复伞形花序。异花授粉（亦能自花授粉）。

芹菜喜冷凉湿润的环境条件，但幼苗对高、低温的适应性很强。冬季平均气温高于－5℃的地区，幼苗或小株能露地安全越冬；在－10℃左右的地区，只需设风障和地面稍加覆盖保护即可越冬。利用苗期对高、低温的适应性，可多茬栽培。①秋芹菜：夏季直播或育苗，在秋季冷凉时生长，多在霜后1个月左右采收。②春夏芹菜：终霜前80～90天利用保护地育苗，终霜前20～30天定植，春、夏在15～20℃下生长70～90天，高温季节前后采收。③早秋芹菜（半夏芹菜）：春季播种，中秋节前后收获。④越冬芹菜：幼苗或小株露地越冬，或设风障和地面覆盖保护越冬，翌年春解冻后栽植，初夏收获。直播、育苗均可，但以育苗移栽方式为主。

芹菜适于富含有机质、保水保肥力强的粘壤土栽培。每生产1000千克芹菜需吸收氮0.4千克，磷0.14千克，钾0.6千克，吸收氮、磷、钾的比例为3∶1∶4。水分不足，缺氮和低温受冻，易出现空心现象。土壤缺硼、温度过高或土壤干燥，叶柄常发生“劈裂”。西芹缺钙则易烂心。

定植密度：合理密度因品种而异，西芹比本芹略稀。北方多平畦栽培，南方为高畦栽培。畦宽1.7米，定植12行，行、株距均为13厘米左右。南方多丛植，行、株距各为10～15厘米，每丛栽2～4株。若准备进行培土软化栽培，行距应加大，留有培土余地。

定植后的管理：本芹于幼苗3～5叶、西芹8～10叶时开始定植。苗期和后期需肥水较多，初期需磷最多，后期需钾最多。生长期间需不断供给水和肥，采收前5～7天停止灌水。种植西芹需及时培土，并摘除分蘖苗，以提高叶柄品质，收获后可进行假植贮藏、冷藏或气调贮藏。

病虫害及其防治。主要病害有斑枯病、斑点病等；虫害有茴香凤蝶、胡萝卜微管蚜等。通过选用抗病品种和无病的种子，或播种前行种子消毒、实行轮作、加强栽培管理及喷洒农药等措施进行防治。

1. 夏芹

【种　源】 中国农业科学院蔬菜花卉研究所从国外引进并经多年群体选择而育成的新品种。1995 年通过北京市农作物品种审定委员会审定。

【特征特性】 株高 80～90 厘米，长势强。叶片深绿色，叶柄绿色、肥厚，长 44 厘米，宽 2.2 厘米，横径 1.9 厘米，表面光滑，质地致密，实心、脆嫩，粗纤维少，单株重 400～1 200 克。抗病和抗逆性均较强。适应较广。幼苗生长缓慢，定植缓苗后植株生长加快。每 667 平方米产 6 500 千克左右。适宜秋季露地或冬季保护地栽培。

【种植地区】 华北地区。

【栽培要点】 北京地区秋季露地栽培，6 月上中旬播种育苗，8 月上中旬定植，11 月上旬收获。行株距 26 厘米×23 厘米，每 667 平方米栽苗 10 000～12 000 株。生长期间掌握小水勤浇，多次追肥，及时采收，防止叶柄老化空心。

【供种单位】 中国农业科学院蔬菜花卉研究所。地址：北京市海淀区白石桥路 30 号。邮编：100081。

2. 保定实芹 1 号芹菜

【种　源】 河北省保定市蔬菜研究所育成的新品种。

1998 年通过河北省农作物品种审定委员会审定。

【特征特性】 植株直立，株高 76 厘米左右，长势强。叶片绿色，有光泽。叶柄椭圆形、实心，腹沟较浅而窄，棱线细而不突起，叶柄长 50 厘米左右，收获时有叶 5～7 片，根蘖少。叶柄翠绿，脆嫩，粗纤维少，香味浓，商品性好。适应性强，耐寒，抗斑枯病和疫病，抽薹晚。生育期 110～120 天。每 667 平方米产 6 000 千克左右。适宜秋季露地及保护地栽培。

【种植地区】 河北省各地。

【栽培要点】 每 667 平方米栽苗 20 000 株左右。生长期间要不断供给水和肥。

【供种单位】 河北省保定市蔬菜研究所。地址：河北省保定市。邮编：071105。

3. 西芹

【种　源】 吉林省通化市园艺研究所 1987 年从农业部农优特种蔬菜种子服务部引进。1993 年通过吉林省农作物品种审定委员会审定。

【特征特性】 植株高 70～80 厘米。叶片深绿色，较大。叶柄绿色，呈圆柱形，肥大、宽厚，基部宽 3 厘米左右，质地脆嫩，粗纤维少。收获时有叶 10 片左右，根系发达。从定植至采收需 80 天左右。每 667 平方米产 5 600～ 6 400 千克。适宜露地及保护地栽培。

【种植地区】 吉林省及华北等地。

【栽培要点】 通化地区，春季大棚栽培，2 月下旬播种育苗，4 月下旬定植；冬季温室栽培，7 月中下旬播种，9 月中旬定植。株行距 14 厘米×14 厘米，单株定植。

【供种单位】 吉林省通化市园艺研究所。地址：吉林省通化市。邮编:134000。

4. 文图拉西芹

【种　源】 北京特种蔬菜种苗公司从美国引进。1997年通过北京市农作物品种审定委员会审定。

【特征特性】 植株高80厘米,生长势强。叶片大,绿色。叶柄绿色有光泽,实心,腹沟浅而平,基部宽4厘米,长30厘米,抱合紧凑,品质脆嫩。抗枯萎病。从定植至收获约80天,单株重750克,无分蘖。每667平方米产6 000～6 800千克。

【种植地区】 北京市。

【栽培要点】 秋棚或改良阳畦种植,6月中旬至7月上旬播种,8月下旬至9月上中旬定植,10月下旬至12月份收获;温室栽种,7月中旬至8月中旬播种,9月中旬至10月中旬定植,翌年1～2月份收获。行距30厘米,株距25厘米。

【供种单位】 北京特种蔬菜种苗公司。地址:北京市德胜门外北三环中路19号。邮编:100029。

二十四、莴　苣(生菜)

莴苣属菊科莴苣属中能形成叶球或嫩茎的一、二年生草本植物。染色体数2n=2x=18。本章节专指以脆嫩叶片或叶球供食用,生食、炒食的一个变种,又名生菜。生菜营养丰富,口感和风味极佳。莴苣所特有的莴苣素($C_{11}H_{14}O_4$或$C_{12}H_{36}O_7$)具有镇痛催眠和降低胆固醇的药效,在欧美国家是主要蔬菜之一。我国的台湾、华南地区种植较普遍,20世纪80年代后期在全国各地均有发展。

莴苣不同生长时期对温度要求不同。发芽期适温为15～20℃，25℃以上发芽率明显下降，30℃以上、4℃以下均不发芽；幼苗期适温为16～20℃；莲座期适温为18～23℃；结球期适温为17～18℃，25℃以上叶球生长不良，易造成腐烂。

莴苣根系浅，根群分布在20厘米土层内。种植莴苣宜选择有机质丰富、土质疏松、保水力强的肥沃壤土或砂壤土。我国东北、西北高寒地区多春播夏收。华北及以南地区，可春、秋两季栽培：春季一般1～2月份播种育苗，5～6月份收获；秋季，7～8月份育苗，10～11月份收获。长江以南地区多秋、冬播种，春季收获或秋种冬收。随着蔬菜保护地栽培的发展和种植经济效益的提高，近几年也开始采用塑料大棚和日光温室种植，表现良好。

莴苣种子小，顶土能力弱，均采用育苗移栽。播种方法宜用撒播法，播前浇足底水，播后覆盖1厘米左右厚的过筛细土。幼苗长至3片真叶时，分苗1次，长至5～6片真叶时定植。定植密度因品种而定，一般株行距为35厘米或40厘米。定植后，前期结合浇水追肥并进行中耕，使土壤见干见湿，中后期需不断均匀供水，以免引起叶球开裂。采收前数天停止浇水，利于收后贮运。

莴苣主要病害有霜霉病、菌核病、病毒病(LMV)；虫害有蚜虫。防治方法参见大白菜。

1. 皇帝结球生菜

【种　源】 北京特种蔬菜种苗公司1989年从美国引进。1997年通过北京市农作物品种审定委员会认定。

【特征特性】 叶片中等大小，绿色，外叶小，叶面微波状，叶缘缺刻中等。叶球紧实，球顶较平，单球重500克左右。质地脆嫩，耐热。早熟种，生育期85～90天。

【种植地区】 北京市。

【栽培要点】 春季保护地栽培，12月下旬至翌年1月下旬播种，3月中旬至4月中旬收获；春季露地栽培，2月中下旬播种，5月中下旬收获；秋季保护地栽培，8月下旬至10月中旬播种，11月下旬至翌年1月中旬收获。

【供种单位】 北京特种蔬菜种苗公司。地址：北京市德胜门外北三环中路19号。邮编：100029。

2. 紫叶生菜

【种　源】 北京市昌平县小汤山地区地热开发公司1996年从德国引进。1999年通过北京市农作物品种审定委员会认定。

【特征特性】 叶簇半直立，株高25厘米，开展度25厘米×30厘米。叶缘呈紫红色，色泽美观，叶片长椭圆形，叶缘皱状。茎极短，不易抽薹。喜光照、温暖气候，适应性强。从播种至收获需80天左右。每667平方米产1800千克左右。适宜春、秋露地及保护地栽培。

【种植地区】 北京市。

【栽培要点】 春保护地栽培，1～2月份播种，苗龄30天；春露地栽培，3～5月份播种，5～6月份收获；秋保护地栽培，7～8月份播种，9～10月份收获；秋露地栽培，6～8月份播种，8～10月份收获。高畦栽培，行株距为25厘米见方。生长期间土壤见干见湿，追肥2～3次。

【供种单位】 北京市昌平县小汤山地热开发公司。地址：北京市昌平县小汤山。邮编：102211。

3. 玛来克莴苣

【种　源】 吉林省蔬菜花卉研究所从国外引进。1996 年通过吉林省农作物品种审定委员会审定。

【特征特性】 属结球脆叶形。株高 17～18 厘米，开展度 40 厘米×40 厘米左右。叶片绿色，微皱。叶球扁圆形，球高 15 厘米，横径 17 厘米，单球重 250～300 克。球叶浅绿色，叶质脆嫩，抱球紧实，净菜率 75%，品质优。耐低温，抗病。早熟种，从定植至收获需 45 天。每 667 平方米产 1 800～2 400 千克。

【种植地区】 吉林省各地。

【栽培要点】 长春地区，春季露地栽培，2 月中旬温室播种，4 月中旬定植，5 月下旬收获，15 天左右可全部收完。

【供种单位】 吉林省蔬菜花卉研究所。地址：吉林省长春市自由大路 200 号。邮编：130031。

二十五、洋　葱

洋葱又名葱头、圆葱。为百合科葱属中以肉质鳞片和鳞芽构成鳞茎的二年生草本植物。染色体数 $2n=2x=16$。含挥发性硫化物而具有特殊的辛香味。可炒食、煮食或调味，也可加工成脱水菜或腌渍。

洋葱为弦状浅根系，根毛极少，主要根群分布在 15 厘米耕作层内。茎短缩，称“盘状茎”，其上环生叶鞘。叶中空，由叶鞘和管状叶片组成，直立生长。叶鞘基部膨大成鳞茎，有扁圆形、圆形和长椭圆形等。皮色有紫红色、黄色和绿白色等。伞形花序。

洋葱幼苗抗寒性强，能耐－6～－7℃低温，鳞茎膨大期的适温为20～26℃。鳞茎具有极强的抗寒性和耐热性。长日照是洋葱鳞茎形成所必须的外界条件，只有在长日照下，叶鞘基部才开始增厚呈肉质鳞片而形成肥大的鳞茎。根系浅，吸收力弱，需较高的土壤湿度。洋葱是喜肥作物，适于种植在肥沃、疏松、保水、保肥、pH 6～7的砂质土壤中。栽培季节因地而异，南方多秋冬播种，翌年晚春收获；长江和黄河流域多秋季播种，翌年夏季收获；华北北部、西北、东北地区冬季严寒，幼苗贮藏越冬，翌年早春定植，晚夏收获；夏季冷凉的地区也可春种，秋收，但应选择短日照型或中间型品种。

定植密度：行距13～20厘米，株距10～13厘米，每667平方米栽30 000～35 000株。栽植深度宜浅，以覆土刚埋住小鳞茎为度。

定植后的管理：洋葱根系浅，吸收力弱，生长期间要求有充足的水肥供给。叶片生长时期要适当追肥，以氮肥为主，配合磷、钾肥。吸收氮、磷、钾的比例为1.6∶1∶2.4。鳞茎进入膨大期，直径约3厘米时需经常灌水并及时追肥，直至鳞茎成熟前1周停止灌水，以利贮藏。

病虫害及其防治。主要病害有：紫斑病、灰霉病、疫病、炭疽病、锈病和斑枯病等；虫害有：葱蝇和葱蓟马等。采用合理灌溉、降低田间湿度、及时收割并消除病残体、保护地栽培加强通风降湿及喷洒农药等措施防治。

1. 莱选13号洋葱

【种　源】 山东省莱阳市蔬菜研究所选育的新品种。1995年通过山东省农作物品种审定委员会认定。

【特征特性】 植株长势强。有管状叶8～9片，叶片直立，长40厘米左右，叶色绿。鳞茎圆球形，直径8～10厘米，外皮黄色光滑，鳞片白色微黄，单株重250～350克。鳞茎质地细密，味甜稍辣，生、熟食均可，品质极佳。抗病性强，适应性广。中晚熟种。每667平方米产6 000～8 000千克，高产者达10 000千克以上。

【种植地区】 山东省各地。

【栽培要点】 莱阳地区适宜播种期一般在白露后2～3天，越冬时幼苗假茎横径0.7～0.9厘米。移栽最适时间为11月上旬，栽植深度1.5厘米左右，株距13厘米，行距13～15厘米，采用地膜覆盖。翌年4月中旬、5月上旬、5月下旬进行3次追肥，以氮、磷、钾配合施用效果最好。6月20日前后收获。收获后置于通风干燥处贮藏。

【供种单位】 山东省莱阳市蔬菜研究所。地址：山东省莱阳市。邮编：265200。

2. 紫星洋葱

【种　源】 河北省邯郸市蔬菜研究所选育的新品种。1998年通过河北省农作物品种审定委员会审定。

【特征特性】 植株长势强，成株叶丛高65～75厘米。有管状功能叶9～11片，叶片直立，灰绿色，叶面蜡粉多而厚，叶长65厘米，宽2厘米。鳞茎扁圆形，纵径6～7厘米，横径8～9厘米，有肉质鳞片8～9枚，单球重(葱头)250克，最大可达442克。外表皮深紫红色，有光泽。内部肉质白色，脆嫩，有甜味，辣味较浓。种子黑色，粒大。较抗葱类霜霉病和紫斑病。长日型中熟品种，生育期280天(包括越冬天数)。每667平方米产5 808千克。

【种植地区】 河北、河南、山西、山东、北京、内蒙古、辽宁、吉林、新疆等地。

【栽培要点】 冀中南地区，8月下旬至9月上旬播种育苗，10月中下旬至11月上旬定植，每667平方米栽苗16 000～30 000株。

【供种单位】 河北省邯郸市蔬菜研究所。地址：河北省邯郸市。邮编：056001。

二十六、马铃薯

马铃薯又名土豆、山药蛋、地蛋、洋芋。属茄科茄属中能形成地下块茎的栽培种，一年生草本植物。染色体数 4x＝48。马铃薯营养丰富，每百克块茎含淀粉17.5克，蛋白质2克，糖1克以及各种维生素和无机盐。全国各地均有栽培。东北、西北及西南高山地区粮菜兼用，华北、江淮地区多作蔬菜。可加工成薯片、薯条、土豆泥，也可作饲料和生产淀粉、葡萄糖、酒精等的原料。

马铃薯是半耐寒性作物，喜欢冷凉的气候，10～15℃对幼芽的生长最有利。茎叶生长适温为19～22℃，整个生长期适温为18～25℃。7℃以下停止生长，25℃以上生长不良。

马铃薯通常采用无性繁殖。块茎繁殖经过块茎休眠期、苗期、块茎形成期和块茎成熟期。用块茎种植的根为须根，没有直根。须根从种薯上幼芽基部发出，尔后又分枝形成很多的侧根。块茎发芽生长后，在地面上着生枝叶的茎为地上茎，埋在土壤内的茎为地下茎。地下茎的节间较短，在节的部位生出匍匍茎，匍匐茎顶端膨大形成块茎。块茎生长最适温度为17～19℃，低于2℃和高于29℃时块茎停止生长。在生长过程中必须供给足够水分，尤其在孕蕾至花期，若这一段时间水分不足，会影响植株生长和块茎的产量。在生长后期，土壤水分过多或积水超过24小时，块茎易腐烂，所以低洼地种植马铃薯要注意排水和实行高垄栽培。

种植马铃薯的土壤宜选择轻质壤土。用这种土壤种植马铃薯发芽快，出苗齐，生长的块茎表面光滑，薯形正常。种植马铃薯要氮、磷、钾肥配合施用，以钾肥最多，其次是氮肥。

马铃薯在栽培过程中，易受病毒病侵染而造成严重减产或出现通常说的马铃薯退化现象。防治方法是必须选用抗病新品种和经常更换种薯。

1. 中薯4号马铃薯

【种　源】 中国农业科学院蔬菜花卉研究所选育的新品种。1998年通过北京市农作物品种审定委员会审定。

【特征特性】 植株直立，株高55厘米左右，分枝少。茎绿色，基部呈淡紫色。叶深绿色，复叶挺拔，大小中等，叶缘平展。花冠白色。块茎长圆形，皮、肉均为淡黄色，表皮光滑，芽眼少而浅，结薯集中。块茎休眠期60天左右。每百克鲜薯含干物质19.1克，淀粉13.3克。抗疮痂病，较抗晚疫病，耐瘠薄。极早熟种，从出苗至收获约60天左右。每667平方米产1500～2000千克。

【种植地区】 适宜北京平原地区及中原二季作区春、秋两季栽培，北方一季作区早熟栽培。

【栽培要点】 北京地区二季作区春季栽培，3月中下旬播种（播前催芽），6月中下旬收获；秋季栽培，8月上中旬播种

(播前用 5～8 ppm 赤霉素水溶液浸泡 5～10 分钟后，再用湿润沙土覆盖催芽)，10 月底收获。春季地膜覆盖栽培，可适当早播。每 667 平方米 4 500～5 000 株。

【供种单位】 中国农业科学院蔬菜花卉研究所。地址：北京市西郊白石桥 30 号。邮编：100081。

2. 中薯 3 号马铃薯

【种　源】 中国农业科学院蔬菜花卉研究所以京丰 1 号作母本、BF77-A 作父本进行杂交，经后代选择而育成的新品种。1994 年通过北京市农作物品种审定委员会审定。

【特征特性】 植株直立，分枝少，株高 55～60 厘米。茎绿色，复叶大，侧叶小，茸毛少，叶缘波状。花序总梗绿色，花冠白色，雄蕊橙黄色，柱头 3 裂，能自然结实。匍匐短茎，结薯集中，单株结薯 4～5 个。薯块扁椭圆形，皮、肉均为淡黄色，薯皮光滑，芽眼浅。薯块大且整齐，抗裂薯，无次生薯，耐贮藏，味佳。较抗花叶病毒病、卷叶病毒病，不抗晚疫病。早熟种，从出苗至收获约 70 天左右，块茎休眠期 50～55 天。一般每 667 平方米产 2 000 千克。

【种植地区】 适宜北京平原地区及中原二季作地区春、秋两季种植及北方一季作区早熟栽培。

【栽培要点】 北京地区二季作栽培。春季栽培，3 月下旬播种，6 月下旬收获；秋季栽培，8 月上中旬播种，10 月下旬收获。平播，行距 60～70 厘米，株距 25 厘米，每 667 平方米 4 000株左右。

【供种单位】 同 1. 中薯 4 号马铃薯。

3. 宁薯7号(固8-35)马铃薯

【种　源】 宁夏回族自治区固原地区农业科学研究所用高薯1号作母本、阿普它X71-18-2为父本进行杂交,在实生苗中经单株选择而育成的新品种。1998年通过宁夏回族自治区农作物品种审定委员会审定。

【特征特性】 植株直立,株高55厘米左右,分枝2~4个,茎秆粗壮。叶墨绿色。花冠白色。平均单株结薯3.7个,重480克。薯块长圆形,黄皮白肉,大中薯率占80%。每100克鲜薯含淀粉62.6克,粗蛋白8.29克,还原糖1.53克,维生素C 10.32毫克。耐旱,适应性广,抗卷叶病毒病。晚熟种,从出苗至收获约120天。每667平方米产1600千克。

【种植地区】 宁夏各地。

【栽培要点】 采用小整薯或健薯切块播种。半干旱地区,4月中下旬播种,每667平方米播3500穴左右;阴湿地区,5月上旬播种,每667平方米播4000穴左右。

【供种单位】 宁夏固原地区农业科学研究所。宁夏回族自治区固原县。邮编:756000。

4. 宁薯8号马铃署

【种　源】 宁夏西吉县种子公司从当地农家品种"深眼窝"中经单株选择而育成的新品种。1998年通过宁夏回族自治区农作物品种审定委员会审定。

【特征特性】 植株直立,株高60厘米左右,茎粗壮,有分枝2~4个。叶浅绿色,茸毛较多,复叶中等,顶小叶呈卵圆形。平均单株结薯3.5个,重0.56千克。薯块长圆形,皮、肉均为白色,芽眼深。每100克鲜薯含淀粉16.9克,粗蛋白2.41克,还原糖 0.44 克，干物质 20.29 克。抗花叶、卷叶病毒病、环腐病、黑胫病、晚疫病，耐旱，耐贮藏。生育期 10 天。每 667 平方米产 1 600～2 100 千克。

【种植地区】 宁夏各地。

【栽培要点】 参见 3. 宁薯 7 号(固 8-35)。

【供种单位】 宁夏西吉县种子公司。地址：宁夏回族自治区西吉县。邮编：756200。

5. 春薯四号马铃薯

【种　源】 吉林省蔬菜花卉研究所用文胜四号与克新二号的杂交后代，经系选而育成的新品种。1994 年通过吉林省农作物品种审定委员会审定。

【特征特性】 植株长势强，株高 80～100 厘米。叶片深绿色。花紫色。块茎扁圆形，皮、肉均为白色。大中薯率达70%～80%，淀粉含量为 13.8%～16.0%。抗晚疫病，退化速度慢。晚熟种，生育期 140 天左右。每 667 平方米产 2 000～2 300 千克。

【种植地区】 吉林省各地。

【栽培要点】 播前要晒种，催芽。定植宜稀植高肥，行株距 60 厘米×30 厘米或 70 厘米×25 厘米，每 667 平方米保苗 3 700株。施足底肥，每 667 平方米施有机肥 5 000 千克，二铵 20 千克，尿素 25～30 千克。

【供种单位】 吉林省蔬菜花卉研究所。地址：吉林省长春市自由大路 200 号。邮编：130031。

6. 春薯 5 号马铃薯

【种　源】 吉林省蔬菜花卉研究所选育的新品种。1998

年通过吉林省农作物品种审定委员会审定。

【特征特性】 植株长势强，株高60～70厘米。茎粗壮，黄绿色，三棱形。叶片大，黄绿色。花白色，柱头短，易落蕾。块茎扁圆形，皮白色、麻皮，芽眼浅，结薯早、集中。肉白色，每百克鲜薯含淀粉14.7克，还原糖0.22克，粗蛋白2.41克，维生素C 14.7毫克。蒸食品质优，炸薯片色泽及酥脆性均表现优良。中抗马铃薯晚疫病，但易感奥古巴花叶病毒，薯块易感疮痂病。耐贮藏。早熟种，从播种至采收需90天左右。每667平方米产2 000千克以上，商品薯率80%以上。

【种植地区】 吉林省及东北部分地区。

【栽培要点】 参见5.春薯四号马铃薯。

【供种单位】 同5.春薯四号马铃薯。

7. 榆薯CA马铃薯

【种　源】 云南省大理市种子公司育成的新品种。1997年通过云南省农作物品种审定委员会审定。

【特征特性】 株型半直立，分枝少，株高90厘米。茎叶绿色，长势强。茎秆粗壮，茸毛少，复叶大。块茎圆形，皮、肉均为淡黄色，表皮光滑，薯块整齐，大薯块约占80%。顶芽眼深，红色。全生育期90～120天。每667平方米立冬后播种，产2 500～4 800千克；立春后播种产1 500～3 500千克；立夏后播种，产800～1 200千克；立秋后播种，产1 000～2 200千克。高抗晚疫病。

【种植地区】 云南省各地。

【栽培要点】 选用脱毒单薯重20～50克薯块整薯播种。夏、秋播种，采用高畦深沟浅覆土；冬、春播种要低种深覆土。

【供种单位】 云南省大理市种子公司。地址：云南省大理市。邮编:671000。

8. CA马铃薯

【种　源】 云南师范大学从国际马铃薯研究中心引进。1993年通过云南省农作物品种审定委员会审定。

【特征特性】 株型半直立,分枝少,株高65厘米,长势强。叶绿色,复叶大。花白色。块茎圆形,顶部圆形,皮、肉均为淡黄色,表皮光滑。顶芽眼深,芽眼红色。中熟种,全生育期95天。每667平方米产2 900～3 600千克。

【种植地区】 云南、内蒙古、黑龙江等地。

【栽培要点】 在海拔700米以上地区种植。行距70厘米,株距30厘米。播种薯块在45克左右,平播,深15厘米左右,平播后起垄,并镇压一遍。

【供种单位】 云南师范大学。地址:云南省昆明市。邮编:650092。

9. 川芋4号马铃薯

【种　源】 四川省农业科学院作物研究所选育的新品种。1997年通过四川省农作物品种审定委员会审定。

【特征特性】 主茎3～5个,基部褐色。叶片绿色,复叶较小,侧小叶4对,叶面茸毛多。花白色。块茎圆形,黄皮、白肉,表皮光滑,芽眼浅。结薯集中,单株结薯3～5个。高抗晚疫病,抗病毒病。中早熟种。每667平方米产1 624.9千克。适宜春、秋两季栽培。

【种植地区】 四川省各地。

【栽培要点】 选砂土、壤土栽培。春作尽量早播;秋作8月中下旬至9月上旬播种。单独栽种,每667平方米5 500～

6 000 株；与玉米间作，每 667 平方米栽 3 500～4 000 株。

【供种单位】 四川省农业科学院作物研究所。地址：四川省成都市。邮编：610066。